食品化学

主编

庄玉伟

李晓丽

四川大学出版社

SICHUAN UNIVERSITY PRESS

图书在版编目（CIP）数据

食品化学 / 庄玉伟，李晓丽主编 . 一 成都 ：四川
大学出版社，2022.8
ISBN 978-7-5690-5605-1

Ⅰ．①食… Ⅱ．①庄… ②李… Ⅲ．①食品化学－基
本知识 Ⅳ．① TS201.2

中国版本图书馆 CIP 数据核字（2022）第 133145 号

书　　名：食品化学
　　　　　Shipin Huaxue
主　　编：庄玉伟　李晓丽

选题策划：王　锋
责任编辑：王　锋
责任校对：刘柳序
装帧设计：璞信文化
责任印制：王　炜

出版发行：四川大学出版社有限责任公司
　　　　　地址：成都市一环路南一段 24 号（610065）
　　　　　电话：（028）85408311（发行部）、85400276（总编室）
　　　　　电子邮箱：scupress@vip.163.com
　　　　　网址：https://press.scu.edu.cn
印前制作：四川胜翔数码印务设计有限公司
印刷装订：四川煤田地质制图印刷厂

成品尺寸：185mm×260mm
印　　张：13.5
字　　数：327 千字

版　　次：2022 年 8 月 第 1 版
印　　次：2022 年 8 月 第 1 次印刷
定　　价：58.00 元

四川大学出版社
微信公众号

前　言

食品供给人类生命活动所需的各种营养素，是人类赖以生存、繁衍和维持健康的基本条件之一。随着经济的迅速发展和人们生活水平的不断提高，人们对食品的要求已不再局限于果腹，更加注重食品烹饪中的营养、健康和美味。

食品和化学虽然分属两个不同学科，但两者之间存在着相互联系、相互渗透、相互促进的关系。食品化学是烹饪专业重要的专业基础课及主干课之一，是化学在烹饪学科中的应用和发展。本书在编写中，针对行业需要，突出实践性，密切结合餐饮业的特点，拓展烹饪类教材的内容，以满足烹饪职业的需要。

本书以《中华人民共和国食品安全法》和《中华人民共和国农产品质量安全法》等法律法规为依据，系统讲解了食品的物质组成、理化性质与菜肴质量的关系，烹饪加工中食品的物质成分的变化、利用及作用规律，食品的相关安全管理规定，旨在使餐饮从业人员熟悉相应的法律、法规、规章和标准，掌握相应的食品化学知识，合理利用所学的知识原理来指导烹饪，使烹饪更符合卫生、文明、科学、健康的需求，能动地控制、变革烹饪工艺技术条件和方法。

本书共分为11个章节，包括绪论、水、糖类、脂类、蛋白质、维生素、食品中的其他成分、食品颜色、食品气味、食品味道、食品安全管理。每章后都安排了思考与练习，方便学员学以致用，融会贯通。

本书由河南省科学院高新技术研究中心庄玉伟和郑州工业技师学院李晓丽任主编，河南省科学院高新技术研究中心宋寒、郑州市食品药品检验所朱盈蕊和河南省科学院高新技术研究中心高煜任副主编。本书第1章、第2章、第3章由李晓丽编写，第4章、第10章由庄玉伟编写，第5章由宋寒编写，第6章、第7章由朱盈蕊编写，第8章、第9章由高煜编写，第11章由李晓丽、庄玉伟编写。全书由李晓丽、庄玉伟、宋寒统稿。

本书在编写过程中，得到了国内有关院校教师、多位食品专家的热情帮助和四川大学出版社的大力支持，在此表达诚挚的感谢。由于编者水平有限，资料选取上存在一定的局限性，书中不足之处望读者给予批评指正。

编　者
2022 年 3 月

目　录

第1章 绪论

食品化学是烹饪专业一门重要的基础课程，是联系基础课和专业课的纽带，目前已形成较为系统的理论体系和未来发展延伸的方向。食品化学的发展离不开其他学科理论与技术的支撑，并将与其他学科进一步交叉融合。食品化学与烹饪原料学、烹饪营养学、烹饪卫生与安全学、食品营养学、食品分析与检验、面点工艺学等学科密切相关，彼此相辅相成、互相融合但又不混淆。

1.1 食品的概念

《中华人民共和国食品安全法》第一百五十条对"食品"的定义如下：食品是指各种供人食用或者饮用的成品和原料以及按照传统既是食品又是药品的物品，但是不包括以治疗为目的的物品。可见，食品的范围是比较宽泛的。习惯上，把这一范围内的食品称为食物，把食品原料经过加工以后生产的供人食用或饮用的产品叫作食品。

作为食品，应具备三个基本要素：一是具有营养功能。人体生存所需要的基本物质包括水、矿物质、糖、脂类、蛋白质、维生素等，它们提供人体正常代谢所必需的物质和能量，营养学上通常把它们称为营养素。食品必须含有这些基本营养物质的一种或多种，具备营养功能。二是安全卫生。食品除符合应当有的营养要求外，应当无毒、无害，对人体健康不造成任何急性、亚急性或者慢性危害。三是具备符合一定要求的感官品质。食品的感官特性包括食品的色、香、味、形等，具有刺激食欲、促进消化的作用，通常称为食品的风味。食品的感官特征是判断食品质量的重要指标。

1.2 食品化学的研究内容

1.2.1 食品的物质组成、理化性质及作用

食品的种类繁多，但它们一般都含有水分、蛋白质、脂肪、糖类、无机盐和维生素等。人类的食物主要来源于生物，其主要成分包括无机成分（水分、无机盐）和有机成分（蛋白质、脂类、糖类等），但食品在生产、加工、储运等过程中不可避免地会加入一些非天然成分，如食品添加剂等。综上所述，食品的物质组成可以概括如下：

1

$$食品的组成\begin{cases}天然成分\begin{cases}无机成分：水分、无机盐\\有机成分：蛋白质、脂类、糖类、维生素等\end{cases}\\非天然成分\begin{cases}食品添加剂\\污染物质：环境污染、加工中污染等\end{cases}\end{cases}$$

食品的营养成分问题是食品化学重要的研究课题，学习食品的物质组成、理化性质及作用，对改善烹饪、调整人类食品的合理结构具有重要的指导意义。烹饪化学的主要任务之一就是研究食品及其原料的物质组成、理化性质及其作用。

1.2.2　烹饪加工中食品的物质成分变化及变化规律

食品从其原料的采摘（屠宰）、清洗、初加工到烹制成菜，每一过程都涉及一系列化学变化，其色、香、味在加工前后有明显的不同。阐明食品及原料在上述一系列过程中发生的变化及其对食品的感官质量、营养价值和卫生安全的影响，就能为人们促进有利变化、减少不利反应和防止污染提供理论依据。蔬菜经过烹饪后，维生素 C 和胡萝卜素的保存率见表 1-1。

表 1-1　蔬菜经过烹饪后，维生素 C 和胡萝卜素的保存率（%）

名称	烹饪方法	维生素 C	胡萝卜素
绿豆芽	水洗，油炒 10 min 左右	59	—
马铃薯	去皮，切丝，油炒 6 min 左右	67	—
马铃薯	去皮切块，大火煮 10 min，改小火煮 20 min	54	—
马铃薯	去皮切块，油煸 10 min，水煮 5 min 左右	71	—
胡萝卜	切片，油炒 6 min 左右	98	79
胡萝卜	切块，加水炖 30 min 左右	—	93
大白菜	切块，油炒 12 min 左右	57	—
小白菜	切块，油炒 12 min 左右	69	94

1.3　学习食品化学的方法

1.3.1　明确学科特点

食品化学是一门自然科学，是生物化学、营养学、烹饪工艺学的交叉学科，它们互为基础，相互渗透，同时保持着各自的独立性。在学习的过程中要注意分析其学科特点。

1.3.2　注重基础知识的掌握

要根据本学科的学科特点和专业要求，找出重点内容尤其是基础知识加以掌握。食品化学的基本概念必须明确其内涵和外延，只有明确了该学科有关的基本概念，才能打好深入学习的基础。

1.3.3　注重知识归纳总结

食品化学的知识点比普通化学还要多而零散，食品成分的组成、结构、性质等内容还需要记忆。但是通过学习不难发现，这些知识点都有其内在联系，我们可以透过现象看本质，在理解的基础上进行归纳总结。比如在学习维生素的有关知识时，维生素的种类很多，有几十种，但透过表象可以归纳总结为两大类：水溶性维生素和脂溶性维生素。把所学的知识按照一定规律归纳后，可以化零为整、化繁为简，使其更加条理化，更方便记忆和掌握。

1.3.4　注重理论联系实际

食品化学属于专业基础课，是为学习专业课服务的。因此，只有注重所学知识在专业中的应用，才能发现知识的价值，提高学习的积极性。而且这样做既能用基础理论指导专业学习，反过来又能加深对所学基础理论知识的理解；不仅能提高本课程的学习效率，而且能提高专业课程学习的效率。

食品化学和生活息息相关，学习过程中要注重理论联系实际，培养学习兴趣，提高学习效率。

第 2 章　水

学习目标：

1．了解水的重要性质和在食物中的存在状态。

2．掌握水分活度的简单计算，明确水分活度与含水量的关系，水分活度对食品如动植物与食用菌类原料品质的影响，了解其测定方法。

3．了解人体内水的代谢及其平衡与调节，食品成分与人体内水平衡的关系等问题。

4．掌握水在烹饪中的作用。

2.1　水的基础知识

水是生命的源泉，地球上 71％的面积被水覆盖，水是所有生物体不可或缺的组成成分。地球上的生命最初在水中出现，水、阳光、空气是构成生命的三要素，生物的起源遵循着水生生物到陆生生物，单细胞到多细胞，低等到高等的规律，因此我们说没有水就没有生命，当然也就没有人类。

水在烹饪中被广泛地利用，它存在于烹饪原料中，也存在于烹饪的各个环节。食品特别是烹饪菜肴中的水分会随环境温度、湿度等因素的变化而变化，进而引起食品质量的变化，水直接影响菜肴成品的品质，对食品的加工和保藏有重要意义。

2.1.1　水的性质

2.1.1.1　密度

水通常是无色无味的透明液体，在 4℃时水的密度最大，是 1 g/cm³。水结成冰后，体积膨胀了约 9％，这就有可能造成许多生鲜的烹饪原料的细胞组织在冻藏储存原料时，受到冰晶的挤压被破坏，从而在解冻时不能复原，导致出现汁液流失、组织溃烂、滋味改变等现象而不利于各种烹饪操作。因此，植物性食物不适宜冷冻保藏，其他如动物性食物一般采用快速冷冻、缓慢解冻的方法减少组织细胞失水。

2.1.1.2　沸点

沸点，顾名思义，是液体沸腾时的温度，再准确一点就是：当液体变成气体时的温度，这个临界温度就叫作沸点。在常压下，水的沸点是 99.975℃。当液体沸腾时，在其内部所形成的气泡中的饱和蒸汽压必须与外界施予的压强相等，气泡才有可能长变大并上升，所以沸点也就是液体的饱和蒸汽压等于外界压强时的温度。液体的沸点跟外部压强有关。当液体所受的压强增大时，它的沸点升高；当压强减小时，沸点降低。例如，蒸汽锅炉里的蒸汽压强，约有几十个大气压，锅炉里的水的沸点可在 200℃ 以上。又如，在高山上煮饭，水易沸腾，但饭不易熟。这是由于大气压随地势的升高而降低，水的沸点也随高度的升高而逐渐下降。在海拔 1900 m 处，大气压约为 79800 Pa（600 mmHg），水的沸点是 93.5℃）。在食品的烹饪中，我们可以运用减压的方法对不耐高温的食物进行脱水，如在真空中制作冻干食物。运用高压的方法加热不易煮软的动物筋、骨及豆类等。

2.1.1.3　比热容

比热容是热力学中常用的一个物理量，表示物质提高温度所需热量的能力，而不是吸收或者散热的能力。水的比热容是 4.2×10^3 J/（kg·℃），表示的物理意义是 1 kg 水温度升高 1℃ 吸收的热量是 4.2×10^3 J。每升高 1℃ 的温度，物质的比热容越大，该物质需要的热能越多。水的比热容较大，水温不易随外界温度变化而快速变化，比较稳定，对于气候的变化有显著的影响。白天沿海地区比内陆地区升温慢，夜晚沿海地区气温降低慢，因此一天中沿海地区温度变化小，内陆地区温度变化大，一年之中夏季内陆比沿海炎热，冬季内陆比沿海寒冷。冰融化成水时可吸收较多的热量，多用于冷藏和冰镇食物。

2.1.1.4　溶解能力

水具有极强的溶解能力，能溶解大多数固态的、液态的和气态的物质。许多物质能以很大的比例甚至很大的数量溶解在水中。但在多数情况下，一定数量的水中只能溶解一定数量的物质。我们常把在某一温度、压力下，100 g 水中所能溶解某种物质的最大克数称为该物质的溶解度。

水中能溶解气体。鱼以及水中微小的藻类等都是依靠水中溶解的氧气而生存的。在海洋的表层，生活着各种藻类生物，这些藻类生物和陆地上的绿色植物一样，在光合作用过程中放出氧气。水的这一奇妙的性质，对地球上生命的存在具有重要的意义。

天然水和大气、土壤、岩石等物质接触时，许多物质就会溶解于水中。我们日常生活中接触到的自来水、河水、井水等，都不是化学纯水，而是含有许多溶解性物质和非溶解性物质的极其复杂的综合体。

在降雨过程中，水与大气接触，大气中的一些物质就会进入雨水中，除了溶解一部分化学元素或化合物，大气中的一些气体、尘埃、煤烟以及其他杂质也被溶解进来。因各地区的环境条件不同，大气中的化学成分会有变化，使降水成分受到影响。例如：在沿海地区，降水中盐的含量往往高于内陆地区，而内陆地区大气成分中硫酸盐含量较高。最近一个世纪，特别是最近几十年来，由于工业排放的废气中含有大量的化学物质，使空气被污染。仅汽车排放的废气中所含的铅每年就达数十万吨，都飘浮在大气中。此外，人类每年向大气排放大量的二氧化碳、一氧化碳、二氧化硫等物质，使降水的成分发生很大变化。大家都会有这样的感觉，一场大雨之后，空气就特别清新，就是因为雨水带走了空气中的许多废气和悬浮微粒。

2.1.1.5 硬度

水的硬度是指水中钙、镁离子的总浓度，其中包括碳酸盐硬度（即通过加热能以碳酸盐形式沉淀下来的钙、镁离子，又称暂时硬度）和非碳酸盐硬度（即加热后不能沉淀下来的那部分钙、镁离子，又称永久硬度）。硬度的表示方法尚未统一，我国使用较多的表示方法有两种：一种是将所测得的钙、镁折算成 $CaCO_3$ 的质量，即用每升水中含有 $CaCO_3$ 的毫克数表示，单位为 $mg \cdot L^{-1}$；另一种是以度计，即 1 硬度单位表示 10 万份水中含 1 份 CaO（每升水中含 10 mg CaO），$1° = 10$ ppm CaO。

水的硬度影响食物的烹饪。硬度太大的水会使食物不易煮烂，用硬水沏茶、冲咖啡也会影响饮料的风味，同时影响人体的消化功能。此外，硬水可使泡菜、腌菜口感脆硬。饮用适宜硬度的水对人体有特殊功效，一般饮用水的硬度不宜超过 25°。

2.1.2 水对生物体的生理功能

水是人体内含量最多的物质，占成年人体重的 $60\% \sim 70\%$，血液中大部分物质是水，肌肉、肺、大脑等器官中也含有大量的水。水不仅是维持人体健康的重要营养物质，同时它也参与体内各种物质的化学反应、物质转换及能量交换。没有水，营养成分不能被吸收，氧气不能被输送，废物不能被排出，新陈代谢也将无法进行。

水作为生命最重要的物质，其主要生理功能如下：

（1）调节体温。水能吸收代谢产物多余的热量，从而调节人体温度，如通过排汗和呼吸来调节温度，维持正常体温。

（2）润滑组织。水能起到润滑各个关节、脏器的作用，如泪液、唾液的分泌等。泪液防止眼球干燥，唾液有利于吞咽食物。

（3）帮助消化。水是构成唾液、胃液、胰液、肠液等消化液的主要成分，食物的消化主要靠消化液来完成。

（4）代谢作用。水参与体内一切物质的新陈代谢，帮助维持各种生理活动，没有水，人体内的一切代谢都将无法进行。

（5）输送营养。水作为载体在体内输送养料和氧气，将氧气和营养物质带入细胞，并向体外输送代谢废物和毒素。

（6）溶解作用。水是人体内的主要溶剂。人体一切具有生理活性的物质和废物必须溶解在水中才能发挥作用并被排出体外。水能溶解矿物质、可溶性维生素和某些营养素。

（7）缓冲作用。水能使关节、脏器及组织细胞减少相互之间的摩擦和冲撞，起到"减震"的作用，减少对身体的伤害。

2.1.3 水在食品中的含量和分布

食品中的水分一般是指在 100℃ 左右直接干燥的情况下，所失去的物质的总量。绝大多数食品都离不开水，水在食品中的含量或多或少，存在的方式千差万别，它会与食品中的其他成分发生化学或物理作用。食品中水的含量、分布和状态对食品的结构、外观、质地、风味、新鲜度等产生极大的影响，从而也促使食品丰富多彩起来。常见食品的水分含量见表 2-1。

表 2-1　常见食物的水分含量

食品	水分含量（%）	食品	水分含量（%）	食品	水分含量（%）
牛奶	87	蛋黄酱	15	青椒	92
乳粉	4	食用油	0	芹菜	79
奶油	15	面包	35～45	番茄	94
冰淇淋	65	鸡蛋	74	葡萄	81
青刀豆	89	鸡肉	75	芦笋	93
柑橘	86～89	蜂蜜	20～40	萝卜	74
黄瓜	96	牛肉	62～67	贝类	72～86
干豆类	10～13	鱼肉	70	薯类	69～78
干水果	25	菠萝	80	谷类	10～12
生坚果	3～5	苹果	84	面粉	10～13

2.1.4　水的存在形态

无论什么食物或多或少都含有一定量的水。根据水与物质间相互作用力的大小，可将水分存在的状态分为两种，即自由水和结合水。

2.1.4.1　自由水

自由水又称游离水，是指存在于组织、细胞内和细胞间隙中容易结冰的水，在生物体内可以自由流动，是良好的溶剂，可溶解许多物质和化合物，压榨可以挤出；可以参与物质代谢，如输送新陈代谢所需营养物质和代谢的废物。自由水的含量影响细胞代谢强度，含量越大，新陈代谢越旺盛，如人和动物的体液就是自由水。

2.1.4.2　结合水

结合水又称束缚水，是指水合态的水。结合水在生物体内或细胞内与蛋白质、多糖等物质相结合，失去流动性。结合水是细胞结构的重要组成成分，不能溶解其他物质，不参与代谢作用。结合水赋予各种组织、器官一定形状、硬度和弹性，因此某些组织器官的含水量虽多（如人的心肌含水 79%），仍呈现坚韧的形态。

自由水和结合水在性质上的差别，导致它们对食品品质产生不同的影响，而且这些影响是多方面的。例如，在动植物或食用菌类原料的加工、储藏过程中，水分的变化主要是自由水含量的变化。自由水含量与食品及其原料的耐储藏性有密切关系。在储藏保鲜过程中，如果自由水蒸发损失过多，就会使食品的外观萎靡、干瘪，风味变劣。但是，如果自由水含量过高，也会影响它们储藏保鲜的稳定性，因为此时它们容易滋生霉菌，甚至腐烂变质，在高温季节这种现象更为严重。结合水对食品的品质也有一定影响，当结合水与食品分离时，食品的某些品质会发生改变，如面包、糕点久置后变硬不仅是因为失水干燥，也会因为水分变化导致淀粉结构发生改变。

自由水和结合水之间的界线很难严格区分，如水合态下的结合水有的束缚高些，水分子就被结合得牢固些，有的束缚低些，水分子就被结合得松弛些。自由水里除了能自由流动的水，其余部分都不同程度地被束缚着。自由水和结合水在一定条件下可以相互转化，如血液凝固时，部分自由水转变成结合水。

2.1.5 水分活度

食品的稳定性和安全性与食品中水的含量并不是直接相关，而是与水的"状态"，或者说与食品中水的"可利用性"有关。因为已有的证据表明，不同种类的食品即便水分含量相同，其腐败变质的难易程度也存在明显的差异。而且，食品中的水与其非水组分结合的强度是不同的，处于不同的存在状态，强烈结合的那一部分水是不能有效地被微生物和生物化学所利用的。因此，引进了水分活度的概念。水分活度是指食品中水分可被利用的程度，即水分与食品结合程度（游离程度）。水分活度值越高，结合程度越低；水分活度值越低，结合程度越高。

2.1.5.1 水分活度的表示方法

水分活度是指食品中水的蒸汽压与同温度下纯水的饱和蒸汽压的比值：

$$Aw = p/p_0$$

式中：Aw 是水分活度；

p 是某种食品在密闭容器中达到平衡状态时的水蒸气分压；

p_0 是相同温度下纯水的饱和蒸汽压。

在一定温度下，纯水的最大水蒸气压力是一个常数，可查表获得。因此，要计算在一定温度下食品的水分活度，只要测定出食品中的水蒸气分压即可。

如果只用纯水测定水分活度，则 p 与 p_0 相等，此时 Aw 的值为1。事实上，食品的水蒸气分压总是小于同温度下纯水的最大蒸气压，因此，食品的水分活度 Aw 都小于1。

2.1.5.2 水分活度对食品品质的影响

（1）水分活度对干燥食品和半干燥食品品质的影响。

水分活度对干燥食品和半干燥食品的品质有较大的影响。当水分活度从 0.2 增加到 0.65 时，大多数干燥或半干燥食品的硬度及黏性增加。控制在 0.35～0.5 可保持干燥食品的理想品质。为了避免绵白糖、奶粉以及速溶咖啡结块或变硬发黏，需要使产品保持较低的水分活度。另外，饼干、爆玉米等市售的各种脆性食品，必须在较低水分活度时才能保持酥脆。

（2）水分活度对微生物生长繁殖的影响。

各类微生物的生长都需要一定的水分活度，换句话说，只有食物的水分活度大于某一临界值时，特定的微生物才能生长。就适宜的水分活度来说，大多数细菌为 0.94～

0.99，大多数霉菌为 0.80~0.94，大多数耐盐菌为 0.75，耐干燥霉菌和耐高渗透压酵母为 0.60~0.65。当水分活度低于 0.60 时，绝大多数微生物无法生长。

（3）水分活度对食品中酶促反应的影响。

水分活度对酶促反应的影响是两个方面的综合，其一方面影响酶促反应的底物的可移动性，另一方面影响酶的构象。食品体系中，当大多数的酶类物质在水分活度小于 0.85 时，活性大幅度降低，如淀粉酶、酚氧化酶和多酚氧化酶等。

但也有一些酶例外，如酯酶在水分活度为 0.3 甚至 0.1 时也能引起甘油三酯或甘油二酯的水解。

（4）水分活度对食品中非酶促反应的影响。

对高水分活度的食品采用热处理的方法可避免微生物腐败的危险，然而化学腐败仍不可避免。这是因为食品中还存在着氧化、非酶褐变等非酶促化学变化。

富含脂肪的食品很容易受空气中氧、微生物的作用而发生氧化酸败。当水分活度较低时，食品中的水与氢过氧化物结合而使其不容易产生氧自由基，导致链氧化的结束；当水分活度大于 0.4 时，水分活度的增大使食物中氧气的溶解量增多，加速了氧化；而当水分活度大于 0.8 时，反应物被稀释，氧化作用降低。食品中水分活度在一定范围内时，非酶褐变随着水分活度的增大而变速，在水分活度为 0.6~0.7 时，食品最容易发生非酶褐变。

综上所述，含水量相同的食品会因种类的不同而导致水分活度不同，进而导致它们的稳定性各异。因此，水分活度的大小比含水量的高低对评价食品的稳定性更有实际意义。掌握了这些知识，就能为食品加工尤其是食品运输提供更加科学的理论依据。

2.1.6　水在人体内的代谢

2.1.6.1　人体对水的吸收

与一般食物的消化吸收不同，水进入消化系统后，大部分被小肠和大肠直接吸收，通过肠黏膜吸收至肠道毛细血管或淋巴管，成为血液的一部分。人体内水的吸收主要发生于小肠部位，大肠每日仅吸收 300~400 mL 的水。一般水的吸收主要是依靠渗透压差进行的。当肠道内存在有难于吸收的溶质时，可能会影响水的吸收速度。在氨基酸被吸收时，水也能以与它相结合的形式被吸收，但这时氨基酸的吸收是主动性的，水的吸收则完全是被动性的。

2.1.6.2　水在人体内的运行和交换过程

（1）水在细胞内外的交换。

由于水分子很小，因此它可以自由地通过细胞膜而不受限制。水在细胞内外的交换方向由细胞内外的渗透压决定。当细胞内外液的渗透压一致时，水的交换将处于一种平衡状态。水的这种交换作用可以改变细胞内外液体系中组分的浓度值，特别是对于无机盐类，从而影响到有关代谢反应的进行。

（2）水在细胞间液与血浆之间的交换。

在机体内，虽然细胞间液与血浆之间相隔着一层毛细血管壁，但是水与小分子化合物的通过都不受影响。一般地，水在毛细血管动脉端渗出血管，在毛细血管静脉端返回血管。水的渗出和回收主要由血压和血浆胶体渗透压决定。当静脉压升高或血浆胶体渗透压降低时，将发生细胞间液回流障碍，从而导致细胞间液增多，机体出现水肿。

（3）人体内水的代谢平衡。

人体内的液体，是一种溶解有多种无机盐和有机物的水溶液，被称为"体液"。在正常情况下，人体内的体液处于相对稳定状态，即平衡状态。也就是说，通过各种来源摄入的水与各条通道排出的水的量基本相等。

人体内水的来源有三种途径：第一，液体食物如饮用水、饮料、汤汁等。一般一个正常的成年人一天饮水约 1300 mL，饮水量随气候、劳动、生活习惯和生理状况而不同。第二，固态食物。各种固态食物含水量不同，一般每天从固态食物中摄取的水最多约 1000 mL。第三，有机物在体内氧化产生的水，也称代谢水。物质代谢过程中会生成水，一般是由体内的糖、脂肪和蛋白质等物质氧化产生。每日生成的代谢水约为 300 mL。

体内水分的排出有四种途径：第一，经肾脏排出，人体每天约排出 1500 mL 水。第二，经汗液排出约 500 mL 水，受体温影响比较明显。第三，经呼吸排出约 350 mL 水。第四，经肠道排出，每天通过粪便排出体外的水约为 150 mL。

当人饮水不足、体内失水过多或吃的食物过咸时，都会引起细胞外液渗透压升高，使下丘脑中的渗透压感受器受到刺激。这时，下丘脑中的渗透压感受器产生兴奋并传至大脑皮层，通过产生"渴"的感觉来直接调节水的摄入量。相反，当人饮水过多或盐分丢失过多而使细胞外液的渗透压下降时，就会减少对下丘脑中的渗透压感受器的刺激，也就减少了抗利尿激素的分泌和释放，肾脏排出的水分就会增加，从而使细胞外液的渗透压恢复正常。

2.1.6.3 食品成分与体内水平衡的关系

机体内的水平衡与食品成分有密切关系。通常认为，每同化 1 g 糖类时，可在体内蓄积 3 g 水。因此，摄取富含膳食糖类的幼儿，体重虽显著增加，但因蓄积大量水分，因而体质松软。脂肪不但不会促进水的蓄积，还会迅速引起水的负平衡。膳食中蛋白质过多，会增加排尿。因为蛋白质的代谢产物——尿素会增加体液的渗透压，身体为了排出这些物质，必然多排尿。

有的离子能促进水在组织内的蓄积，有的则可促进排尿。例如，钠可促进水在体内的蓄积，因此，水肿病人不宜多进食盐，钾和钙能促进水分由体内排出，多吃水果、马铃薯、甘薯等富含钾、钙的食物可以利尿。

2.2 水在烹饪中的作用

水是人类生命活动中必需的营养素之一，没有水就没有生命。在烹饪中，水也同样重要，它是参与烹饪的主要辅助原料，是烹饪顺利进行不可缺少的物质之一。

2.2.1　水是良好的溶剂

水是烹饪中主要的溶剂，具有分散和稀释的作用。

2.2.1.1　分散作用

水可可溶解固体原料，使之均匀分散。例如，盐、味精、苏打等可溶于冷热水中，淀粉、胶原蛋白、果胶可溶于热水中。面粉中的麦谷蛋白和麦醇溶蛋白在水中糅合可形成面筋蛋白质，许多水溶性的呈味物质在水溶液的环境中发生多种呈味反应，使菜点鲜香可口。吊汤就是使多种鲜味物质溶于水中，使菜肴在加热过程中产生的水溶性风味物质与调味品中的水溶性物质融合在一起，呈现出特有的风味。

同时，水的分散作用也可以造成水溶性维生素、无机盐、氨基酸的损失，其损失的程度与原料和水的接触面积、加热时间及温度的高低有密切的关系，所以应采用合理的加工方法。蔬菜应先洗再切，以减少维生素的损失。切好后的肉丝不宜再水洗、浸泡，更不能焯水，以避免可溶性风味物质和营养物质流失。泡香菇的水不要倒掉，可用来做汤或添加在菜肴中。

2.2.1.2　稀释作用

在烹饪过程中，若菜肴、汤品的味道过重，可加水降低味道的浓度。盐分较高的原料，可通过浸泡使盐度降低。

2.2.2　水是原料初加工的重要媒介

2.2.2.1　洗涤作用

清洁的水不但可以除去原料表面的污染物质，使原料清洁、符合卫生要求，而且可以去除原料中某些不良的呈味物质。例如，苦瓜、陈皮、杏仁等原料可以通过水浸、水煮等方式除去部分苦味，萝卜、竹笋、菠菜等经过焯水可以除去辣味、苦涩或酸涩味，牛羊肉、内脏等动物性原料通过水浸和焯水可以去除血污及膻腥异味。

2.2.2.2　浸胀作用

许多干货原料（如海参、木耳、粉丝、干菌等）在使用前需浸泡在冷水、温水或热水中，使原料吸水、较大限度恢复其原来的新鲜状态，利于成菜。水的浸胀作用对米、面的加工也很重要。做米饭时，可将大米浸泡后加热，米饭更易糊化而且质量更好；在调制面团时，因水的作用会使面团易于加工成形。

2.2.3　水是常用的传热介质

水是热的不良导体，无黏性、无毒质、比热大、沸点低、易蒸发，是烹饪中理想的传热介质。燃料在炉膛燃烧，热量通过铁锅等进入水中，水加热时产生的对流使原料受热均匀。同时，水温升高后以对流方式逐步进入原料内部，水分子在高温作用下加快运动速度，增强了渗透力，使得原料外部与内部的热度逐步平衡，这种平衡是原料内外成熟一致的原因所在。

在常压下，水的沸点是100℃，也就是说无论怎样烧，锅内的温度都不会超过100℃。质地软嫩的原料只要内外热度平衡，就基本成熟，有脆嫩、清爽的口感，又保留了营养成分。质地老硬的原料用较多的水长时间煨炖，才能使原料水解、膨松，从而达到酥烂的质感，这些都是通过水传热而实现的。

水的导热形式有液体水导热和蒸汽导热两种。蒸汽加热比水煮的温度高，加热时间短，成熟快。采用蒸的方法可减少菜肴风味物质和营养成分的损失，能较好地保持汁、味、形。因此在烹饪加工中许多菜肴的制作都采用蒸的方法，特别是需要保持完好形状的花色菜肴。

2.2.4　水可影响菜肴的品质

含水量的多少是决定菜肴品质的主要因素之一。一般来讲，原料中水分含量越高，则质地越鲜嫩。因此，在烹饪加工中，常常通过浸泡、搅打等方式增加原料的水分含量，常常采用上浆、挂糊等方式来减少肉丝、肉片等原料中水分、风味物质和营养物质的损失，也有利于保持原料的软嫩特点。

2.2.5　水对烹饪原料的色泽有一定影响

水分可阻止某些原料的氧化褐变。例如，马铃薯、藕、茄子及部分水果等含有多酚类物质，切开后若在空气中暴露时间过长，则易发生褐变发黑影响成品色泽。若将切好的原料浸泡在冷水中，由于水的隔氧作用，使酶促褐变难以进行，从而保持了原料的本色。另外，绿色蔬菜在水中短时间焯烫，可使叶绿素游离，色泽更加碧绿，如沸水焯过的菠菜、荷兰豆，色泽鲜艳。

2.2.6　水有利于发酵正常进行

在各种发酵过程中，发酵菌的生长均离不开水。水是发酵菌正常生长繁殖的基本条件之一。通过发酵菌旺盛的新陈代谢活动，形成了制品特有的质地和独特的风味，如泡菜、酸菜、发酵面团等。

烹饪用水应注意的事项如下：

2.2.6.1　炒菜忌用硬水

水有软、硬之分，若水中的钙、镁离子浓度（以氧化钙计）大于160%，则属于硬水；小于80%则属于软水。

用硬水烹制菜肴会使有些菜肴变成"木片"，令人难以下咽。据说有位好客的厨师，为喜食豌豆的客人烹制豌豆菜肴，上席后，菜中豌豆外结硬皮，咬不开，嚼不烂，成了"橡皮豌豆"。其实，这就是硬水在作怪，豌豆等蔬菜富含有机酸物质，能与硬水中的钙、镁离子生成难溶于水的坚硬的有机酸盐，使成菜风味大减。

2.2.6.2　炖肉忌用冷水

炖肉宜用热水，而熬骨头汤则宜用冷水。

原来，肉味鲜美是因为肉中富含谷氨酸、肌苷等"增鲜物质"。若用热水炖肉，可使肉块表面的蛋白质迅速凝固，肉内的增鲜物质就不易渗入汤中，使炖好的肉特别鲜美。而熬骨头汤，就是为了喝汤，用冷水、小火慢熬，可延长蛋白质的凝固时间，使骨肉中的增鲜物质充分渗到汤中，汤才鲜美。

2.2.6.3　煮饭忌用生冷自来水

如今，我国越来越多的居民饮用加氯消毒的自来水。若直接用这种冷水煮饭，水中的氯会大量破坏谷物中的维生素 B_1 等营养成分。

据有关部门测定，维生素 B_1 损失的程度与烧饭的时间和温度成正比，一般情况下损失 30% 左右。若用烧开的自来水煮饭，则可大大减少维生素 B_1 等营养成分的损失。因为烧开的自来水中，氯多已随水蒸气挥发掉了。

思考与练习

1. 简述水的理化性质。
2. 请写出 10 种含水量较高的食物原料。
3. 简述水分活度的概念及其对食品品质的影响。
4. 不同的食品，只要含水量相同，水分活度就相同，这种说法对吗？为什么？
5. 举例说明水在烹饪中的作用。

第 3 章　糖类

学习目标：
1. 了解糖类的概念和分类。
2. 了解糖类物质在动植物和食用菌等食品原料中的存在。
3. 掌握糖类物质的主要性质，明确其应用。
4. 掌握糖类在烹饪过程中发生的主要变化，并能熟练运用糖类制作菜肴。

3.1　糖类的基础知识

糖类是自然界分布最广泛的一类有机化合物，在人类需要的三大基本营养物质中占第一位，与食品工业关系最为密切。

糖类化合物主要由植物性食品供给，它为人类提供了主要的膳食热量，还提供了期望的质构、好的口感。

3.1.1　糖类的概念

最初在人们的观念中，糖是有甜味的物质。后来的科学研究发现，这类物质绝大多数由碳、氢、氧三种元素组成，它们的化学式中氢与氧的比例为 2∶1，与水中氢和氧的比例相同。因此，科学家曾经将糖类物质形象地统称为碳水化合物。随着科学的发展，科学家们发现一些天然存在的糖，其氢氧原子比例不是 2∶1，这就使人们对碳水化合物概念的科学性提出了质疑，从而也促使人们去寻找一个更为科学的概念来代替碳水化合物。1927 年，国际化学名词重审委员会建议用"糖质"来代替"碳水化合物"，但由于沿用习惯，"碳水化合物"（在营养学中）和"糖"（在生活中）仍被广泛使用。

3.1.2　糖的分类

糖类化合物一般分为单糖、低聚糖、多糖、衍生糖、结合糖 5 类。

3.1.2.1　单糖

单糖是组成和结构最简单且能准确测定的糖类物质。它们是不能再被简单水解成更小的糖类的分子。根据羰基所处位置的不同，单糖可分为醛糖（aldose）和酮糖（ketose）两大类。还可根据单糖中碳原子的个数将其分为丙糖、丁糖、戊糖、己糖、庚糖。常见的单糖是葡萄糖和果糖。

葡萄糖（glucose），分子式 $C_6H_{12}O_6$，是自然界分布最广且最为重要的一种单糖，它是一种多羟基醛。纯净的葡萄糖为无色晶体,有甜味但甜味不如蔗糖,易溶于水,微溶于乙醇,不溶于乙醚。天然葡萄糖水溶液旋光向右,故属于"右旋糖"。葡萄糖主要存在于葡萄、苹果、梨等水果中,在洋葱、豆类、西红柿等蔬菜中也含有。葡萄糖在生物学领域具有重要地位,是活细胞的能量来源和新陈代谢的中间产物,即生物的主要供能物质。植物可通过光合作用产生葡萄糖。葡萄糖在糖果制造业和医药领域有着广泛应用。

果糖是葡萄糖的同分异构体,分子式 $C_6H_{12}O_6$。它以游离状态大量存在于水果的浆汁和蜂蜜中,还能与葡萄糖结合生成蔗糖。纯净的果糖为无色晶体,熔点为 103℃~105℃,不易结晶,通常为黏稠状液体,易溶于水、乙醇和乙醚。D-果糖是最甜的单糖。果糖的口味和甜度优于传统糖,不仅自身具有水果香味,而且其甜度达到了蔗糖的1.8 倍。因此,只需要较少的用量,就可以拥有与其他糖类相同的甜度,进而满足味觉享受。此外,果糖不易导致龋齿,因为果糖不容易被口腔内的微生物分解和聚合,所以食用后产生蛀牙的概率比葡萄糖或蔗糖等天然糖要小得多。

3.1.2.2 低聚糖

低聚糖也称为寡糖,是由 2~10 个单糖分子脱水缩合而成,完全水解后可以得到相应分子数的单糖。例如,两分子单糖缩合后形成最简单的低聚糖二糖(也称为双糖)。除二糖外,根据低聚糖水解后形成的单糖分子的数目,低聚糖还有三糖、四糖……十糖。

常见的低聚糖有麦芽糖、蔗糖、乳糖。

麦芽糖是无色晶体,通常含一分子结晶水,熔点 102℃,易溶于水,甜度为蔗糖的40%。有 α-型和 β-型两种同分异构体,在水溶液中,α-型和 β-型麦芽糖的比例为42∶58,含一分子水的结晶 β-型麦芽糖,分子式为 $β-C_{12}H_{22}O_{11} \cdot H_2O$,如果将结晶水除去,β-型麦芽糖将向 α-型麦芽糖转化,所以不容易获得无水 β-型麦芽糖。市售的结晶麦芽糖主要是含水 β-型麦芽糖,其中已有 5%~10% 转化为 α-型麦芽糖。麦芽糖可制备成麦芽糖浆,其用途广泛,可用于食品行业的各个领域,如固体食品、液体食品、冷冻食品、胶体食品等。

蔗糖是食糖的主要成分,是双糖的一种,由一分子葡萄糖的半缩醛羟基与一分子果糖的半缩醛羟基彼此缩合脱水而成。蔗糖有甜味,无气味,易溶于水和甘油,微溶于醇。有旋光性,但无变旋光作用。蔗糖普遍存在于植物的叶、花、茎、种子和果实中,在甘蔗、甜菜及槭树汁中含量尤为丰富。蔗糖味甜,是重要的食品和甜味调味品,分为白砂糖、赤砂糖、绵白糖、冰糖、粗糖(黄糖)。

乳糖是人类和哺乳动物乳汁中特有的碳水化合物,是由葡萄糖和半乳糖组成的双糖,分子式为 $C_{12}H_{22}O_{11}$。在婴幼儿生长发育过程中,乳糖不仅可以提供能量,还参与大脑的发育进程。

3.1.2.3 多糖

多糖又称为高聚糖,是由 10 个以上单糖分子脱水缩合而成。由相同的单糖组成的多糖称为同多糖，如淀粉、纤维素和糖原；由不同的单糖组成的多糖称为杂多糖，如阿拉伯胶是由戊糖和半乳糖等组成的。多糖不是一种纯粹的化学物质，而是聚合程度不同的物质的混合物。多糖一般不溶于水，无甜味，不能形成结晶，无还原性和变旋现象。多糖也是糖苷，所以可以水解，在水解过程中，往往产生一系列的中间产物，最终完全水解得到单糖。

常见的多糖包括淀粉、纤维素、肝糖、果胶、琼胶等。

淀粉是高分子碳水化合物，是由单一类型的糖单元组成的多糖。淀粉的基本构成单位为 $\alpha-D-$吡喃葡萄糖，葡萄糖脱去水分子后经由糖苷键连接在一起所形成的共价聚合物就是淀粉分子。淀粉的应用广泛，其中变性淀粉尤为重要。变性淀粉是指利用物理、化学或酶的手段改变原淀粉的分子结构和理化性质，从而产生新的性能与用途的淀粉或淀粉衍生物。

纤维素是由葡萄糖组成的大分子多糖，不溶于水及一般有机溶剂，是植物细胞壁的主要成分，是自然界中分布最广、含量最多的一种多糖，占植物界碳含量的 50％以上。棉花的纤维素含量接近 100％，为天然的最纯的纤维素来源。一般木材中，纤维素占40％～50％，还有 10％～30％的半纤维素和 20％～30％的木质素。纤维素是植物细胞壁的主要结构成分，通常与半纤维素、果胶和木质素结合在一起，其结合方式和程度对植物源食品的质地影响很大。而植物在成熟和后熟时质地的变化则是由果胶物质发生变化引起的。人体消化道内不存在纤维素酶，纤维素是一种重要的膳食纤维。

3.1.2.4 衍生糖

衍生糖是指单糖的衍生物。单糖的衍生物种类很多，组成脱氧核糖核酸的脱氧核糖就是一种典型的单糖衍生物，即衍生糖。

3.1.2.5 结合糖

结合糖又称为复合糖，是指糖类和非糖类成分结合生成的化合物，主要包括糖脂、糖蛋白等。

3.1.3 糖类的存在

3.1.3.1 动物性食品原料中的糖类

糖类在动物组织中含量很少，主要以糖原的形式存在。动物体内的糖原以游离或结合的形式广泛存在于动物组织或组织液中。若以畜禽种类而言，糖原的含量也各不相同，兔肉及马肉中的含量最多。在动物体内，肝脏所含糖原要比肉中所含糖原多，糖原在肝脏中的含量高达 2％～8％；运动剧烈的肌肉中糖原含量较相对静止部位高。动物屠宰后，体内所含糖原随时间的延长而逐渐减少。以牛肉为例，最初含糖原 0.71％，在室温下放置 4 h 后则减至 0.32％。蛋类物质含糖类较少，一般为 1％～3％。

乳糖是哺乳动物的乳汁中特有的糖类，乳的甜味主要由乳糖引起。乳糖在乳中全部呈溶解状态。牛乳中含有 4.6％～4.7％的乳糖。

3.1.3.2　植物性食品原料中的糖类

在植物所含有的糖类物质中，多糖占有很大部分，可分为两大类别：一类是构成植物骨架的多糖，如纤维素、半纤维素等；一类是储存的营养物质，如淀粉等。

淀粉是小麦面粉的主要成分，根据小麦品种不同，小麦面粉中淀粉含量在 50％～70％。糖类是米中的主要成分，其中以淀粉为最多。白米中含淀粉 75％，其余为糊精以及几种多糖的混合物。玉米籽粒中含有的糖类主要是淀粉，占干玉米籽粒质量的70％～75％，此外，还含有一定量的膳食纤维。马铃薯含有的糖类主要是淀粉，其次是纤维素和某些低聚糖和单糖，如蔗糖、葡萄糖、果糖。大豆中的糖类含量约为 25％，主要为蔗糖、棉籽糖、水苏糖、阿拉伯糖和半乳糖等。成熟的大豆中淀粉含量很低，一般为 0.4％～0.9％。花生仁含 10％～13％的糖类，其中约 6％为非淀粉多糖，2％为可溶性纤维。此外，花生中含有比大豆更少的抗营养因子，棉籽糖和水苏糖含量只相当于大豆蛋白的 1/7，更易于消化吸收。蔬菜、水果所含糖类包括可溶性糖、淀粉及膳食纤维。大多数叶菜、嫩茎、瓜、茄果类蔬菜，其糖类含量都在 3％～5％。大多数鲜豆类的糖类含量在 5％～12％。成熟的根茎类蔬菜的糖类含量在 8％～25％。蔬菜、水果中的膳食纤维主要包括纤维素、半纤维素、果胶等，蔬菜中膳食纤维的含量一般为 0.2％～2.8％，水果中的膳食纤维一般为 0.5％～2％。随着水果成熟度的增加，可溶性糖含量增加。

海藻中的糖类变化较大，依种类不同其组成有很大差别，且每种海藻均有其独特成分。褐藻中的海带含有海藻酸，海藻酸的钠盐和钾盐水溶性好，作为增黏剂广泛用于冰淇淋、果酱、蛋黄酱的生产。作为热源其营养价值不高，这是由于海藻中的糖类不易消化。

3.1.3.3　食用菌中的糖类

在食用菌含有的糖类物质中，没有淀粉，含量最多的是膳食纤维如壳多糖，其含量一般为糖类含量的 43％～87.5％，其中胶质菌类含量高于肉质菌类，因此，肉质食用菌嫩滑、可口，胶质食用菌柔软、富含弹性。

食用菌中还含有海藻糖和糖醇，含量分别为糖类含量的 3％。这两种糖是食用菌的甜味成分，其中，当菇类成熟时，菌糖就水解为葡萄糖。葡萄糖是子实体呼吸作用的基质之一，在储藏保鲜过程中食用菌的糖类物质容易损失。

食用菌中还含有 3％左右的戊糖胶（银耳、木耳为 14％），它是一种胶黏性物质，在胶质菌的干制加工过程中翻拌次数不可太多，就是因为其中含有戊糖胶。

此外，食用菌中还含有糖原，这是其他非动物性食品原料不具备的。

3.2　糖类的主要理化性质

糖类在烹饪和食品加工中很常见，常常利用它们的物理性质和化学性质来烹制菜肴和加工食品。

3.2.1 糖类的物理性质

3.2.1.1 糖类的甜味和甜度

单糖都有甜味，某些低聚糖也有甜味，多糖无甜味。甜味的大小称为甜度，目前没有合适的物理或化学方法准确评定甜度，一般是利用人的味觉来判断。甜度没有绝对值，一般采用比较的方法确定糖的甜度，通常选择蔗糖为基准物，设其甜度为 1，其他糖类的甜度即为与蔗糖比较所得到的相对甜度。几种糖类的相对甜度见表 3-1。

表 3-1　几种糖类的相对甜度

糖的名称	相对甜度	糖的名称	相对甜度
蔗糖	1.0	麦芽糖	0.5
果糖	1.5	乳糖	0.3
葡萄糖	0.7	木糖醇	1.0
半乳糖	0.6	山梨醇	0.5
淀粉	0	纤维素	0

也有把蔗糖的甜度规定为 100 的做法，这时上表中其他糖类的甜度相应扩大100 倍。

糖类在固态和液态时甜度大不相同，例如，果糖在溶液中比蔗糖甜，但添加在某些食品如饼干、小甜饼等焙烤食品中时，却表现出与蔗糖相似的甜度。

不同糖类混合使用时，有提高甜度的效果。

3.2.1.2 糖类的溶解性

大多数单糖和低聚糖都能溶于水，但溶解度不同。多糖大多不溶于水，即使能溶，在水中也只能形成胶体。果糖的溶解度最高，其次是蔗糖、葡萄糖、乳糖等。不同糖类物质的溶解度随着温度的变化会发生变化。表 3-2 列出了不同温度下几种常见糖类的溶解度。

表 3-2　几种糖类的溶解度 （g/100 g H_2O）

糖	温 度			
	20	30	40	50
葡萄糖	87.67	120.46	162.38	243.76
果糖	374.78	441.70	538.63	665.58
蔗糖	199.41	214.30	233.40	257.60

3.2.1.3 糖类的吸湿性和保湿性

吸湿性是指糖类在空气湿度较大的情况下吸收水分的性质，保湿性是指糖类在较低空气湿度时保持水分的性质。

凡是能溶于水的糖类都具有吸湿性，例如果糖和蔗糖。水溶性很小甚至不溶于水的有些糖类也有吸湿性，如多糖中的淀粉。各种糖的吸湿性不同，以果糖、转化糖的吸湿性为最强，葡萄糖、麦芽糖次之，蔗糖吸湿性最小。

各种食品对糖类的吸湿性和保湿性的要求是不同的。硬质糖果要求吸湿性低，要避免在潮湿天气因吸收水分而溶化，故宜用蔗糖为原料。淀粉糖浆因不含果糖，所以吸湿性较低，用它作原料加工制成的糖果保存性也较好。面包、糖果类食品需要保持松软，运用转化糖和葡糖浆为宜。

3.2.1.4　糖类的黏度

糖类组成不同，黏度不同。一般来说，黏度与分子体积大小成正比，如葡萄糖、果糖、糖醇类的黏度较蔗糖低，淀粉糖浆的黏度较高。

糖类所处环境温度不同，黏度不同。葡萄糖的黏度随温度升高而增大，蔗糖的黏度则随温度的升高而减小。

在食品生产中，可以利用调节糖类黏度的方法来提高食品的稠度和可口性。

3.2.1.5　糖类的熔点

晶体糖加热到其熔点（185℃～186℃）时，由固体变为液体。烹饪中常用白糖（蔗糖）来熬制各种用途的糖膏。熬糖过程大致分为三个阶段。

第一阶段：挂霜。挂霜利用的是白糖的重结晶原理，即白糖溶于水后，随着小火加热，水分不断蒸发，糖液饱和度渐渐升高，当浓度超过临界值时，白糖重新以结晶体的形式析出，覆盖在食材表面，食品化学中称这种现象为翻砂或返砂。

第二阶段：拔丝。白糖加热至突破熔点（即泛起白色大泡）后，随着温度的降低可以出现胶状黏结，凭借外力可以抻出细丝，这就是常说的"出丝"或"拔丝"。

第三阶段：琉璃。当熔化后的糖液温度进一步降低，就会变成浅棕色的透明玻璃体，这便是"琉璃"。

3.2.2　糖类的化学性质

3.2.2.1　氧化反应

糖类中的醛基可以被氧化，而且在不同氧化条件下被氧化生成不同的产物。例如，在弱氧化剂作用下，葡萄糖可形成葡萄糖酸，葡萄糖酸可与钙离子形成葡萄糖酸钙，葡萄糖酸钙可作为补钙剂。

3.2.2.2　还原反应

糖类中的羰基在还原剂或一定压力与催化剂存在的条件下，加氢还原成羟基，形成糖醇。常见的糖醇有山梨糖醇、甘露糖醇、木糖醇等。

山梨糖醇别名山梨醇，是蔷薇科植物的主要光合作用产物，为白色吸湿性粉末或晶状粉末、片状或颗粒，无臭。山梨糖醇有吸湿、保水作用，在口香糖、糖果生产中加入少许可起保持食品柔软、改进组织和减少硬化起砂的作用，用量为8％左右。在面包、糕点中用于保水目的，用量为 2% 左右。用于甜食和食品中能防止在物流过程中变味，还能螯合金属离子。用于罐头饮料和葡萄酒中，可防止因金属离子作用而引起食品混浊。

甘露糖醇，又名甘露醇，分子式为 $C_6H_{14}O_6$，相对分子质量 182.17，无色至白色针状或斜方柱状晶体或结晶性粉末。无臭，具有清凉甜味。甜度约为蔗糖的 57% ~ 72%。吸湿性低，常被用作胶姆糖制作时的撒粉剂，以避免与制造设备、包装机械黏结，也用作增塑体系组分，使其保持柔和特性。还可用作糖片的稀释剂或充填物和冰淇淋及糖果的巧克力味涂层。

木糖醇是一种有机化合物，化学式为 $C_5H_{12}O_5$，原产于芬兰，是从白桦树、橡树、玉米芯、甘蔗渣等植物原料中提取出来的一种天然甜味剂。在自然界中，木糖醇的分布范围很广，广泛存在于各种水果、蔬菜、谷类之中，但含量很低。木糖醇甜度与蔗糖相当，溶于水时可吸收大量热量，是所有糖醇甜味剂中吸热值最大的一种，故以固体形式食用时，会在口中产生愉快的清凉感。木糖醇不致龋且有防龋齿的作用。代谢不受胰岛素调节，在人体内代谢完全，可作为糖尿病人的热能源。

3.2.2.3 水解作用

在酸或酶的催化下，低聚糖或多糖与水发生反应生成单糖，称为糖的水解。低聚糖或多糖发生水解反应，其产物往往是几种单糖的混合物，这种由原来的一种糖转化来的几种糖的混合物称为转化糖。

生物细胞中存在的转化酶也可以使蔗糖转化为果糖与葡萄糖的混合物——转化糖。许多水果中的转化糖是由水果中的转化酶或酸水解蔗糖所形成的。

3.2.2.4 脱水作用

脱水作用是在脱水剂或催化剂存在下，使含氧的有机化合物失去水，有许多类型的化合物可以发生脱水反应。单糖在浓酸或强酸作用下，发生脱水作用，然后环化生成糠醛或糠醛衍生物。

3.2.2.5 非酶褐变反应

非酶褐变反应主要是指糖类物质在热作用下发生一系列化学反应，产生大量复杂的有色和无色成分，或挥发性和非挥发性成分的反应。就糖类物质而言，非酶褐变反应主要包括羰氨反应和焦糖化反应。

(1) 羰氨反应。

含有羰基的糖类分子中的羰基，能与氨基酸、蛋白质、胺等含氨基的化合物分子中的氨基反应，产生具有特殊气味的棕褐色产物，即形成褐色色素，这种反应就称为羰氨反应。羰氨反应是由法国著名科学家拉美德发现的，所以也叫作拉美德反应。它是食品在加热或长期储存后发生褐变的主要原因。

一般来说，由于加热（如焙烤）的褐变常给食品质带来好的影响，如在焙烤面包、烧饼等食品时在其表面可刷一层蛋液或糖蛋液，以促进其着色，并产生诱人的香气。另外，烤肉的酱红色、熏干的棕黑色、啤酒的黄褐色、酱与酱油的棕黑色等，都与此反应有关。

（2）焦糖化反应。

糖类在没有氨基化合物存在的情况下，当加热温度超过它的熔点（约135℃时，即发生脱水或降解，然后进一步缩合生成黏稠状的黑褐色产物，这类反应称为焦糖化反应，英译又称卡拉蜜尔作用。焦糖化反应生成两类物质：一类是糖脱水聚合产物，俗称焦糖或酱色；一类是降解产物，主要是一些挥发性的醛、酮等。它们给食品带来悦人的色泽和风味，但若控制不当，也会为制品带来不良的影响。

3.2.2.6　发酵反应

某些糖类物质被酵母、细菌、霉菌所产生的酶作用而进行的反应叫作发酵反应。例如，酵母菌能使葡萄糖、果糖、甘露糖、麦芽糖等发酵而成酒精，同时放出二氧化碳，这是葡萄酒、黄酒和啤酒生产及面包蓬松的基础。

各种糖类的发酵速度是不同的。大多数面包酵母和酿酒酵母都是首先发酵葡萄糖，而后是果糖和蔗糖，发酵速度最慢的是麦芽糖。这是因为麦芽糖和蔗糖的发酵需要经酵母菌水解酶作用生成单糖后才能发生。

3.2.2.7　酯化与醚化

糖类分子中的羟基与酸反应生成酯。这样的反应在生物体外是难以进行的。但在生物体内由于有ATP提供能量，从而使此反应易于进行。

蔗糖与脂肪酸在一定的条件下进行酯化反应，生成脂肪酸蔗糖酯，简称蔗糖酯。蔗糖酯是一种高效、安全的乳化剂，可以改进食物的多种性能。它还是一种抗氧化剂，可以防止食品的酸败，延长保存期。

糖类中的羟基除形成酯外，还能形成醚，但不如天然存在的酯类多，多糖醚化后，可以进一步改良其功能性。例如，纤维素的羟丙基醚和淀粉的羟丙基醚，都已获得批准，可以在食品中使用。

3.2.2.8　成苷反应

糖类在酸性条件下与醇发生反应，脱水后生成的产品称为糖苷。糖苷是无色无臭的晶体，味苦，能溶于水和乙醇，难溶于乙醚。

糖苷在碱性溶液中稳定，但在酸性溶液中或酶的作用下，则易水解成原来的糖。

糖苷在自然界中分布很广，植物、动物、微生物中都有许多糖苷类物质的存在。糖苷的化学结构较为复杂，性能上兼有明显的生理作用。例如广泛存在于杏仁和许多种水果核仁中的苦杏仁苷，有明显的止咳平喘效果。

3.3 几种重要的糖

3.3.1 重要的单糖

3.3.1.1 丙糖

丙糖分子中含有三个碳原子，是最简单的糖。

丙糖是生物体内糖酸解过程的磷酸化型物质，分子量是 90 g/mol，包含丙醛糖（甘油醛）、丙酮糖（二羟基丙酮）两种化合物。

3.3.1.2 戊糖

糖类可根据分子中所含碳原子的数目命名，含 5 个碳原子的单糖称为戊糖，又称五碳糖。该糖为无色结晶，极易溶于水，可溶于乙醇，不易溶解于乙醚、丙酮、苯等有机溶剂。具有旋光性及变旋现象。

戊糖在生物界分布很广，在生命活动中具有重要作用，主要有 D-木糖、L-阿拉伯糖、D-核糖及其衍生物 D-2-脱氧核糖。作为糖代谢中间产物的戊酮糖有 D-核酮糖和 D-木酮糖。

D-核糖主要存在于细胞核内，是核酸的重要成分。生物体内的核糖有两种：D-核糖和 D-脱氧核糖。D-木糖广泛存在于植物界，麸皮、木材、棉籽壳、玉米穗等水解可得到 D-木糖。L-阿拉伯糖广泛存在于植物界，多以多聚戊糖形式存在，在松柏科植物的芯材中有游离存在。L-阿拉伯糖是植物分泌的胶黏质及半纤维多糖的组成成分，不能被酵母利用发酵。

3.3.1.3 己糖

己糖，又称为六碳糖，是含有 6 个碳原子的单糖。己糖在自然界分布最广，数量也最多，与机体的营养代谢最为密切。重要的己醛糖有 D-葡萄糖、D-半乳糖和 D-甘露糖，己酮糖则有 D-果糖。

（1）D-葡萄糖。

D-葡萄糖简称葡萄糖，因其有使光的偏振面向右旋转的特性，又名右旋糖。

葡萄糖（glucose）是有机化合物，分子式 $C_6H_{12}O_6$，是自然界分布最广且最为重要的一种单糖，它是一种多羟基醛。纯净的葡萄糖为白色晶体，有甜味但甜味不如蔗糖，易溶于水，微溶于乙醇，不溶于乙醚。

葡萄糖在生物学领域具有重要地位，是活细胞的能量来源和新陈代谢的中间产物，即生物的主要供能物质。植物可通过光合作用产生葡萄糖。葡萄糖在糖果制造业和医药领域有着广泛应用。

酵母菌可以通过发酵作用利用葡萄糖。在工业上，葡萄糖以淀粉为原料，通过无机酸或酶水解的方法大量制得。

（2）D-果糖。

D-果糖简称果糖，最初在水果中析出而得名，因其有使光的偏振面向左旋转的特性，又名左旋糖。

果糖在自然界中的分布及其重要性仅次于葡萄糖，而且果糖往往与葡萄糖同时存在于植物中。果糖在菊科植物中的含量尤其多，它是动物易于吸收的糖分，是蜂蜜的糖分组成之一。

果糖是无色晶体，吸湿性很强，是糖类中甜度最高的，酵母可使其发酵。

工业上规模生产果糖是采用淀粉水解制葡萄糖，经固定化葡萄糖异构酶转化为转化糖，其中含有 42% 的果糖和 58% 的葡萄糖，将其分离后即得到果糖。

（3）D-半乳糖和D-甘露糖。

这两种糖在植物中主要以缩合物形态存在于甘露聚糖及半乳聚糖等多糖中，游离存在的几乎为痕量。甘露聚糖是坚果类果壳中的主要成分，用酸水解即得甘露糖。

D-半乳糖和D-甘露糖可结合成乳糖，存在于动物乳汁中。少数植物中有游离存在的半乳糖，如常春藤中存在较多，甜菜中也有发现。含有半乳糖的果实经冷冻后可在表面析出半乳糖结晶。许多胶质多糖中也含有半乳糖。

D-甘露糖可被酵母发酵，D-半乳糖可被乳糖酵母发酵。

3.3.2　重要的低聚糖

3.3.2.1　麦芽糖

淀粉经淀粉酶水解得麦芽糖。麦芽糖最初就是用大麦芽作用于淀粉而得，故称麦芽糖。麦芽糖是无色晶体，通常含一分子结晶水，熔点 102℃，易溶于水，甜度为蔗糖的40%。有 α-型和 β-型两种同分异构体，在水溶液中 α-型和 β-型麦芽糖的比例为 42：58。含一分子水的结晶 β-型麦芽糖，如果将结晶水除去，β-型麦芽糖将向 α-型麦芽糖转化，所以不容易获得无水 β-型麦芽糖。市售的结晶麦芽糖主要是含水 β-型麦芽糖，其中已有 5%～10% 转化为 α-型麦芽糖。

传统的麦芽糖由小麦和糯米制成，香甜可口，营养丰富，具有排毒养颜、补脾益气、润肺止咳等功效，是老少皆宜的食品。麦芽糖可制备成麦芽糖浆，其用途广泛，可用于食品行业的各个领域，如固体食品、液体食品、冷冻食品、胶体食品（如果冻）等。麦芽糖主要用于加工焦糖酱色及糖果、果汁饮料、酿酒、罐头、豆酱、酱油等。

3.3.2.2　蔗糖

蔗糖是食糖的主要成分，是双糖的一种，由一分子葡萄糖的半缩醛羟基与一分子果糖的半缩醛羟基彼此缩合脱水而成。蔗糖有甜味，无气味，易溶于水和甘油，微溶于醇。有旋光性，但无变旋光作用。蔗糖几乎普遍存在于植物的叶、花、茎、种子和果实中，在甘蔗、甜菜及槭树汁中含量尤为丰富。蔗糖味甜，是重要的食品和甜味调味品，可分为白砂糖、赤砂糖、绵白糖、冰糖、粗糖（黄糖）。

蔗糖及蔗糖溶液在热、酸、碱、酵母等的作用下，会产生各种不同的化学反应。反应的结果不仅直接造成蔗糖的损失，而且会生成一些对制糖有害的物质。结晶蔗糖加热至160℃，会热分解熔化成为浓稠透明的液体，冷却时又重新结晶。加热时间延长，蔗糖即分解为葡萄糖和脱水果糖。在190℃～220℃的较高温度下，蔗糖脱水缩合成为焦糖。焦糖进一步加热则生成二氧化碳、一氧化碳、醋酸及丙酮等产物。在潮湿的环境下，蔗糖于100℃时分解，释出水分，色泽变黑。蔗糖溶液在常压下经长时间加热沸腾，溶解的蔗糖会缓慢分解为等量的葡萄糖和果糖，即发生转化作用。蔗糖溶液若加热至108℃以上，则水解迅速，糖溶液浓度愈大，水解作用愈显著。煮沸容器所用的金属材料，对蔗糖转化速率也有影响。例如，蔗糖溶液在铜器中的转化作用远比在银器中的大，玻璃容器几乎没有什么影响。

蔗糖是多种制品的原料。根据资料介绍，以蔗糖为原料和辅料的产品有56类2300多种，其中主要以食品为主。另外，蔗糖还是酒精、酵母、柠檬酸、乳酸、甘油、醇类、药品等的原料。世界上许多国家都开展了蔗糖化学的研究与开发。2002年12月，据法国科技新闻处报道，法国东部阿尔萨斯的埃尔斯坦糖厂、马赛开发研究所和蒙伯利埃大学的专家们联合研究出了用甜菜糖制造可降解塑料的工艺。该工艺是通过菌类发酵，把甜菜糖中的葡萄糖和果糖变成乳酸，再经过化学途径，把乳酸分子聚合成乳酸多元酸，成为塑料原料。这种塑料可以在自然环境中生物降解，由生物吸收，利于保护环境，并且生产成本较低，有很好的市场前景。

3.3.2.3 乳糖

乳糖是人类和哺乳动物乳汁中特有的碳水化合物，是由葡萄糖和半乳糖组成的双糖，分子式为$C_{12}H_{22}O_{11}$。在婴幼儿生长发育过程中，乳糖不仅可以提供能量，还参与大脑的发育进程。

乳糖多为白色晶体或结晶粉末，甜度约为蔗糖的70%，比重1.525（20℃），在120℃失去结晶水。无水物熔点222.8℃，可溶于水，微溶于乙醇，溶于乙醚和氯仿，有还原性和右旋光性，可水解成等分子的葡萄糖和半乳糖。

乳糖用于制造婴儿食品、糖果、人造奶油等。医药上用作矫味剂，可由乳清提取而得。

α-乳糖水合物在药品生产中被广泛使用，在固体制剂中被作为填充剂、助流剂、崩解剂、润滑剂和黏合剂，在冻干制剂中被作为赋形剂。

3.3.3 重要的多糖

3.3.3.1 淀粉

植物借助光和作用合成葡萄糖并将其转化为淀粉，以淀粉粒形式沉积于细胞中。它是某些植物的储存物质，也是人类必需的主要营养素之一。它存在于植物的块根、果实等部位。常见的含淀粉较多的植物原料有大米、小麦、藕、豌豆、绿豆、青豆、红薯、土豆等。

淀粉是高分子碳水化合物，是由单一类型的糖单元组成的多糖。淀粉的基本构成单

位为 α−D−吡喃葡萄糖，葡萄糖脱去水分子后经由糖苷键连接在一起所形成的共价聚合物就是淀粉分子。

淀粉属于多聚葡萄糖，游离葡萄糖的分子式以 $C_6H_{12}O_6$ 表示，脱水后葡萄糖单位则为 $C_6H_{10}O_5$，因此，淀粉分子可写成 $(C_6H_{10}O_5)_n$，n 为不定数。组成淀粉分子的结构单体（脱水葡萄糖单位）的数量称为聚合度，以 DP 表示。

淀粉分为直链淀粉和支链淀粉。直链淀粉是 D−六环葡萄糖经 α−1,4−糖苷键连接组成；支链淀粉的分支位置为 α−1,6−糖苷键，其余为 α−1,4 糖苷键。

直链淀粉含几百个葡萄糖单元，支链淀粉含几千个葡萄糖单元。在天然淀粉中，直链淀粉占 20%~26%，它是可溶性的，其余的则为支链淀粉。直链淀粉分子的一端为非还原末端基，另一端为还原末端基，而支链淀粉分子具有一个还原末端基和许多非还原末端基。当用碘溶液进行检测时，直链淀粉液呈显深蓝色，吸收碘量为 19%~20%，而支链淀粉与碘接触时变为紫红色，吸收碘量为 1%。

淀粉的许多化学性质与葡萄糖相似，但由于它是葡萄糖的聚合体，又有自身独特的性质，生产中应用淀粉化学性质改变淀粉分子可以获得两大类重要的淀粉深加工产品。第一大类是淀粉的水解产品，它是利用淀粉的水解性质将淀粉分子进行降解所得到的不同 DP 的产品。淀粉在酸或酶等催化剂的作用下，α−1,4 糖苷键和 α−1,6 糖苷键被水解，可生成糊精、低聚糖、麦芽糖、葡萄糖等多种产品。第二大类产品是变性淀粉，它是利用淀粉与某些化学试剂发生的化学反应而生成的。淀粉分子中葡萄糖残基中的 C2、C3 和 C6 位醇羟基在一定条件下能发生氧化、酯化、醚化、烷基化、交联等化学反应，生成各种淀粉衍生物。

3.3.3.2　纤维素

纤维素（cellulose）是由葡萄糖组成的大分子多糖，不溶于水或一般有机溶剂，是植物细胞壁的主要成分。纤维素是自然界中分布最广、含量最多的一种多糖，占植物界碳含量的 50% 以上。棉花的纤维素含量接近 100%，为天然的最纯纤维素来源。一般木材中，纤维素占 40%~50%，还有 10%~30% 的半纤维素和 20%~30% 的木质素。

常温下，纤维素既不溶于水，又不溶于一般的有机溶剂，如酒精、乙醚、丙酮、苯等，它也不溶于稀碱溶液中，能溶于铜氨 $Cu(NH_3)_4(OH)_2$ 溶液和铜乙二胺 $[NH_2CH_2CH_2NH_2]Cu(OH)_2$ 溶液等。因此，在常温下，它是比较稳定的，这是因为纤维素分子之间存在氢键。

纤维素是植物细胞壁的主要结构成分，通常与半纤维素、果胶和木质素结合在一起，其结合方式和程度对植物源食品的质地影响很大。植物在成熟和后熟时质地的变化则由果胶物质发生变化引起。人体消化道内不存在纤维素酶，纤维素是一种重要的膳食纤维。

纤维素是地球上最古老、最丰富的天然高分子，是取之不尽、用之不竭的人类最宝贵的天然可再生资源。纤维素化学与工业始于 160 多年前，是高分子化学诞生和发展时期的主要研究对象，纤维素及其衍生物的研究成果为高分子物理及化学学科的创立、发展和丰富做出了重大贡献。

3.3.3.3 膳食纤维

膳食纤维是一种多糖，它既不能被胃肠道消化吸收，也不能产生能量。因此，膳食纤维曾一度被认为是一种"无营养物质"而长期得不到足够的重视。

然而，随着营养学和相关科学的深入发展，人们逐渐发现了膳食纤维具有相当重要的生理作用。以致于在膳食构成越来越精细的今天，膳食纤维更成为学术界和普通百姓关注的物质，并被营养学界补充认定为第七类营养素，和传统的六类营养素——蛋白质、脂肪、糖、维生素、矿物质与水并列。

根据是否溶解于水，可将膳食纤维分为两大类：可溶性膳食纤维和不可溶性膳食纤维。可溶性膳食纤维来源于果胶、藻胶、魔芋等。魔芋盛产于我国四川等地，主要成分为葡甘聚糖，是一种可溶性膳食纤维，能量很低，吸水性强。很多研究表明，魔芋有降血脂和降血糖的作用及良好的通便作用。可溶性膳食纤维在胃肠道内与淀粉等碳水化合物交织在一起，并延缓后者的吸收，故可以起到降低餐后血糖的作用。不可溶性膳食纤维的最佳来源是全谷类粮食，其中包括麦麸、麦片、全麦粉、糙米、燕麦、全谷类食物、豆类、蔬菜和水果等。不可溶性纤维对人体的作用首先在于促进胃肠道蠕动，加快食物通过胃肠道，减少吸收，另外不可溶性纤维在大肠中吸收水分软化大便，可以起到防治便秘的作用。

我国人民的膳食纤维以谷类食物为主，并辅以蔬菜果类，所以本无膳食纤维缺乏之虞，但随着生活水平的提高，食物精细化程度越来越高，动物性食物所占比例大为增加。一些大城市居民膳食脂肪的产热比例，已由几十年前的20%～25%增加至目前的40%～45%，而膳食纤维的摄入量却明显降低，所谓"生活越来越好，纤维越来越少"。由此导致一些"现代文明病"，如肥胖症、糖尿病、高脂血症等，以及一些与膳食纤维过少有关的疾病，如肠癌、便秘、肠道息肉等的发病率日渐增高。

3.4 糖类在烹饪中的作用

糖类与人的饮食关系非常密切，是人类膳食中最经济的热能来源。人体的热能60%以上是糖供给的，糖的功能是维持人的体温，帮助人体解毒和保证大脑的正常功能。成人每天所需要的糖为500～600 g，占进食总热量的66%～70%。在烹调中，糖的作用十分重要。许多食物原料中都含有糖，含糖较多的是各种烹饪甜味剂，如白砂糖、红糖等，以及淀粉类原料，如大米、小麦、玉米、甘薯等。

3.4.1 蔗糖的作用

我们日常烹饪中用到的糖，其主要成分是蔗糖，是食品中甜味的主要来源。常用的白砂糖、绵白糖、红糖、冰糖都属于蔗糖。蔗糖在烹饪中具有重要作用。

（1）具有拔丝作用。原料一般先经过挂糊和不挂糊，再起锅熬糖（油熬、水熬、油水熬），熬时不停地搅动，待糖溶化，由稠变稀，气泡由大变小，色呈金黄，到拔丝火候时，即投入炸好的原料，尽快颠翻或翻炒，至原料全部裹匀糖液时，立即装盘，快速上桌，趁热食用，称拔丝。例如：拔丝香蕉、拔丝莲子、拔丝肉等。

（2）具有蜜汁作用。用白糖、蜂蜜加适量的水加热调制成浓汁，把主料投入锅中，慢火熬至主料熟透，甜味渗入主料，以提高成菜的色、味。例如：蜜汁山药、蜜汁甜糕等。

（3）具有挂霜的作用。原料改刀后，挂糊或不挂糊，热油炸熟，进行挂霜。

一是炸熟后滚一层白糖，此法霜易脱落；二是加白糖或少量油（或者水）熬化，约在水分熬尽到挂霜火候时，投入主料，翻匀粘匀原料，冷却后外层凝结成霜。例如：挂霜丸子、酥白肉等。

（4）具有琉璃作用。将原料改刀后挂糊或不挂糊，煮熟或炸熟，把糖汁熬到拔丝程度，投入原料，翻匀糖汁，倒在瓷盘中，逐块拨开，不使粘连晾凉。每块结一层微黄色甜硬壳，形同琉璃，外皮酥脆、甜香。例如：琉璃丸子。

（5）具有调味作用。这是制作糖醋菜肴不可缺少的调料。糖和醋的混合，可产生一种类似水果的酸甜味，十分开胃可口。例如：糖醋黄河鲤鱼、糖醋里脊、糖醋鱼片等。

（6）具有缓和酸味的作用。在制作酸味菜肴时，加入少量的食糖，可以缓解酸味，并使口味和谐可口。例如：醋熘菜肴、酸辣菜肴等，加入少量的白糖，成品则格外味美可口，否则菜肴成品寡酸不可口。

（7）具有增加甜味作用。在制作面点、菜肴时，加入适量的食糖，能使食品增加甜味。在面点制作时也有改善面点品质的功效，还能增强菜肴的鲜味，调和诸味、增香、解腻、使复合味增浓的作用。

（8）具有使原料增光、调色、转色作用。增光，在烤熟的菜肴上抹些糖饴，可使菜肴增甜增光；调色，糖色广泛用于制作卤菜、红烧菜肴的调色；转色，如鸡、鸭、猪头肉等有皮的原料，煮熟后抹上糖水经烤或炸后，成品色泽转变成红色。

（9）具有防腐作用。当糖液达到饱和浓度时，它就有较高的渗透压，可以使微生物脱水产生质壁分离现象，从而抑制微生物在制品中的生长。加糖越多，制品的存放期就越长。

（10）具有粘接作用。糖加入水熬到拔丝时，倒入炸好的原料食品搅匀、出锅后，可用各种模具造型。例如：萨琪玛、米花糖等。

（11）具有焦化和调节发酵的作用。制品在烘烤前，在其表面刷上一层糖液，烘烤后其表面金黄，色泽美观诱人。在面点发酵过程中，加入适量的糖，酵母菌就可以直接得到能量，加快了繁殖速度，加快发酵速度。

3.4.2 麦芽糖的作用

麦芽糖是由米、大麦等一些粮食经过发酵后制成的糖类物质，呈黏稠的半透明胶体状态。在日常生活中，我们经常提到的麦芽糖其实应该叫作"饴糖"，饴糖的主要成分就是麦芽糖，它以淀粉作为原料，在麦芽中的淀粉酶作用下，水解得到一种主要含有麦芽糖的食用糖类。

（1）麦芽糖广泛用于烤、炸菜中，如在烤鸭、烤乳猪等深色菜肴烤制前，在其表面涂抹一些饴糖，会增加烤制品的颜色、光泽度和风味。

（2）麦芽糖也广泛用于烘焙中。麦芽糖可以改善糕点的内部组织，使做出的糕点更加柔润、膨松可口。在制作萨琪玛、牛轧糖、太妃糖等熬制糖浆的时候，加入麦芽糖可以改善糖浆的品质，防止糖浆反砂，使成品更清澈、质地更佳。加入麦芽糖，可增加糕点的风味，降低糖的甜度，使味道更柔和（麦芽糖的甜度只有白砂糖的 1/3，如制作萨琪玛时，全用白砂糖熬出的等量糖浆，比用麦芽糖熬出的糖浆甜很多）。

3.4.3 淀粉的作用

在烹饪中含淀粉的植物原料除了作为主食，还可以作为制作菜肴时勾芡、上浆或挂糊等的主要原料。

3.4.3.1 淀粉在烹调中的作用

中国具有悠久的美食文化，很早以前人们便懂得淀粉的特性，并将其应用在菜肴的烹饪中。淀粉是烹调过程中经常见到的辅料之一，淀粉最常见的作用是"打芡"，在菜肴出锅前加入适量的淀粉，固定汤汁，改善菜肴的感官质量和口感；淀粉还广泛应用于汤羹、腌渍料、各种调味汁和调味粉中。

3.4.3.2 变性淀粉在调味品中的应用

原淀粉经过不同的工艺进行处理后，其本身的性能发生不同程度的变化，能更好地适应调味品的不同配方、加工工艺、贮藏运输等条件的改变，从而改善和提高调味品的质量。由于调味品品种繁多，配方结构千差万别，加工工艺差异明显，对变性淀粉的性能要求也各不相同。因此，一方面要求变性淀粉的应用厂家应根据不同的产品特点适当地选择变性淀粉；另一方面作为变性淀粉的生产厂家有针对性地面对产品客户加工工艺特点等调整变性淀粉的生产工艺，可使用户的产品质量得到提高。

3.4.3.3 淀粉在制作其他食品中的作用

淀粉除用于烹调外，在各类食品加工中也起到了很大的作用，利用淀粉作为配料或主料的食品有：各种粉肠、灌肚、凉粉、粉皮、粉丝、火腿、罗汉肚等。

3.4.4 果胶物质的作用

果胶物质是细胞壁的基质多糖，在浆果、果实和茎中最丰富。果胶是所有植物的主要成分，约占植物原细胞壁干质量的 2/3。它为细胞壁提供结构完整性、强度和灵活性，并作为外部环境的屏障。果胶是所有杂食性饮食的天然成分，也是膳食纤维的重要来源。由于果胶在消化系统中的耐药性和果胶消化酶的缺乏，人类不能直接消化果胶，但大肠内的微生物可以很容易地吸收果胶并将其转化为可溶性纤维。这些寡糖可促进肠道有益微生物群繁殖，还有助于脂质和脂肪代谢、血糖调节等。

果胶物质在食品中的重要应用是作为果酱与果冻的胶凝剂、增稠剂与稳定剂。果胶物质能应用于蛋黄酱、番茄酱、混浊性果汁、饮料以及冰淇淋中，一般添加量小于 1%，但凝胶软糖除外，它的添加量为 2%～5%。

同时需要注意，烹饪加工中对果蔬的热烫、焯水，都会导致果胶酸的生成。因此，大多数蔬菜，特别是鲜嫩的叶菜，不宜长时间加热，以免其果胶分解太多，影响菜肴质感。

3.4.5　琼脂的作用

琼脂，又名洋菜、海东菜、冻粉、石花胶等，是植物胶的一种，常用海产的麒麟菜、石花菜、江蓠等制成，为无色、无固定形状的固体，溶于热水。在食品工业中应用广泛，亦常用作细菌培养基。之所以叫琼脂，主要是用海南省（简称琼）的麒麟菜或石花菜制作出来的。

琼脂是世界上用途最广泛的海藻胶之一。它在食品工业、医药工业、日用化工、生物工程等许多领域有着广泛的应用。琼脂用于食品中能明显改善食品的品质，提高食品的档次，可用作增稠剂、凝固剂、悬浮剂、乳化剂、保鲜剂和稳定剂，广泛用于制造各种饮料、果冻、冰淇淋、糕点、软糖、罐头、肉制品、八宝粥、银耳燕窝、羹类食品、凉拌食品等。琼脂在化学工业、医学科研中可作为培养基、药膏基及其他用途。

（1）果粒饮料。以琼脂作悬浮剂，其使用浓度为 0.01%～0.05%，可使颗粒悬浮均匀。

琼脂用在饮料类产品中，其作用是提高液体的悬浮力，让饮料中的固形物悬浮均匀，不下沉。其特点是悬浮时间及保质期长，也是其他悬浮剂无法代替的原因。琼脂透明度好，流动性好，口感爽滑，无异味。

（2）果汁软糖。琼脂的使用量为 2.5% 左右，与葡萄糖液、白砂糖等制得的软糖，其透明度及口感远胜于其他软糖。

琼脂用在固体类食品中，其作用是凝固形成胶体，作为主原料而络合其他辅料，如糖液、砂糖、香料等。

（3）肉类罐头、肉制品。用 0.2%～0.5% 的琼脂能形成有效粘合碎肉的凝胶。

（4）八宝粥、银耳燕窝、羹类食品。用 0.3%～0.5% 的琼脂作为增稠剂、稳定剂。

（5）凉拌食品。先将琼脂洗净，用开水冲泡让其膨胀，捞起加入调配料即可食用。

（6）冻胶布丁、酸角糕。以 0.1%～0.3% 的琼脂和精炼的半乳甘露聚糖，可制得透明的强弹性凝胶。

（7）果冻。以琼脂作悬浮剂，参考用量为 0.15%～0.3%，可使颗粒悬浮均匀，不沉淀，不分层。

思考与练习

1. 简述糖的理化性质。
2. 简述蔗糖在烹饪中的作用。
3. 简述熬糖的三个阶段。每一个阶段的糖浆可做何种菜肴？

第4章 脂类

学习目标：

1. 了解脂类的概念和分类。
2. 了解脂类物质在动植物和食用菌等食品原料中的存在。
3. 掌握油脂的理化性质，油脂氧化酸败的危害、影响因素及预防措施。
4. 掌握油脂在烹饪中的作用，并能熟练运用在菜肴制作中。

4.1 脂类的基础知识

脂类是人体所需的重要营养素之一，它与蛋白质、糖是产能的三大营养素，在供给人体能量方面起着重要作用。脂类也是人体细胞组织的组成成分，如细胞膜、神经髓鞘都必须有脂类参与。

脂类是油、脂肪、类脂的总称。食物•中的油脂主要是油、脂肪，一般把常温下是液体的称作油，而把常温下是固体的称作脂肪。

4.1.1 脂类的分类

在通常情况下，脂类分为油脂和类脂两大类。

4.1.1.1 油脂

（1）油脂的概念。

油脂即甘油三酯或称之为脂酰甘油（triacylglycerol），是油和脂肪的统称。一般将常温下呈液态的油脂称为油，而将呈固态的油脂称为脂肪。

脂肪是由甘油和脂肪酸脱水合成而形成的。脂肪中的三个酰基（无机或有机含氧酸除去羟基后所余下的原子团）一般是不同的，来源于碳十六、碳十八或其他脂肪酸。有双键的脂肪酸称为不饱和脂肪酸，没有双键的则称为饱和脂肪酸。动植物油脂中常见的饱和脂肪酸和不饱和脂肪酸见表4—1、表4—2。

表4—1　动物油脂中常见的饱和脂肪酸

名称	存在
丁酸	奶油
辛酸	椰子、奶油
癸酸	椰子、榆树籽

名称	存在
十二酸	月桂、一般油脂
十四酸	花生、椰子油
十六酸	所有油脂中
十八酸	所有油脂中
二十酸	花生油

表 4－2　动物油脂中常见的不饱和脂肪酸

名称	存在
豆蔻油酸	动植物油
花生油酸	花生、玉米油
油酸	所有动植物油
棕榈油酸	多数动植物油
芥酸	芥籽、菜籽、鳕鱼肝油
亚油酸	各种油脂
亚麻酸	亚麻、苏子、大麻籽油

　　在动物的脂肪中，不饱和脂肪酸很少，植物油中则比较多。膳食中饱和脂肪太多会引起动脉粥样硬化，因为脂肪和胆固醇均会在血管内壁上沉积而形成斑块，这样就会妨碍血流，产生心血管疾病。同时，血管壁上有沉淀物，血管变窄，使肥胖症患者容易患上高血压等疾病。

　　油脂的分布十分广泛，各种植物的种子、动物的组织和器官中都存有一定数量的油脂，特别是油料作物的种子和动物皮下的脂肪组织，油脂含量丰富。人体内的脂肪占体重的 10％～20％。人体内脂肪酸种类很多，生成甘油三酯时可有不同的排列组合方式。因此，甘油三酯具有多种存在形式。

　　贮存能量和供给能量是脂肪最重要的生理功能。1 g 脂肪在体内完全氧化时可释放出 38 kJ（9.3 kcal）的能量，比 1 g 糖原或蛋白质所释放的能量多两倍以上。脂肪组织是体内专门用于贮存脂肪的组织，当机体需要能量时，脂肪组织细胞中贮存的脂肪可动员出来分解供给机体的需要。此外，高等动物和人体内的脂肪，还有减少身体热量损失，维持体温恒定，减少内部器官之间摩擦和缓冲外界压力的作用。

　　（2）油脂的分类。

　　油脂按照不同的标准有不同的分类方式，常见的有两种：一种是从动植物中分离出来的"可见脂肪"，如奶油、猪油、色拉油等。高等动物体内的脂肪一般储存于皮下组织、肾脏周围、肠系膜等处。植物油大部分来自植物的果实和种子，如大豆、花生、芝麻和橄榄等。另一种是作为食品的"隐性脂肪"，如乳、干酪或肉的成分之一。

　　油脂的常见分类见表 4－3。

表 4-3　油脂的分类

分类依据	分类类别
油脂来源	植物油脂和动物油脂
国家标准	色拉油、高级烹饪油、一级油和二级油
使用用途	煎炸用油、生食用油、炒菜用油、调味用油等

4.1.1.2　类脂

类脂，顾名思义即"类似脂肪"，曾作为脂肪以外的溶于脂溶剂的天然化合物的总称，是指一类在某些物理化学性质上和油脂极为相似的化合物，是食物中比较重要的成分，油脂中常常含有少量的类脂。类脂主要包括磷脂、胆固醇和腊等。

（1）磷脂。

磷脂（phospholipid），也称磷脂类、磷脂质，是指含有磷酸的脂类，属于复合脂。至今，人们已发现磷脂几乎存在于所有机体细胞中。动物磷脂主要来源于蛋黄、牛奶、动物体脑组织、肝脏、肾脏及肌肉组织部分。植物磷脂主要存在于油料种子，且大部分存在于胶体相内，并与蛋白质、糖类、脂肪酸、菌醇、维生素等物质以结合状态存在，是一类重要的油脂伴随物。在制油过程中，磷脂随油而出，毛油中磷脂含量以大豆毛油含量最高，所以大豆磷脂是最重要的植物磷脂来源。

磷脂是生命的基础物质。细胞膜就由 40％左右的蛋白质和 50％左右的脂质（以磷脂为主）构成。它是由卵磷脂、肌醇磷脂、脑磷脂等组成的。这些磷脂分别对人体的各部位和各器官起着相应的功能。磷脂对活化细胞，维持新陈代谢、基础代谢及荷尔蒙的均衡分泌，增强人体的免疫力和再生力，都能发挥重要的作用。另外，磷脂还具有促进脂肪代谢，防止脂肪肝，降低血清胆固醇、改善血液循环，预防心血管疾病的作用。

（2）胆固醇。

胆固醇存在于血液的脂蛋白中，其存在形式包括高密度脂蛋白胆固醇、低密度脂蛋白胆固醇、极低密度脂蛋白胆固醇几种。在血液中存在的胆固醇绝大多数是和脂肪酸结合的胆固醇酯，仅有不到 10％的胆固醇是以游离态存在的。高密度脂蛋白有助于清除细胞中的胆固醇，而低密度脂蛋白超标一般被认为是心血管疾病的前兆。血液中胆固醇含量每单位在 140～199 mg 之间，是比较正常的胆固醇水平。

胆固醇是由甾体部分和一条长的侧链组成。人体中胆固醇的总量大约占体重的 0.2％，每 100 g 组织中，骨质约含 10 mg，骨骼肌约含 100 mg，内脏多在 150～250 mg 之间，肝脏和皮肤含量稍高，约为 300 mg，脑和神经组织中含量最高，每 100 g 组织约含 2 g，其总量约占全身总量的 1/4。

胆固醇在体内有着广泛的生理作用，但当其过量时便会导致高胆固醇血症，对机体产生不利的影响。现代研究已发现，动脉粥样硬化、静脉血栓形成及胆石症与高胆固醇血症有密切的相关性。如果是单纯的胆固醇高则饮食调节是最好的办法，如果还伴有高血压则最好在监测血压的情况下使用药物降压。高胆固醇血症是导致动脉粥样硬化的一个很重要的原因，所以请引起注意。

自然界中的胆固醇主要存在于动物性食物中，少数植物中也有胆固醇，多数植物存在结构上与胆固醇十分相似的物质——植物固醇。植物固醇无致动脉粥样硬化的作用。在肠黏膜处，植物固醇（特别是谷固醇）可以竞争性抑制胆固醇的吸收。

胆固醇虽然存在于动物性食物中，但是不同的动物以及动物的不同部位，胆固醇的含量很不一致。一般而言，畜肉的胆固醇含量高于禽肉，肥肉高于瘦肉，贝壳类和软体类高于一般鱼类，蛋黄、鱼卵、动物内脏的胆固醇含量最高。

通常，将每 100 g 食物中胆固醇含量低于 100 mg 的食物称为低胆固醇食物，如鳗鱼、鲳鱼、鲤鱼、猪瘦肉、牛瘦肉、羊瘦肉、鸭肉等；将每 100 g 食物中胆固醇含量为 100~200 mg 的食物称为中度胆固醇食物，如草鱼、鲫鱼、鲢鱼、黄鳝、河鳗、甲鱼、蟹肉、猪排、鸡肉等；而将每 100 g 食物中胆固醇含量为 200~300 mg 的食物称为高胆固醇食物，如猪肾、猪肝、猪肚、蚌肉、猪肉、蛋黄、蟹黄等。高胆固醇血症的患者应尽量少吃或不吃高胆固醇的食物。

（3）蜡。

蜡是由高级脂肪酸与高级一元醇所产生的高级脂类物质。蜡在自然界中分布很广，主要包括动物蜡、植物蜡和矿物蜡。

蜡在人体内不被消化，无营养价值，但对动植物来说，蜡具有一定的生理作用。许多植物的叶、茎、果实的表皮都覆盖着一层很薄的蜡质，一般称作"蜡被"或"果粉"，起着保护植物内层组织，防止细菌侵入和调节植物水分平衡的作用。很多动物的表皮和甲壳也常有蜡层保护。水产动物及植物油脂中也常含有一定的蜡。

在油脂精炼中常用冷滤法脱去蜡。

4.1.2　脂类的存在

4.1.2.1　动物性食品原料中的脂类

一般家畜体内脂肪含量为 10%~20%，肥育阶段可高达 30% 以上。脂肪的性质随动物的种类而异，主要受脂肪酸含量的影响。

蛋类中的脂类主要存在于蛋黄中，包括甘油酯、磷脂、固醇。蛋黄里大部分与蛋白质结合构成的脂肪酸中，不饱和脂肪酸较多，因此，蛋类脂质熔点低，容易消化，但也容易氧化。

牛乳中除含有称为真脂的脂肪外，还含有少量的磷脂以及游离的脂肪酸等脂类物质，这些成分合起来称为乳脂质。其中，乳脂肪是牛乳的主要成分之一，在乳中的含量一般为 3%~5%，占乳中脂类物质的 97%~98%。乳脂不溶于水，呈微细球状分散于乳液中，形成乳浊液，对牛乳的风味起着重要的作用。

鱼和贝类脂肪物质的主要成分为甘油三酸酯，其含量随季节、生长期有很大的变化。即使在同一个体中也呈现出不均匀的分布。例如秋刀鱼、沙丁鱼等的脂肪积累在肌肉中，鳕鱼的脂肪则积累在肝脏中。

4.1.2.2　植物性食品原料中的脂类

花生油中 75% 以上的脂类为不饱和脂肪酸，单不饱和脂肪酸含量在 50% 以上，不含胆固醇。

　　大豆中的脂类主要包括油脂、磷脂和不皂化物。油脂中的脂肪酸以不饱和脂肪酸为主，约占总脂肪酸的 80%，包括油酸、亚油酸、亚麻酸等，其中亚油酸和亚麻酸属于必需脂肪酸。

　　玉米籽中的不饱和脂肪酸是精米、精面的 4～5 倍，其中主要是油酸和亚油酸，亚油酸的含量高达 2%，是谷类中含量最高者。此外，玉米籽中含有卵磷脂。

　　大米中的脂类以米油的形式主要存在于胚芽中，米油以不饱和脂肪酸含量多为其特点，含有油酸 45%、亚油酸 30%、棕榈酸 20%，其余为花生酸和豆蔻酸等。

　　面粉中的脂类含量很少，但属于面粉中的功能性成分，它对面团特性、面包、面条、馒头的品质都有影响。

4.1.2.3　食用菌中的脂类

　　食用菌中的脂类物质包括脂和类脂。

　　食用菌中的脂类与植物油相似，含有较多的不饱和脂肪酸，如油酸、亚油酸等，具有较高的利用价值。

　　食用菌的类脂中，不皂化物含量特别高，以香菇、平菇的含量最高。

　　此外，某些微生物的油脂含量很高，并已证明无毒，可作为油脂生产的潜在资源。

4.2　油脂的主要理化性质

　　油脂的物理性质、化学性质与油脂的色泽、风味形成及在烹饪加工、储存、运输过程中的变化密切相关。

4.2.1　油脂的物理性质

4.2.1.1　油脂的色泽和气味

　　纯净的油脂是无色透明的。天然油脂之所以带有颜色往往与油脂溶有色素物质有关，如叶绿素、叶黄素和类胡萝卜素等。动物性油脂因色素物质含量较少、大多颜色较浅，如猪油为乳白色，鸡油为浅黄色等。植物种子中色素物质含量较高，所以植物油脂的颜色相对较深，如橄榄油为黄绿色，葵花籽油为琥珀色，芝麻油为深黄色等。此外，油脂中杂质也对颜色有一定的影响，杂质越多，其颜色越深，品质越差。煎炸油使用次数过多就会出现这种现象。

　　纯净的油脂是没有特殊气味的，但实际上各种天然油脂都有其固有的气味。除极少数是由低级脂肪酸构成的油脂引起外，一般是由所含的特殊非脂成分引起的。例如，椰子油的香气是由于含有壬基甲酮，菜籽油的气味成分主要是甲基硫醇。未经精制或脱臭不足的油脂可能常具有各种各样的气味，好闻的如温和味、清香味、浓香味等，不好闻的如豆腥味、泥土味、鱼腥味等。

　　油脂长时间储存后，由于空气中的氧或油脂中所含微生物的缘故，会使油脂中的脂肪酸发生氧化分解，生成低级的醛、酮、酸等，这时油脂就会产生出脂肪酸所特有的"哈味"，其食用价值和加工性都会降低。

4.2.1.2　油脂的相对密度

油脂的相对密度一般与其分子的相对分子质量成反比，与其分子结构的不饱和度成正比。除个别品种外，油脂的相对密度都小于 1。

4.2.1.3　油脂的油性和黏稠度

油性是油脂最值得注意的特性之一，即形成润滑薄膜的能力。它与油脂表面张力和油脂对某种界面（如皮肤）的界面张力有关。在制作面包等焙烤食品时，加入少量油脂可以在面筋表面形成薄膜，阻止面筋过分黏连，使食品的质构和口感更为理想。

油脂的黏稠度是评价油脂分子流动性的指标。影响油脂黏稠度的内因是甘油三酯中脂肪酸链的长短及饱和程度。脂肪酸链越长，饱和程度越高，油脂的黏稠度越大，因此动物脂肪的黏稠度远大于植物油脂的黏稠度。油脂的黏稠度还受温度的影响，一般来说，温度越低油脂的黏稠度越高，高温下油脂的流动性增强。

油脂可以为菜肴提供滑腻的口感，这是由油脂具有适当的黏稠度和油性决定的。在加工清口的食品时，应选用黏稠度较低的色拉油或精炼油。

4.2.1.4　油脂的乳化性

油脂是不溶于水的，但烹饪中加入蛋白质、磷脂等物质后，由于发生了乳化作用，油脂就可以形成乳状液而分散于水中，这在烹饪中有广泛的应用，如"奶汤"或"白汤"就是典型的水包油型的乳状液。

4.2.1.5　油脂的熔点与凝固点

固体脂变成液态油时的温度称为熔点，液态油变成固体脂时的温度称为凝固点。溶化与凝固是一种可逆的平衡。对于油脂来说，熔点的高低主要决定于形成油脂的脂肪酸。烹饪常用油脂的熔点范围见表 4—4。

表 4—4　烹饪常用油脂的熔点范围

油脂	熔点（℃）	油脂	熔点（℃）
棉籽油	-6～4	椰子油	20～28
花生油	0～3	猪油	36～48
大豆油	-18～15	牛油	43～51
菜籽油	-5～1	羊油	44～55
芝麻油	-7～3	奶油	28～36

油脂的熔点影响着人体内脂肪的消化吸收率。油脂的熔点低于 37℃（人体正常体温）时，在消化器官中易乳化而被吸收，消化率高，一般高达 97％～99％。油脂熔点

范围与消化率见表 4-5。

表 4-5 几种食用油脂的熔点与消化率

油脂	熔点（℃）	消化率（%）
大豆油	−18～15	97.5
花生油	0～3	98.3
奶油	28～36	98
猪油	36～48	94
人造黄油	−7～3	87

熔点较高的油脂特别是熔点高于体温的油脂一般难以消化吸收，需趁热食用，否则会降低其营养价值。在制作面点时，常使用食用油脂起酥，这时应注意这些油脂的熔点范围，应将温度控制在熔点范围以上，这样才能使产品光洁、均匀。

4.2.1.6 油脂的发烟点

油脂的发烟点是指在避免通风并备用特殊照明的实验装置中觉察到冒烟时的最低加热温度。油脂大量冒烟的温度通常略高于油脂的发烟点。

不同的油脂因其组成的脂肪酸不同，其发烟点也不相同。一般来说，以饱和脂肪酸为主的动物性油脂的发烟点较低，而含有不饱和脂肪酸的植物性油脂的发烟点较高。常见油脂的发烟点见表 4-6。

表 4-6 常见油脂的发烟点

名称	发烟点（℃）	名称	发烟点（℃）
大豆油	195～230	玉米油	222～232
橄榄油	167～175	棉籽油	216～229
菜籽油	186～227	黄油	208
芝麻油	172～184	猪油	190

油脂加热到发烟点时，油脂表面会散发出青白色烟雾，对人的眼睛、鼻子、咽喉和肺等部位有很大的影响，会使人产生眼睛红肿、流泪、咽喉胀痛、呼吸不畅等现象，其中刺激性较强的一种物质是油脂在高温下的分解产物——丙烯醛。

在食品加工中，油脂的加热温度是有限制的，一般在使用中最多加热到其发烟点，温度再高，轻则无法操作，重则导致油脂燃烧甚至爆炸。而且发烟后的油脂会产生一些危害人体健康的有害物质，掌握油脂的发烟点是非常重要的。

另外，由于食用油脂的发烟是油脂中存在的小分子物质的挥发引起的，这些小分子可以是原先油脂中混有的或是由于油脂的热不稳定性分解产生的。因此，需要进行较高温度加热的煎炸用油应该尽量选择一定程度的精炼油，避免使用没有经过精炼的毛油，同时还应该尽量选择热稳定性高的油脂。

4.2.2　油脂的化学性质

油脂在储存、烹饪、加工及运输过程中都会发生化学反应。

4.2.2.1　水解反应

水解反应在有机化学中是指水与另一化合物反应，该化合物分解为两部分，水中的 H^+ 加到其中的一部分，而羟基（—OH）加到另一部分，因而得到两种或两种以上新的化合物的反应过程。

油脂在酸、酶催化下发生水解反应，生成甘油、游离脂肪酸。这个反应在酸水解条件下是可逆的，已经水解的甘油与游离脂肪酸可再次结合生成一脂肪酸甘油酯、二脂肪酸甘油酯。在食品加工与烹饪的过程中，油脂都会不同程度地发生水解反应。例如油脂受到某些微生物的污染，这些微生物可分泌出能引起油脂发生水解所需的脂肪酶。含油脂的罐头食品在加热灭菌时油脂也会部分水解，温度越高，水解程度越大，加热时间越长，水解程度也会越大。

油脂的水解反应在食品加工中对食品质量的影响是很大的。例如，在油炸食品时，油温可高达 170℃ 以上，由于被炸食品引入大量的水，油脂发生水解，产生大量游离脂肪酸，使油的发烟点降低，而且更容易氧化，从而影响油炸食品的风味，降低食品的质量。

油脂的水解有时是有利的，如利用脂酶的水解反应产生酸奶和干酪，使食品出现特殊的风味。

4.2.2.2　皂化反应

皂化反应通常指的是碱（通常为强碱）和酯反应，而产生醇和羧酸盐，尤指油脂和碱反应。狭义来讲，皂化反应是指油脂在碱性条件下能发生较完全的水解反应，水解作用中生成的游离脂肪酸容易与碱作用得到高级脂肪酸盐和甘油的反应。这个反应是制造肥皂流程中的一步，因此而得名。它的化学反应机制于 1823 年被法国科学家发现。

油脂遇碱很容易发生皂化反应而破坏油脂的使用价值，产生严重的肥皂味。因此在避免油脂水解的时候，尤其要避免油脂与碱性物质接触，以防皂化反应发生。

4.2.2.3　加成反应

加成反应是一种有机化学反应，是不饱和化合物类的一种特征反应，它发生在有双键或叁键（不饱和键）的物质中。

油脂中所含的不饱和脂肪酸由于有不饱和双键的存在，其性质较活泼，很容易发生加成反应。

（1）加氢的反应。

液态油脂在控制通入氢气的条件下，可得到半固态或固态的油脂，油脂的这种加氢过程叫作油脂的氢化。

油脂氢化最初是用来将液态油转变为固体脂、塑性脂，以供制取起酥油和人造奶油的一种方法，如棉籽油、豆油及其他植物油和某些海产油，可以充分代替原先价格更贵的肉类油脂。当然，油脂氢化也可用于许多其他目的，如增加油脂的抗氧化稳定性，提高油脂的使用寿命，改善油脂的色泽等。

（2）加卤素的反应。

油脂中的不饱和双键也能与卤素发生加成反应，这类反应称为油脂的卤化反应。

卤素与双键的加成反应速度，以氯最快，其次为溴，最后为碘。卤素对双键的加成可达到定量的程度，吸收卤素的量可以反映不饱和双键的多少。通常可利用碘值的大小来表示脂肪酸和脂肪的不饱和程度。100 g 油脂所能加成碘的克数，叫作该油脂的碘值，它能表示油脂中不饱和脂肪酸双键的多少。因此，可以推断，油脂的碘值高则意味着其含有的双键数量多，更容易氧化。

4.2.2.4 热变性与老化

食用油脂常常是在加热的情况下使用的。由于加热后油温较高，油脂本身能发生聚合、水解、缩合、分解挥发及热变化等各种复杂的物理化学变化。这些变化的结果，使油脂产生增稠、分解、泡沫增多等现象。这种在高温下油脂发生的一系列物理化学变化，叫作油脂的热变性。

由于油脂的热变性导致油脂的质量劣化的现象叫作油脂的老化。老化后的油脂不仅外观质量劣化，而且内部会产生很多有毒物质。

影响油脂老化的因素主要有以下几种：

（1）油脂的种类。饱和脂肪酸的甘油三酯的老化速度远低于不饱和脂肪酸的甘油三酯，油脂的不饱和程度越高，稳定性越差。大豆油、菜籽油等所含的脂肪酸不饱和程度高，较易老化，因此这类油只适合一次性使用，而不适合反复煎炸使用。棕榈油、花生油可忍受长时间、高温、水分存在及接触空气等严苛的加工条件而不变质。

（2）油温。油温越高，油脂的氧化分解越剧烈，老化的速度越快。

（3）与氧气的接触面积。在有氧气存在的情况下，油脂的老化速度及程度都大大提高，所以油炸过程中要尽量避免油脂与氧气接触。油脂与氧的接触面积越大，油脂的老化反应越激烈。为减少与氧气的接触面积，应尽量选择口小的深形炸锅，并加盖隔氧。

（4）金属催化剂。与油脂的自动氧化反应类似，油脂的老化也受铁离子、铜离子等金属离子的催化。为了减少金属离子的催化反应，降低油脂老化速度，应尽量选择精炼油脂进行加工。同时油炸设备也应避免含有上述离子，如铁锅、铜锅就不适宜用来煎炸食物，而应该使用含镍不锈钢制造的容器进行油炸加工。

（5）油炸物的水分含量。食物的水分尤其是食物表面的水分与油脂接触后，会促使油脂发生水解，游离脂肪酸比甘油三酯更容易发生老化。因此，要尽量减少煎炸食物的水分，使食物鲜嫩多汁。

（6）加工方式。在总加热时间相同的情况下，连续加热产生的油脂老化远远高于间歇式加热产生的老化。所以要尽量避免同一油脂长期、反复使用，要及时更换新油。同时，应随时捞出油脂中的食物残渣，这些残渣往往能加快油脂的老化。

4.3 油脂的氧化酸败

油脂或油脂含量较多的食品，贮藏期间在日光、空气中的氧气、微生物、酶等作用下，会发生氧化反应而产生酸臭的气味，使口味变苦，这种现象称为油脂的氧化酸败，俗称"哈喇"。

油脂受氧气、水、光、热、微生物等影响，逐渐水解或氧化而变质酸败，使中性油脂分解为甘油和油脂酸，或使油脂酸中不饱和链断开形成过氧化物，再依次分解为低级油脂酸、醛类、酮类等物质，产生异臭和异味，有的酸败产物还具有致癌作用。油脂酸败的同时破坏了其中所含的维生素，并损害机体酶系统，如琥珀酸氧化酶、细胞色素氧化酶等。

4.3.1 油脂酸败的类型

4.3.1.1 水解型酸败

油脂在食品所含脂肪酶或乳酪链球菌、乳念球菌、霉菌以及光、热作用下，吸收水分，被分解生成甘油和小分子的脂肪酸，如丁酸、乙酸、辛酸等，这些物质的特有气味使食品的风味劣化。这种酸败常发生在奶油及含有人造奶油、麻油的食品中。

4.3.1.2 酮酸酸败

在曲霉和青霉等微生物产生的酶类作用下，油脂的水解产物被进一步氧化（发生在 β 位碳原子上）生成具有特殊刺激性臭味的酮酸和甲基酮，所以称为酮酸酸败，常发生在含椰子油、奶油等的食品中。

4.3.1.3 氧化型酸败

油脂水解后生成的游离脂肪酸，特别是不饱和游离脂肪酸的双链位置容易被氧化生成过氧化物，而这些过氧化物中，少量环状结构的、与臭氧结合形成的臭氧化物，性质很不稳定，容易分解为醛、酮及小分子的脂肪酸。除大量的氢过氧化物因其性质很不稳定容易分解外，其还能聚合而导致油脂酸败，且酸败会因氢过氧化物的生成，以连锁反应的方式使其他的游离脂肪酸分子也迅速变为氢过氧化物。最终结果是导致油脂中醛、酮、酸等小分子物质越积越多，表现出强烈的不良风味及一定的生理毒性，从而恶化食品的感官质量，加重人体肝脏解毒功能的负担。多数食品中的油脂均能发生这种氧化型酸败。

4.3.2 油脂氧化酸败的危害

已经氧化酸败的油脂，感官性质发生改变，食用价值有所降低，甚至不能使用。

（1）油脂的感官性质发生改变后，油脂的营养素遭到破坏，具有强烈的不愉快气味。油脂发生酸败后，人体所需要的高度不饱和脂肪酸，如亚油酸、亚麻酸等均受到破坏，油脂的自动氧化也破坏了油脂中的脂溶性维生素，如维生素 A、维生素 D、维生素 E 等。油脂水解产生的游离脂肪酸可产生不良气味，以致影响食品的感官质量，如牛奶中含有的丁酸等水解后产生的气味和滋味可使牛奶在感官上难以接受，甚至不宜食用。

（2）引起急性食物中毒。油脂酸败引起的一般急性中毒症状为呕吐、腹泻、腹痛等。引起中毒的物质非常复杂，因油脂的种类、加热方式、酸败过程或食品中其他成分的影响等情况不同，有毒成分的种类和数量也不一样。新鲜油脂在长时间、高温加热时，分解成甘油和脂肪酸，甘油经高温脱水生成丙稀醛，可引起轻度中毒现象。同时，脂肪酸氧化酸败产生的具有强氧化作用的氢过氧化物直接作用于消化道也可引起食物中毒。此外，脂肪酸还能发生聚合作用，其聚合物的毒性较强，可使动物生长停滞，肝脏肿大，肝功能受损，有的还有致癌作用，尤其是高温加热且反复使用的油脂，聚合物更多，对人体危害更大。

（3）导致慢性中毒。氢过氧化物的分解产物、二聚合物等原体或其分解物，被消化道吸收后慢慢移至肝脏及其他器官而引起慢性中毒，或产生其他有害因素。

4.3.3 油脂氧化酸败的影响因素

油脂的氧化酸败与很多因素有关，主要包括内因和外因。

4.3.3.1 内因

（1）油脂的组成。一般的植物油中不饱和脂肪酸的含量较高，相对于饱和脂肪酸，不饱和脂肪酸在一些研究实验中显示可以降低慢性病（心脑血管疾病）的风险、调节血脂、增强机体免疫力等作用，但是不饱和脂肪酸分子结构中含有一个或多个双键，化学性质不稳定，容易发生氧化反应，发生酸败。

（2）游离脂肪酸的含量。油脂中存在的少量游离脂肪酸不会明显影响其氧化稳定性。但当油脂中含有大量游离脂肪酸时，将使储存罐中具有催化作用的微量金属与脂肪酸的结合量增加，从而加快其氧化速度。

4.3.3.2 外因

（1）温度。油脂的氧化酸败速度与温度有密切关系。温度升高不仅会加速氧化酸败反应，而且也是加速油脂水解的重要因素，只有发生水解后，油脂中的不饱和脂肪酸才会游离出来，而发生自动氧化。一般来讲，每当温度升高 10℃，油脂的氧化速度就加快一倍。用酥油做实验表明，在 21℃～63℃的温度范围内，温度每升高 16℃，氧化速率增加两倍。

（2）光线和射线。油脂及富含油脂的食物在储存过程中，若受到光线与射线的照射，也能加快油脂酸败的速度，其中紫外线对油脂的影响最大。因为光不仅能诱发自由基的产生，而且能促进氢过氧化物的分解，使油脂氧化后的气味特别难闻。

（3）氧气。油脂的氧化只有在氧气存在下才能发生，油脂直接与空气中的氧接触会加快油脂的氧化速度。油脂自动氧化速率随大气中氧的分压增大而增大，氧分压达到一定值后，脂肪自动氧化速率保持不变。

（4）催化剂。在化学反应中，催化剂能改变反应速率，而本身的质量和组成在反应后保持不变。能使反应速率加快的催化剂叫作正催化剂；反之则叫作负催化剂。许多金属都能促进油脂的氧化，特别是过渡金属元素如铜、锰、铁、铬等，铜的催化能力最敏锐。如果油脂中存在这些元素，即使浓度很低，也可以使氧化速度增大。不同的金属对油脂氧化酸败的催化作用强弱程度不同。大多数食用油脂都含有微量的重金属，这主要来自油料作物生长的土壤、动物体以及加工储存过程中的金属设备和包装容器。

（5）抗氧化剂。能阻止、延缓氧化作用的物质称为抗氧化剂。维生素 E、丁基烃基茴香醚、丁基羟基甲苯等抗氧化剂都具有减缓油脂自动氧化的作用。人们很早就发现香辛料有抑菌防腐的作用，发现了其对油脂及含油脂食品的抗氧化性。烹饪中常用的香辛料有花椒、丁香、胡椒、肉桂、茴香等。我国民间早就有把炒过的花椒加入猪油和植物油中以防霉变的经验。

（6）水分。水分对油脂自动氧化也有一定的影响，一般认为油脂含水量超过0.2%，水解酸败作用会加强。精炼后的油脂比未精炼的油脂保存时间长，在冷冻条件下，水以冰晶形式析出，使油脂失去水膜的保护，因而冷冻的含脂食品仍然会发生酸败，引起品质降低。

4.3.3.4　油脂氧化酸败的控制措施

针对上述影响食用油脂自动氧化的各种因素，可采取相应措施，尽量避免这些因素的影响，防止油脂酸败。防止油脂酸败的措施如下：

（1）低温保存。低温有利于油脂的保存和保持富油食品的新鲜程度。腌制品通常在初冬制作，也是符合此原理的。

（2）隔绝空气。应尽量避免油脂与空气的接触。如储存油脂的容器要加盖密封，富油食品可用透气性差的包装材料或罐包装。

（3）避光。油脂最好应保存在阴凉的陶釉缸中，富油食品宜用有色包装，避免光线直接照射。

（4）防水。应将油脂置于通风干燥处，还可用加热的方法除去油脂中的水分。另外，还要搞好环境卫生，防止微生物的污染。

（5）不用金属容器储存油脂。特别是不用铁桶长期存放油脂，可用玻璃容器、瓷制容器或不锈钢容器存放油脂。

（6）加抗氧化剂。在油脂中添加脂溶性抗氧化剂可延长油脂的储存期。常用的天然抗氧化剂有胡萝卜素、维生素 E、芝麻酚和卵磷脂等。

4.4　油脂在烹饪中的作用

食用油脂是食品加工中广泛应用的原料之一，它除了具有一定的营养价值，在食品加工中还有多种不同的功能。

4.4.1　导热作用

油脂是烹饪过程中不可缺少的物质，许多烹饪技法都是以油作为加热介质的。这是因为油具有热容量小、沸点高、导热性能好的特点。油受热后，通过对流的形式，不仅温度上升快，而且上升幅度较大。在制作菜肴过程中，油以高于水或水蒸气一倍的温度迅速驱散原料表面的水分子，油的温度和烹饪原料的温度急剧趋于平衡，烹饪原料外部大量失水而变得干燥酥脆、内部成熟。

由于油烹法加快了烹调的速度，缩短了原料成熟的时间，保护了原料内部的水分，而使菜品具有鲜嫩、滋润的口感。

研究表明，在煎炸肉食品时，具有致突变性的毒性物质——杂环胺类化合物在焦化的部分含量很高。因此，在使用油烹法时，温度不宜太高。

4.4.2 调味料作用

某些油脂具有良好的色泽和气味，如炒菜或凉拌菜时淋入一些芝麻油来增加菜肴的滋味和香气，又如"鸡心油菜"因为鸡油的使用，使菜的色泽和口味都有很大的改善。

由于香味物质多为脂溶性成分，因此，在油脂中具有良好的溶解性。芝麻油、奶油、鸡油、辣椒油、咖喱油等均可用于菜点的增香、调香。

4.4.3 呈色作用

油脂的呈色作用包括三个方面：

(1) 不同种类的油脂具有不同的颜色。恰当地利用油的本身色泽，能起到色味俱佳的效果。例如，奶油色泽洁白，气味芳香，用于糕点制作，不仅颜色美观，营养丰富，而且独具风味。

(2) 绿色蔬菜通过滑油可保持其鲜绿色，油脂能在蔬菜表面形成一层薄的油膜，由于油膜的致密性和疏水性，阻止或减弱了蔬菜中呈色物质的氧化变色或流失，从而达到保色的作用。菜肴装盘后，在其表面淋上油脂，可增加菜肴的光泽度和滋润感，故有"明油亮芡"的说法。

(3) 焦糖化反应和美拉德反应是动物性原料和挂糊、上浆的食品形成诱人色泽的主要途径。焦糖化反应要求在无水条件下进行，而美拉德反应要求达到 100℃～150℃的高温。油脂在加热中能完全满足焦糖化和美拉德反应的要求，是食品获得诱人色泽的最好传热介质。

4.4.4 保温作用

油脂不溶于水，密度比水小，因此能在汤的表面形成隔热层，防止汤因水分蒸发而散失热量。炖煮动物性原料时，原料中的脂肪达到熔点而熔化后，逐渐漂浮在汤汁表面，并由薄变厚，形成一层致密的油层。又由于油的沸点非常高，所以菜肴中的油有良好的保温性。尤其在烹制某些汤菜时，出锅前淋点油，既能提味，又能起到保温的作用。著名的云南小吃"过桥米线"就是利用这个原理将煮沸的鸡汤舀到蒸热的汤碗中，米线、鱼片、蔬菜等动植物原料薄片可迅速被烫熟。有的汤菜，由于表面有一层油，看上去虽然没有热气，吃起来却能烫伤口腔内的黏膜，这也是油的隔热作用造成的假象所致。

4.4.5　溶剂作用

油脂是一种极好的有机溶剂，能溶解一些脂溶性维生素、香气物质和滋味物质。一些脂溶性维生素溶于油中，可使人体增强对它们的吸收。油脂可将加热形成的芳香物质由挥发性的游离态转变为结合态，使成品的香气和味道变得更加柔和与协调。人们在咀嚼和品味时，会使它们的香味充分表现出来，回味无穷。

4.4.6　润滑作用

烹饪中常用的油脂在室温或温度稍高的环境下呈现液态，具有一定的润滑性。油脂不溶于水，能在原料表面形成油膜，防止原料沾手。例如，在面点制作中加入适量的油脂，可降低面团的黏性，便于加工操作，并能增加面点制品表面的光洁度和口感。调味上浆后的肉料，在下锅前拌点油，原料容易散开，便于操作。在菜肴烹调时，原料下锅前一般都需少量的油脂滑锅，这样一方面可防止原料粘锅和原料之间相互粘连；另一方面通过翻拌，可使原料吸附油脂，增加菜肴的滋味和亮度。

4.4.7　起酥作用

食用油脂是调制油面团、制作起酥点心必不可少的原料，能使制品起酥、层次清晰、香酥可口，达到应有的质量标准。油脂的主要作用是能控制面粉中蛋白质的膨润、面筋的生成量，减少面团的黏着性。在面点制作中，当面团反复揉搓后，扩大了油脂与面团的接触面积，使油脂在面团中伸展成薄膜状，最大范围地覆盖在面粉颗粒表面，同时面团在反复揉搓中包裹进大量的空气，使制品在加热中因空气的膨胀而酥脆。这样的面团经烘烤后，即可制出油酥点心。

4.4.8　保鲜作用

在制作烤鸭、烧鸡、烤面包时，常在其表面刷一层芝麻油或其他植物油，使产品在一段时间内保持其风味、嫩度及新鲜度。这是利用油脂的疏水性，阻止了食品吸收空气中的水分而返软，同时延缓了食品内部水分的散失，避免食品因风干而失去鲜嫩之感，既保持了产品质量，又延长了储存期。

思考与练习

1. 什么是油脂的氧化酸败，如何防止？
2. 简述油脂在烹饪中的作用。
3. 举例说明烹制菜肴时如何控制好油温。
4. 影响油脂老化的因素主要有哪些？

第5章　蛋白质

蛋白质是一切生命的物质基础，是组成人体一切细胞、组织的重要成分。机体所有重要的组成部分都需要有蛋白质的参与，蛋白质在生物体系中起着核心的作用。

人类细胞产生至少 3 万种不同的蛋白质，每一个都有一个特定的功能，其特征是一个独特的序列和构象，从而使它能够执行该功能。除了某些蛋白质具有酶的功能，还有一些蛋白质（如胶原、角蛋白和弹性蛋白等）在细胞和复杂的生物体中起着结构组分的功能。蛋白质所具有的多样化功能与它们的化学组成有关。蛋白质是由 20 种氨基酸构成的非常复杂的聚合物，这些构成单元是通过取代的酰胺键连接的。与多糖及核酸中的醚键和磷酸二酯键不同，蛋白质分子中的酰胺键具有部分双键的性质，这进一步显示了蛋白质聚合物结构的复杂性。如果不是蛋白质组成的复杂性使蛋白质具有很多的三维结构形式和与此相关联的各种不同的生物功能，它们或许就不能执行无数的生物功能。

以质量百分比计，蛋白质主要由碳（50%～55%）、氢（6%～7%）、氧（20%～23%）、氮（12%～19%）、硫（0.2%～3%）等元素组成，大约有一半的蛋白质中还含有铁、铜、锌、锰、钴、钼等金属元素。蛋白质合成是在核蛋白内进行的。在合成之后，蛋白质分子中的一些氨基酸组分在细胞浆酶的作用下被改性，从而改变了某些蛋白质的元素组成。在细胞中，未经酶催化改性的蛋白质称为简单蛋白质，而经酶催化改性或与非蛋白质组分结合的蛋白质称为结合蛋白质或杂蛋白质，非蛋白质组分常被称为辅基。依据其非蛋白部分的不同将结合蛋白质分为核蛋白（含核酸 DNA 核蛋白、核糖体）、糖蛋白（含多糖，如激素糖蛋白、细胞膜糖蛋白、卵白蛋白）、脂蛋白（含脂类 α－脂蛋白和 β－脂蛋白）、磷蛋白（含磷酸，如酪蛋白、胃蛋白酶）、金属蛋白（含金属，如运铁蛋白、铜锌结合蛋白和多种酶）及色蛋白（含色素，如血红蛋白）等。

蛋白质在生物体内有多种功能，如催化功能（酶）、运动功能（肌球蛋白、肌动蛋白）、运输功能（血浆白蛋白、血球蛋白）、保护功能（角蛋白、弹性蛋白）、免疫功能（抗体）和调节功能（蛋白质激素）等。生命的产生和存在均与蛋白质有关。

蛋白质也可以根据它们的三维结构组织进行分类。球状蛋白质是指那些以球形或椭球形状存在的蛋白质，是由于多肽链自身的折叠而形成的。此外，纤维蛋白是含有扭曲线性多肽链的杆状分子（如原肌球蛋白、胶原蛋白、角蛋白和弹性蛋白）。纤维蛋白也可以由小球状蛋白（如肌动蛋白和纤维蛋白）线性聚集形成。虽然大多数酶是球状蛋白，但纤维蛋白总是作为骨骼、指甲、肌腱、皮肤和肌肉中的结构蛋白发挥作用。

蛋白质的多种生物功能可分为酶催化剂、结构蛋白、收缩蛋白（肌球蛋白、肌动蛋白、微管蛋白）、电子转运蛋白（细胞色素）、离子泵、激素（胰岛素、生长激素）、转运蛋白（血清白蛋白、转铁蛋白、血红蛋白）、抗体（免疫球蛋白）、贮藏蛋白质（蛋清、种子蛋白）和毒素。贮藏蛋白质主要存在于蛋和植物种子中。这些蛋白质为胚胎和种子的萌发提供氮和氨基酸。毒素是某些微生物、动物和植物抵御捕食者的一种防御机制。

所有的蛋白质本质上都是由相同的 20 种氨基酸组成的。然而，有些蛋白质并不包含全部 20 种氨基酸。氨基酸通过酰胺键连接在一起的序列的差异形成了数千种不同的蛋白质的结构和功能。从字面上看，通过改变氨基酸序列、氨基酸的类型和比例以及多肽链的长度，可以合成万亿计具有独特性质的蛋白质。

所有的由生物产生的蛋白质在理论上都可以被作为食品蛋白质而加以利用。然而，在实际上食品蛋白质是那些易于消化、无毒、富有营养、在食品产品中显示功能性质和来源丰富的蛋白质。乳、肉（包括鱼和家禽）、蛋、谷物、豆类和油料种子是食品蛋白质的主要来源。然而，随着世界人口的不断增长，为了满足人类营养的需要，有必要开发非传统的蛋白质资源。新的蛋白质资源是否适用于食品取决于它们的成本和它们是否满足作为加工食品和家庭烧煮食品的蛋白质配料所应具备的条件。蛋白质在食品中的功能性质与它们的结构和其他物理化学性质有关。如果希望改进蛋白质在食品中的性能，那么对蛋白质的物理、化学、营养和功能性质以及在加工中的变化必须有一个基本的了解，这样的了解也有助于采用能与传统的食品蛋白质相竞争的新的或成本较低的蛋白质资源。

食品中蛋白质的功能特性与其结构和其他理化特性有关。如果想要开发新的低成本的蛋白源食品或者提高食物中蛋白质的性能，那么必须对蛋白质的物理、化学、营养和功能特性以及这些特性在加工和储存过程中所发生的变化有一个基本的理解。

5.1 氨基酸

5.1.1 必需氨基酸和非必需氨基酸

人体对蛋白质的需要实际上是对氨基酸的需要。人体所需的氨基酸约有 22 种，从营养上可分为必需氨基酸和非必需氨基酸两类。

人体无法合成或者合成速度远不能满足机体的需要，必须由食物蛋白供给的氨基酸称为必需氨基酸。人体的必需氨基酸共有 8 种：赖氨酸、色氨酸、苯丙氨酸、蛋氨酸、苏氨酸、异亮氨酸、亮氨酸、缬氨酸，这 8 种氨基酸不能在人体内合成，需要从食物中获得。还有两种氨基酸——精氨酸和组氨酸，在人体内能够合成，但合成的量无法满足机体的需要，必须从食物中摄取一部分，这两种氨基酸又称为半必需氨基酸。非必需氨基酸是人体可以自身合成或者由其他氨基酸转化而来，不一定非要从食物中获得的氨基酸。非必需氨基酸通常包括 12 种：甘氨酸、丙氨酸、脯氨酸、酪氨酸、丝氨酸、胱氨酸、半胱氨酸、天冬酰胺、谷氨酰胺、天冬氨酸、谷氨酸和羟脯氨酸等。

5.1.2 限制氨基酸

食物蛋白质中一种或几种必需氨基酸的含量缺少或不足，导致其他的必需氨基酸在体内不能被充分利用而浪费，使其蛋白质的营养价值降低，这类必需氨基酸就被称为限制氨基酸。按其缺少数量的多少顺序排列，缺乏最多的称为第一限制氨基酸，次之的称为第二限制氨基酸。

食物中最主要的限制氨基酸为赖氨酸、蛋氨酸和色氨酸。植物蛋白质中，相对含量较低的赖氨酸、蛋氨酸、苏氨酸和色氨酸，是植物蛋白质中主要的限制氨基酸。谷类食物的第一限制氨基酸为赖氨酸，其在谷类食物中的含量最低，其次是蛋氨酸和苯丙氨酸。蛋氨酸在牛奶、花生、大豆、肉类中的含量相对不足，为限制氨基酸，其次为苯丙氨酸。此外，小麦、大麦、燕麦和大米还缺乏苏氨酸，玉米缺少色氨酸，都为它们的第二限制氨基酸。

5.1.3 氨基酸的结构

蛋白质的基本构成单元是 α–氨基酸。氨基酸是由一个 α–碳原子、一个氢原子、一个羧基、一个氨基和一个侧链 R 基以共价键与此碳原子相连接。依照氨基连在碳链上的不同位置，可将氨基酸分为 α–、β–、γ–、w–氨基酸，但经过蛋白质水解后，最后得到的氨基酸都是 α–氨基酸。氨基酸的结构式如下：

$$R-\underset{\underset{NH_2}{|}}{\overset{\overset{H}{|}}{C}}-COOH$$

除甘氨酸外，所有氨基酸的 α–碳原子都是不对称的，它与 4 个不同的基团相连接。由于在分子中存在着不对称中心，氨基酸能够显示光学活性，它们通过光线的偏振面发生向左或向右偏转，因此氨基酸从结构上分为 L 型和 D 型，分别具有左、右旋光性。

5.2 蛋白质的结构

蛋白质是具有特定构象的大分子，为研究方便将蛋白质结构分为 4 个结构水平：一级结构、二级结构、三级结构和四级结构。一般将二级结构、三级结构和四级结构称为三维构象或高级结构。

5.2.1 一级结构

蛋白质的一级结构即蛋白质的构成单元，是氨基酸通过共价键连接而形成的线性序列（linear sequence），一级结构也是蛋白质最基本的结构。一个氨基酸的 α–羧基与次一个氨基酸的 α–氨基形成肽键时失去一分子水。在线性序列中，所有氨基酸残基都是 L–型。由 n 个氨基酸残基构成的蛋白质分子含有（$n-1$）个肽键。游离的 α–氨基末端称为 N–末端，游离的 α–羧基末端称为 C–末端。根据惯例，可用 N 表示多肽链的开始端，C 表示多肽链的末端。

由 n 个氨基酸残基连接而形成的链长（n）和序列决定着蛋白质的物理化学结构和生物性质及功能。氨基酸序列的作用如同形成二级和三级结构的密码（code），最终决定着蛋白质的生物功能。蛋白质的分子质量从几千至超过百万 u（道尔顿）。例如，存在于肌肉中的单肽链蛋白质 titin 的分子质量超过 100 万 u，而肠促胰液肽（secretin）的分子质量仅为 2300u。大多数蛋白质的分子质量在 20000~100000u。

　　蛋白质分子的多肽链并非呈线形伸展，而是折叠和盘曲构成特有的比较稳定的空间结构。蛋白质的生物学活性和理化性质主要决定于空间结构的完整性，因此仅测定蛋白质分子的氨基酸组成和它们的排列顺序并不能完全了解蛋白质分子的生物学活性和理化性质。

　　蛋白质的空间结构就是指蛋白质的二级、三级和四级结构。

5.2.2　二级结构

　　蛋白质分子极少以完全伸展的线形链存在，这是由于各种不同的氨基酸侧链与水的相互作用的程度不同而排除多肽主链按此方式排列。由于蛋白质分子内部必须紧密地包裹，这限制了蛋白质分子可能采取的构象的数目，在原子水平上的立体位阻也支配着蛋白质分子构象。蛋白质的二级结构是指在多肽链的某些部分氨基酸残基周期性的（有规则的）空间排列。当依次相继的氨基酸残基在多肽链的一个部分采取同一组 φ 和 ψ 扭转角时，就形成了周期性的结构。

　　一般来说，在蛋白质分子中存在着两种周期性的（有规则的）二级结构，它们是螺旋结构和伸展片状结构。

5.2.2.1　螺旋结构

　　当依次相继的氨基酸残基的 φ 和 ψ 角按同一组值扭转时，形成了蛋白质的螺旋结构。选择不同的 φ 和 ψ 角组合，理论上有可能产生几种具有不同几何形状的螺旋结构，然而，在蛋白质分子中仅存在 α-螺旋、β-螺旋和 π-螺旋这 3 种螺旋结构，其中以 α-螺旋是蛋白质中主要的螺旋结构形式，并且是最稳定的。α-螺旋的螺距，即每圈所占的轴长为 0.54 nm，每圈包含 3.6 个氨基酸残基，每个氨基酸残基占轴长 0.15 nm。每个氨基酸残基转动角度为 100°（即 360°/3.6），氨基酸残基的侧链按垂直于螺旋的轴的方向定向。

　　α-螺旋是依靠氢键稳定的，能以右手螺旋或左手螺旋两种方式存在，右手螺旋比左手螺旋更加稳定，这是由于后者结构中氨基酸残基的侧链过于拥挤。在天然的蛋白质中仅存在右手 α-螺旋。

5.2.2.2　β-折叠片结构

　　β-折叠片结构是一种具有特定的几何形状的伸展结构。在此伸展结构中，C=O 基和 N—H 基按照与主链垂直的方向定向。因此，氢键只可能在多肽链的两个部分之间形成而不可能在一个部分之内形成。β-折叠片结构由若干股组成，股长相当于 5~15 个氨基酸的长度。同一个蛋白质分子中的各股之间通过氢键相互作用形成 β-折叠片结构。在此片状结构中，多肽主链上的氨基酸残基的侧链按垂直于片状结构的平面（在平面上和平面下）定向。根据多肽主链中 N→C 的指向，存在着两类 β-折叠片结构，即平行β-折叠片结构和反平行β-折叠片结构，反平行β-折叠片结构比平行β-折叠片结构稳定。

β-折叠片结构通常比α-螺旋结构更为稳定。含有高比例的β-折叠片结构的蛋白质一般呈现高变性温度。例如，β-乳球蛋白（51% β-折叠片结构）和大豆11s球蛋白（64%β-折叠片结构）的热变性温度分别为75.6℃和84.5℃。然而，牛血清蛋白（64%α-螺旋结构）的变性温度仅为64℃。α-螺旋结构的蛋白质溶液经加热再冷却时，α-螺旋结构通常转变成β-折叠片结构。从β-折叠片结构转变成α-螺旋结构的现象在蛋白质中尚未发现。

5.2.3 三级结构

当线性蛋白质链（含有二级结构部分）进一步折叠成紧密的三维形式时，就形成了蛋白质的三级结构，因此蛋白质的三级结构涉及多肽链的空间排列。蛋白质从线性构型转变成折叠状三级结构是一个复杂的过程。在分子水平上，蛋白质结构形成的细节存在于它的氨基酸序列中。从化学能角度考虑，三级结构的形成包括各种不同的基团之间的相互作用和氢键的优化，使得蛋白质分子的自由能尽可能地降到最低。在三级结构形成的过程中最重要的几何排列是大多数的疏水性氨基酸残基重新配置在蛋白质结构的内部，以及大多数亲水性尤其是带电荷的氨基酸重新配置在蛋白质—水界面，同时伴随着自由能的减少。虽然疏水性氨基酸残基一般具有埋藏在蛋白质内部的强烈倾向，但是往往不能完全实现这样的配置。事实上，在大多数球状蛋白质中，有40%~50%可接近的表面是被非极性氨基酸残基占据着，于是，一些极性基团不可避免地埋藏在蛋白质的内部，它们总是与其他极性基团形成氢键，使这些基团在蛋白质内部非极性环境中的自由能降到最低。

一级结构中亲水性和疏水性氨基酸残基的比例和分布影响着蛋白质的某些物理化学性质。例如，氨基酸顺序决定着蛋白质分子的形状。如果一种蛋白质含有大量的亲水性氨基酸残基并且均匀地分布在氨基酸序列中，那么蛋白质分子将拉长或呈棒状；反之，如果一种蛋白质含有大量疏水性氨基酸残基，那么蛋白质分子将呈球状。于是，表面积与体积之比能降到最低，同时使更多的疏水性氨基酸残基能埋藏在蛋白质分子的内部。

5.2.4 四级结构

四级结构是指含有多于一条多肽链的蛋白质分子的空间排列。某些生理上重要的蛋白质以二聚体、三聚体、四聚体等形式存在。这些四级复合物（也称为寡聚体）由蛋白质亚基（单体）构成。亚基可以是相同的（同类），也可以是不同的（异类）。例如，乳清中的β-乳球蛋白在pH值为5~8时以二聚体的形式存在，在pH值为3~5时以八聚体的形式存在，当pH值高于8时，以单体形式存在。构成这些复合物的单体是相同的。血红蛋白的情况不同，它是由两种不同的多肽链即α-链和β-链构成的四聚体。

寡聚体结构的形成是多肽链与多肽链之间特定的相互作用的结果。这些相互作用是非共价性质的，例如氢键、疏水相互作用和静电相互作用。

5.3　蛋白质的主要理化性质

5.3.1　蛋白质的胶体性

蛋白质是生物大分子，蛋白质溶液是稳定的胶体溶液，具有胶体溶液的特征，其中电泳现象和不能透过半透膜对蛋白质进行分离纯化都是非常有用的。蛋白质之所以能以稳定的胶体形式存在主要是由于以下特点：

（1）蛋白质分子大小已达到胶体质点范围（颗粒直径在 1~100 nm 之间），具有较大的表面积。

（2）蛋白质分子表面有许多极性基团，这些基团与水有高度亲和性，很容易吸附水分子。实验证明，每 1 g 蛋白质大约可结合 0.3~0.5 g 水，从而使蛋白质颗粒外面形成一层水膜。由于这层水膜的存在，使得蛋白质颗粒彼此不能靠近，增加了蛋白质溶液的稳定性，阻碍了蛋白质胶体从溶液中聚集、沉淀出来。

（3）蛋白质分子在非等电状态时带有同性电荷，即在酸性溶液中带有正电荷，在碱性溶液中带有负电荷。由于同性电荷互相排斥，因此蛋白质颗粒互相排斥，不会聚集沉淀。

蛋白质的胶体性质具有重要的生理意义。在生物体中，蛋白质与大量水结合形成各种流动性不同的胶体系统，如细胞的原生质就是一个复杂的胶体系统。生命活动的许多代谢反应即在此系统中进行。

5.3.2　蛋白质的两性电离和等电点

蛋白质是由氨基酸组成的，其分子中除两端的游离氨基和羧基外，侧链中尚有一些解离基，如谷氨酸、天门冬氨酸残基中的 γ- 和 β- 羧基，赖氨酸残基中的 ε- 氨基，精氨酸残基的胍基和组氨酸的咪唑基。作为带电颗粒，蛋白质可以在电场中移动，移动方向取决于蛋白质分子所带的电荷。蛋白质颗粒在溶液中所带的电荷，既取决于其分子组成中碱性和酸性氨基酸的含量，又受所处溶液的 pH 值影响。当蛋白质溶液处于某一pH 值环境时，蛋白质游离成正、负离子的趋势相等，即成为兼性离子，此时溶液的pH 值称为蛋白质的等电点。处于等电点的蛋白质颗粒在电场中并不移动。蛋白质溶液的 pH 值大于等电点时，该蛋白质颗粒带负电荷，反之带正电荷。

各种蛋白质分子由于所含的碱性氨基酸和酸性氨基酸的数目不同，因而有各自的等电点。碱性氨基酸含量较多的蛋白质，等电点就偏碱性，如组蛋白、精蛋白等。反之，酸性氨基酸含量较多的蛋白质，等电点就偏酸性，人体体液中许多蛋白质的等电点在pH 值 5.0 左右，因此在体液中以负离子形式存在。

5.3.3　蛋白质的变性

一个蛋白质分子的天然状态是在生理条件下热力学最稳定的状态。蛋白质所处的环境，如 pH 值、离子强度、温度、溶剂组成等发生任何变化都会迫使蛋白质分子采取一个新的平衡结构。蛋白质分子结构的细微变化并不会导致分子结构的剧烈改变，此种变化通常被称为"构象适应性"，而在二级、三级和四级结构上重大的变化，不伴随一级结构中的肽键断裂，则被称为"变性"，从结构观点来看，蛋白质分子的变性状态是一个不易定义的状态。

影响蛋白质变性的因素主要有以下几点：

（1）热与蛋白质变性。多数蛋白质在60℃以上开始变性。热变性通常是不可逆的，少数蛋白质在pH值6以下变性时不发生二硫键交换，仍可复性。多数蛋白质在低温下稳定，但有些蛋白质在低温下会钝化，其中有些蛋白质的钝化是不可逆的，如固氮酶的铁蛋白在0℃~1℃下15 h就会失活。

（2）pH值和变性。蛋白质一般在pH值4~10范围较稳定。当pH值超过稳定范围时，一些蛋白质内部基团可能会翻转到表面，造成变性。例如血红蛋白分子内部的组氨酸在低pH值下会出现在分子表面。pH值诱导的蛋白质变性多数是可逆的。然而，在某些情况下，碱性巯基的破坏或聚集作用能导致蛋白质的不可逆变性。

（3）有机溶剂和变性。大多数有机溶剂被认为是蛋白质的变性剂，能破坏氢键，削弱疏水键，还能降低介电常数，使分子内斥力增大，造成肽链伸展、变性。与水互溶的有机溶剂，会改变介质的介电常数，从而改变稳定蛋白质结构的静电力。非极性溶剂能穿透到蛋白质的疏水区，打断疏水相互作用，从而导致蛋白质变性。有机溶剂和水的相互作用也是导致蛋白质变性的一个原因。

（4）表面活性剂和变性。表面活性剂是一类很强的变性剂，如十二烷基硫酸钠（SDS）。当SDS的浓度达到3~8 mmol/L时，大多数的球状蛋白质都会变性。

5.3.4 蛋白质的沉淀

蛋白质分子凝聚并从溶液中析出的现象称为蛋白质沉淀。变性蛋白质一般易于沉淀，但也可不变性而使蛋白质沉淀。在一定条件下，变性的蛋白质也可不发生沉淀。

蛋白质所形成的亲水胶体颗粒具有两种稳定因素，即颗粒表面的水化层和电荷。若无外加条件，不致互相凝集。然而除去这两个稳定因素（如调节溶液pH值至等电点和加入脱水剂）后，蛋白质便容易凝集析出。

引起蛋白质沉淀的主要方法有以下几种：

（1）盐析。在蛋白质溶液中加入大量的中性盐以破坏蛋白质的胶体稳定性而使其析出，这种方法称为盐析。常用的中性盐有硫酸铵、硫酸钠、氯化钠等。各种蛋白质盐析时所需的盐浓度及pH值不同，故盐析可用于对混和蛋白质组分的分离。例如用半饱和的硫酸铵来沉淀出血清中的球蛋白，饱和硫酸铵可以使血清中的白蛋白、球蛋白都沉淀出来，盐析沉淀的蛋白质，经透析除盐，仍保留蛋白质的活性。调节蛋白质溶液的pH值至等电点后，再用盐析法则蛋白质沉淀的效果更好。

（2）重金属盐沉淀蛋白质。蛋白质可以与重金属离子如汞、铅、铜、银等结合成盐沉淀，沉淀的条件以pH值稍大于等电点为宜。此时蛋白质分子有较多的负离子，易与重金属离子结合成盐。重金属沉淀的蛋白质常是变性的，但若在低温条件下，并控制重金属离子的浓度，也可用于分离制备不变性的蛋白质。临床上利用蛋白质能与重金属盐结合的这种性质，在抢救误服重金属盐中毒的病人时，给病人口服大量蛋白质，然后用催吐剂将结合的重金属盐呕吐出来解毒。

（3）生物碱试剂及某些酸类沉淀蛋白质。蛋白质可与生物碱试剂（如苦味酸、钨酸、鞣酸）及某些酸（如三氯醋酸、过氯酸、硝酸）结合成不溶性的盐沉淀，沉淀的条件是 pH 值小于等电点，这样蛋白质带正电荷易与酸根负离子结合成盐。临床上进行血液化学分析时常利用此原理除去血液中的蛋白质，此类沉淀反应也可用于检验尿中的蛋白质。

（4）有机溶剂沉淀蛋白质。可与水混合的有机溶剂，如酒精、甲醇、丙酮等，对水的亲和力很大，能破坏蛋白质颗粒的水化膜，在等电点时使蛋白质沉淀。在常温下，有机溶剂沉淀蛋白质往往引起其变性，如酒精消毒灭菌就是如此。但若在低温条件下，则变性进行较得缓慢，可用于分离制备各种血浆蛋白质。

（5）加热凝固。将接近于等电点附近的蛋白质溶液加热，可使蛋白质发生凝固而沉淀。加热使蛋白质变性，是因为有规则的肽链结构被打开呈松散状不规则的结构，分子的不对称性增加，疏水基团暴露，进而凝聚成凝胶状的蛋白质块。例如煮熟的鸡蛋，蛋黄和蛋清都会凝固。

蛋白质的变性、沉淀、凝固相互之间有很密切的关系。但是蛋白质变性后不一定沉淀，变性的蛋白质只在等电点附近才沉淀，沉淀的变性蛋白质也不一定凝固。例如，蛋白质在强酸、强碱的作用下变性后，由于蛋白质颗粒带有大量电荷，故仍溶于强酸或强碱中。此时若将强酸或强碱溶液的 pH 值调节到等电点，则变性蛋白质会凝集成絮状沉淀物，若将此絮状物加热，则分子间相互盘缠而变成较为坚固的凝块。

5.3.5　蛋白质的呈色反应

蛋白质分子中的某些基团与显色剂作用，可产生特定的颜色反应，不同蛋白质所含的氨基酸不完全相同，发生的颜色反应亦不同。重要的颜色反应如下：

（1）双缩脲反应。将尿素加热到 180℃，则两分子尿素缩合而成一分子双缩脲，并放出一分子氨。双缩脲在碱性溶液中能与硫酸铜反应产生红紫色络合物，此反应称为双缩脲反应。蛋白质分子中含有许多与双缩脲结构相似的肽键，因此也能发生双缩脲反应，形成红紫色络合物。通常可用此反应来定性鉴别蛋白质，也可根据反应产生的颜色在 540 nm 处比色，定量测定蛋白质。

（2）蛋白质的黄色反应。黄色反应是含有芳香族氨基酸特别是含有酪氨酸和色氨酸的蛋白质所特有的呈色反应。蛋白质溶液遇硝酸后，先产生白色沉淀，加热则白色沉淀变成黄色，再加碱颜色加深呈橙黄色，这是因为硝酸将蛋白质分子中的苯环硝化，产生了黄色硝基苯衍生物。例如人类的皮肤、指甲和毛发等遇浓硝酸会变成黄色。

（3）米伦氏反应。米伦试剂为硝酸汞、亚硝酸汞、硝酸和亚硝酸的混合物，蛋白质溶液中加入米伦试剂后即产生白色沉淀，加热后沉淀变成红色。酚类化合物尤其是发生对位取代的酚类，遇到含有硝酸汞的亚硝酸溶液，可在冷或微热的环境下，产生红色或黄色沉淀，这种沉淀能溶于硝酸中成为红色溶液。酪氨酸含有酚基，故酪氨酸及含有酪氨酸的蛋白质都有此反应。

（4）茚三酮反应。蛋白质与茚三酮共热，会产生蓝紫色的还原茚三酮、茚三酮和氨的缩合物。此反应为一切氨基酸及 α－氨基酸所共有。含有氨基的其他物质也会发生此反应。

（5）乙醛酸反应。在蛋白质溶液中加入乙醛酸，并沿管壁慢慢注入浓硫酸，在两液层之间就会出现紫色环，凡含有吲哚基的化合物都有这一反应。色氨酸及含有色氨酸的蛋白质亦有此反应，而不含色氨酸的白明胶就无此反应。

（6）坂口反应。精氨酸分子中含有胍基，能与次氯酸钠（或次溴酸钠）及 α－萘酚在氢氧化钠溶液中产生红色产物。此反应可以用来鉴定含有精氨酸的蛋白质，也可用来定量测定精氨酸含量。

5.3.6 蛋白质的消化代谢

5.3.6.1 蛋白质的消化、吸收

蛋白质未经消化不易吸收，一般食物中的蛋白质水解成氨基酸及小肽后方能被吸收。食物的消化一般从口腔里的咀嚼开始，但由于睡液中不含水解蛋白质的酶，因此食物蛋白质的消化从胃开始，主要在小肠。

胃内消化蛋白质的酶是胃蛋白酶，胃蛋白酶的最适宜 pH 值为 1.5～2.5，胃蛋白酶对乳中的酪蛋白有凝乳作用，这对婴儿较为重要，因为乳液凝成乳块后在胃中停留时间延长，有利于充分消化。

由于食物在胃内停留时间较短，所以消化不完全，消化产物及未被消化的蛋白质在小肠内多种蛋白酶和肽酶的共同作用下，进一步水解为氨基酸。小肠是蛋白质消化的主要部位，蛋白质在小肠内的消化主要依赖于胰腺分泌的各种蛋白酶，消化产物是氨基酸和小肽。

蛋白质经过小肠的消化，被水解为可以吸收的氨基酸和 2～3 个氨基酸的小肽，它们通过肠黏膜细胞进入肝门静脉，被运输到肝脏和其他组织或器官中利用。另外，少数蛋白质大分子和多肽亦可被直接吸收。

5.3.6.2 蛋白质的代谢

摄入体内的蛋白质不断分解成氨基酸、多肽及含氮废物等，含氮废物随尿排出体外。氨基酸分解代谢的最主要反应是脱氨基作用，脱氨后生成 α－酮酸，经氨基化生成非必需氨基酸，转变成碳水化合物及脂类，氧化供给能量。蛋白质分解的同时也不断在体内合成，生成人体所需要的蛋白质。蛋白质在体内不断分解、不断合成，在健康成人体内维持动态平衡。

氮平衡是反映体内蛋白质代谢情况的一种表示方法，实际上是指蛋白质摄取量与排出量之间的对比关系。由于直接测定食物中和体内消耗的蛋白质很难，各种食物中蛋白质的含氮量相当接近（约 16％），一般食物中的含氮物质又大部分是蛋白质，因此常用测定含氮量的方法间接了解蛋白质的平衡情况。

正常成人不再生长，每日进食的蛋白质主要用来维持组织的修补和更新。当膳食蛋

白质供应适当时，其氮的摄入量和排出量相等，称为氮的总平衡。儿童正在成长，孕妇及初愈病人体内正在生长新组织。其摄入的蛋白质有一部分变成新组织。此时，其氮的摄食量必定大于排出量，这称为氮的正平衡。至于饥饿者、食用缺乏蛋白质膳食的人以及消耗性疾病患者，其每日摄入的氮少于排出的氮而日渐消瘦。这种情况称为氮的负平衡。

实际上，无论是体重还是氮平衡都不是绝对的平衡。一天内，在进食时氮平衡是正的，晚上不进食则是负的，超过 24 h 这种波动就比较平稳。此外，机体在一定限度内对氮平衡具有调节作用。健康成人每日进食的蛋白质有所增减时，其体内蛋白质的分解速度及随尿排出的氮量也随之增减。例如进食高蛋白膳食时尿中排出的氮量增加，反之则减少。但若长期进食低蛋白质膳食，因体内蛋白质仍要分解，故易出现氮的负平衡；若摄食蛋白质的量太大，不仅机体利用不了，甚至会加重消化器官及肾脏等的负担。不过，蛋白质的需要量与能量不同，满足蛋白质的需要和大量摄食蛋白质引起有害作用的量相差甚大。

5.4　食品中的蛋白质

5.4.1　肌肉蛋白

食品中肉制品的原料主要取自哺乳类动物。哺乳类动物的骨骼肌中含有 $16\% \sim 22\%$ 的蛋白质。肌肉蛋白质可分为肌纤维蛋白质、肌浆蛋白质和基质蛋白质。这 3 类蛋白质在溶解性质上存在着显著的差别。采用水或低离子强度的缓冲液（0.15 mol/L 或更低浓度）能将肌浆蛋白质提取出来，提取肌纤维蛋白质则尚需要采用更高浓度的盐溶液，而基质蛋白质是不溶解的。肌浆蛋白质中含有大量糖解酶和其他酶，还含有肌红蛋白和血红蛋白，这两种蛋白质影响着肌肉的颜色。细胞色素和黄蛋白也是肌浆蛋白质的组分，肌红蛋白、血红蛋白和细胞色素参与活体肌肉中的氧输送。

哺乳类动物骨骼肌中约一半的蛋白质是肌纤维蛋白质，它们在生理条件下，即在活体肌肉中是不溶解的，它们高度带电和结合着水。

基质蛋白质形成了肌肉的结缔组织骨架，它们包括胶原蛋白、网硬蛋白和弹性蛋白。胶原蛋白是纤维状蛋白质，存在于整个肌肉组织中。网硬蛋白是一种精细结构物质，它非常类似于胶原蛋白。弹性蛋白是略带黄色的纤维状物质。与肌浆蛋白和肌纤维蛋白相比，所有这些基质蛋白质都较难溶解。

5.4.2　乳清蛋白

乳清蛋白中的主要成分按含量递减依次为 β-乳球蛋白、α-乳球蛋白、免疫球蛋白和血清白蛋白。在天然或未变性状态时，这些蛋白质在 pH 值 4～6 保持可溶状态。在加工酪蛋白酸盐和乡村奶酪时，当酪蛋白从脱脂牛乳中凝结出来后，乳清蛋白仍保留在乳清中。因此，乳清蛋白是加工上述产品时所得到的一种副产物。

乳清蛋白在宽广的 pH 值、温度和离子强度范围内具有良好的溶解度，甚至在等电点附近，即 pH 值为 4～5 值仍然保持溶解，这是天然乳清蛋白最重要的物理化学特性和功能性质。此外，乳清蛋白溶液经热处理后会形成稳定的凝胶，乳清蛋白的表面性质在其应用于食品加工时也是很重要的。

5.4.3　酪蛋白

牛乳中含有许多种蛋白质，它们有着不同的性质。在脱脂牛乳的蛋白质中酪蛋白约占 80%。酪蛋白是一类磷蛋白，在 pH 值为 4.6 和 20℃ 条件下可从脱脂牛乳中沉淀出来。酪蛋白属于疏水性最强的蛋白质，在牛乳中聚集成胶团形式。酪蛋白由 $\alpha_{S1}-$酪蛋白、$\alpha_{S2}-$酪蛋白、$\beta-$酪蛋白和 $\kappa-$酪蛋白等组分构成。酪蛋白胶团的直径范围为 50～300 nm，酪蛋白胶团由亚胶团集合而成，亚胶团的直径范围为 10～20 nm，亚胶团由 $\alpha_{S1}-$酪蛋白、$\alpha_{S2}-$酪蛋白、$\beta-$酪蛋白和 $\kappa-$酪蛋白依靠疏水相互作用聚集而成。亚胶团的核心是疏水性的，而表面是亲水性的，因此富含碳水化合物的 $\kappa-$酪蛋白经自我缔合和被限制在表面的一个区域。于是，亚胶团表面存在着富含碳水化合物的区域和由其他酪蛋白形成的富含磷酸基的区域。

5.4.4　小麦蛋白质

小麦蛋白质可按它们的溶解度分为清蛋白（溶于水）、球蛋白（溶于 10%NaCl，不溶于水）、麦醇溶蛋白（溶于 70%～90% 乙醇）和麦谷蛋白（不溶于水或乙醇，溶于酸或碱）。

商业面筋蛋白是从面粉中分离出来的水不溶性蛋白质。

清蛋白和球蛋白一起占小麦胚乳蛋白质的 10%～15%。它们含有游离的巯基（—SH）和较高比例的碱性及其他带电氨基酸。清蛋白的相对分子质量很低，在 12000～26000 范围；而球蛋白的相对分子质量可高达 100000，但多数低于 40000。

麦醇溶蛋白和麦谷蛋白是面筋蛋白的主要成分，它们约占面粉蛋白质的 85%。在面粉中，麦醇溶蛋白和麦谷蛋白的量大致相等，两者都是非常复杂的。这两种蛋白质的氨基酸组成的特征为：高含量的谷氨酰胺和脯氨酸，非常低含量的赖氨酸和离子化氨基酸；属于带电最少的一类蛋白质。虽然面筋蛋白质中硫氨基酸的含量较低，但是这些含硫基团对于其分子结构以及在面团中的功能是相当重要的。

麦醇溶蛋白的紧密球状分子结构与它含有的分子内二硫键有关；麦谷蛋白通过分子间二硫键相结合，于是以大而伸展的缔合分子形式存在。广泛的分子间二硫键使麦谷蛋白不溶解，当用还原剂处理时其溶解度提高。

5.4.5　大豆蛋白质

大豆含有 42% 的蛋白质、20% 的油和 35% 的碳水化合物（按干基计算）。大豆蛋白质对于物理和化学处理是非常敏感的，例如加热（在含有水分的条件下）和改变 pH 值能使大豆蛋白质的物理性质产生显著的变化，这些性质包括溶解度、黏度和分子量。

最重要的大豆蛋白质是球蛋白。这类蛋白质在等电点附近是不溶解的，然而在加入 $NaCl$ 或 $CaCl_2$ 时能溶解。pH 值高于或低于等电点时即使不加入盐，球蛋白也能溶解在水中。因此，大豆蛋白质在 pH 值 3.75～5.25 时溶解度最低，而在等电点的酸性一侧即 pH 值 1.5～2.5 和碱性一侧即 pH 值高于 6.3 时具有最高溶解度。在 pH 值 6.5 时，脱脂大豆粉中蛋白质（含氮物质）的约 85% 能被水提取出来，加入碱能再增加提取率 5%～10%。

根据超离心的沉降系数，可将水可提取的大豆蛋白质分成 2S、7S、11S 和 15S 等组分，其中 7S 和 11S 最为重要。7S 占总蛋白质的 37%，11S 占总蛋白质的 31%。大豆浓缩蛋白和分离蛋白是商业上重要的大豆蛋白质制品，它们的蛋白质含量（N×6.25，按干基）分别高于 70% 和 90%。

从脱脂大豆粉制备大豆浓缩蛋白质的方法有 3 种：①采用 60%～80% 的乙醇提取；②采用酸化至 pH 值 4.5 的水提取；③先将脱脂大豆粉（或粕）加热使蛋白质变性，然后用水提取。上述 3 种方法的主要目的都是使蛋白质组分固定化，而将可溶性的碳水化合物提取出来，于是保留在脱脂大豆粉（或粕）中的含氮物质的浓度得到提高。由于除去了可溶性碳水化合物，大豆浓缩蛋白质的风味得到了改进。此外，导致肠胃胀气的因子也不存在了。目前，大豆浓缩蛋白常作为热塑挤压的原料。

在制备大豆分离蛋白质时，首先在中性或较高 pH 值条件下从脱脂大豆粉（或片）得到水提取液，然后加酸，在大豆蛋白质（主要部分）等电点附近将蛋白质从提取液中沉淀下来。洗去蛋白质凝结块中的酸，调节 pH 使蛋白质复溶，然后经喷雾干燥得到大豆分离蛋白产品。可以采用各种化学、热或酶处理将大豆分离蛋白改性，以改进它们在食品应用中的功能性质。

5.5　蛋白质在烹饪中的功能特性

蛋白质的功能特性可分四类：第一类涉及蛋白质与水的相互作用，即蛋白质的水化性质，主要包括蛋白质的吸水性与保水性、润湿性、膨润及溶胀、黏着性、分散性、溶解度和黏度；第二类涉及蛋白质与蛋白质相互作用的性质，主要包括蛋白质的凝胶作用、弹性（面团）、质构性（蛋白质组织化）；第三类涉及蛋白质的表面性质，主要包括蛋白质的乳化性、起泡性、成膜性、吸收气体等；第四类涉及蛋白质的感官性质，主要包括色泽、气味、味道、适口性、咀嚼性、爽滑度、浑浊度等。

5.5.1　水化、膨润和持水性

5.5.1.1　水化

蛋白质的吸水能力称为蛋白质的吸水性。大多数食物是蛋白质水化的固态体系，蛋白质中水的存在及存在方式直接影响着食物的质构和口感。干燥的蛋白质原料并不能直接用来烹调，须先将其水化后使用。干燥蛋白质遇水逐步水化，在其不同的水化阶段表现出不同的功能特性。

蛋白质水化是一个逐步进行的过程。首先水分子通过与蛋白质的极性部分结合而被吸附，形成化合水和邻近水，再形成多分子层水，如果条件允许，蛋白质将进一步水化，这时表现为：①蛋白质吸水充分膨胀而不溶解，这种水化性质通常称为膨润性。②蛋白质在继续水化中被水分散而逐渐变为胶体溶液，具有这种水化特点的蛋白质称为可溶性蛋白质。

影响蛋白质水化的因素首先是蛋白质自身的状况。蛋白质的表面积大、表面极性基团数目多以及多孔结构等都有利于蛋白质的水化。烹饪原料中含有的蛋白质浓度越大，其吸收水的能力就越强。蛋白质所处环境的 pH 值也会影响持水力，如动物屠宰后肌肉的 pH 值会随肌肉的无氧糖酵解而降低到其等电点，这时动物肌肉发生僵直，造成肌肉持水力显著降低，肉质变得僵硬，使烹饪菜肴的质量大大降低。

温度对蛋白质的水化作用取决于加热的温度和加热的时间。对蛋白质适度地加热，往往不会损害蛋白质的水化能力，高温且较长时间的加热会损害蛋白质的水化能力。在烹饪中，烹制小型原料如肉丝、肉片等通常采用上浆处理，再适度加热来保持蛋白质的水化能力。适度加热就是在 100℃ 以内的热油温中快速加热，经过这样的烹饪工艺可以最大限度地保持肉丝、肉片中的水分，使烹制的食物滑润鲜嫩。对烹制较大的原料如整鸡、整鸭时，要沸水下锅，鸡、鸭表面的肌肉因骤热而收缩，使内部鲜味不易溢出，在微火中浸泡，保持鸡、鸭肉中蛋白质的水化能力，烹制的鸡、鸭肉皮爽脆鲜嫩。如果在沸水中长时间加热，就会破坏蛋白质的水化能力，使肌肉大量失水而收缩，加上沸水的沸腾振荡，造成鸡、鸭骨露肉碎，肌肉干瘪，严重影响菜肴的质量。

低浓度的盐往往能增加蛋白质的水化程度，即盐溶。例如炒肉丝、肉片前，加入适量的食盐经过适当的搅拌，静置几分钟，使调味料渗透入原料内部，使蛋白质发生盐溶而结合更多的水分，从而让肉质更加鲜嫩。制作肉丸子时，加入少量的食盐可以提高肉馅蛋白质的水化程度，使肉丸子口感更嫩、更爽口。在高浓度的盐中，由于盐与水的相互作用大于蛋白质与水的相互作用，使蛋白质发生脱水，即盐析。咸肉、咸鱼在高浓度的盐中，蛋白质脱水，同时在盐的高渗透压作用下，也使肌肉细胞失水，从而使肉、鱼腌制后会产生很多血水，熟制后的咸肉、咸鱼也显得干硬，但是经过腌制的鱼肉，有其特有的香味和鲜味。

如果蛋白质间存在较强的相互作用，蛋白质分子间有较多的相互交联，这样的蛋白质水化后，往往以不溶性的充分溶胀的固态蛋白质块（蛋白质的膨润状态）存在，如水发后的海参、鱿鱼、蹄筋、鱼唇等。

5.5.1.2 膨润

膨润是指蛋白质吸水后不溶解，在保持水分的同时赋予制品强度和黏度的一种重要的功能特性。蛋白质干凝胶的膨润要经历蛋白质水化过程的前几个阶段。开始为吸水阶段，蛋白质吸收的水量有限，每克干物质吸水 0.2～0.3 g，此时蛋白质干凝胶的体积不会发生大的变化，这部分水是结合水。之后为渗透阶段，吸附的水通过渗透作用进入凝胶内部。由于吸附了大量的水，膨润后的凝胶体积膨大。

干凝胶发制时的膨化度越大，出品率越高。干蛋白质凝胶的膨润与凝胶干制过程中蛋白质的变性程度有关。在干制脱水过程中，蛋白质变性程度越低，发制时的膨润速度越快，复水性越好，越接近新鲜时的状态。一些干货原料，用水或碱液浸泡都不易涨发，如蹄筋、鱼肚、肉皮等，这就需要先进行油发或盐发。这是因为，这类蛋白质干凝胶大都是由以蛋白质的二级结构为主的纤维状蛋白（如角蛋白、胶原蛋白、弹性蛋白）组成的，结构坚硬、不易水化。用热油（120℃左右）及热盐处理，蛋白质受热后部分氢键断裂，水分蒸发使制品膨大多孔，有利于蛋白质与水发生相互作用而水化。

5.5.1.3 持水性

蛋白质的持水性是指水化了的蛋白质胶体牢固束缚住水而不丢失的能力。蛋白质保留水的能力与许多菜肴（特别是肉类菜肴）的质量有重要关系。烹饪过程中，肌肉蛋白质持水性越好，意味着肌肉中水的含量越高，制作出的菜肴口感越鲜嫩。

提高蛋白质的持水能力，除避免使用老龄的动物肌肉外，还要注意使肌肉蛋白质处于最佳的水化状态，烹饪实践中可采取的方法如下：①尽量使肌肉远离其等电点，如用经过排酸的肌肉进行烹饪，这时肌肉的 pH 值较高；②使用食盐调节肌肉蛋白质的离子强度，使肌肉蛋白质充分水化；③在烹饪过程中还要避免蛋白质受热过度变性导致水的流失，要做到这一点，可以在肌肉的表面裹上一层保护性物质，如淀粉糊或蛋清；④采用在较低油温中滑熟的烹饪方法来处理。

5.5.2 凝胶作用

蛋白质的胶凝作用是指在一定的条件下，变性后的蛋白质肽链相互聚集形成有规则的蛋白质三维网状结构，将水和其他物质截留其中，形成一种具有不同透明程度和不同黏弹性的凝胶的过程。

凝胶是蛋白质的重要特性之一，蛋白质凝胶必须在蛋白质变性的基础上才能发生，所形成的凝胶体的结构对菜肴的口感和质地（如肉的老嫩）影响很大。凝胶体保持的水分越多，凝胶体就越软嫩。

很多菜肴的烹制需要应用蛋白质的凝胶作用来完成。蛋白质凝胶大致可分为以下几类：①加热后冷却产生的凝胶，这种凝胶多为热可逆凝胶，例如肉类中的肉皮冻、水晶肉、芙蓉菜，明胶溶液加热后冷却形成的凝胶等；②加热状态下产生凝胶，这种凝胶多不透明且是不可逆凝胶，如蛋清在蒸煮中形成的凝胶；③由钙盐等二价金属盐形成的凝胶，如大豆蛋白质形成豆腐；④不加热而经部分水解或 pH 值调整到等电点而产生凝胶，如乳酸发酵制作酸奶和皮蛋生产中碱对蛋清的部分水解等。

在烹饪中采用旺火、高温、快速加热的烹调方法，如爆、炒、熘、涮等，由于原料表面骤然受到高温，表面蛋白质变性凝胶，细胞孔隙闭合，因而可保持原料内部营养素和水分不外溢。因此，采用爆、炒、涮等烹调方法，不仅可使菜肴口感鲜嫩，而且能保留较多的营养素。如果对蛋白质的加热超过了凝胶体达到最佳稳定状态所需的加热温度和加热时间，则可引起凝胶体脱水收缩、变硬、保水性变差，嫩度降低。肉类烹饪中嫩肉加热过久会变老变硬，鱼类烹饪中为防止鱼体碎散而在下锅后多烹一段时间才能翻动，就是这个道理。另外，豆制品加工中也应用上述原理。不同品种的豆制品质地软硬要求不同，如豆腐干应比豆腐硬韧一些，于是在制豆腐干时，添加凝固剂时的豆浆温度应比制豆腐时高些，这时大豆蛋白质分子间的结合会较多较强，水分排出较多，制成的豆腐干也较为硬韧。

5.5.3 乳化作用

5.5.3.1 乳化性

一种或多种液体分散在另一种与它不相溶的液体中形成的体系，称为乳状液。例如牛奶、蛋黄酱、冰淇淋、奶油和蛋糕面糊等是都乳状液。能使油和水不相溶的两相形成稳定的乳状液的这种物质称为乳化剂。

蛋白质是既含有疏水性基团又含有亲水性基团的带有电荷的大分子物质，因而具有乳化性。一般来说，蛋白质疏水性越强，乳状液越稳定，如酪蛋白（脱脂乳粉）、肉和鱼中的肌动球蛋白、大豆蛋白、血浆及血浆球蛋白等能很好地稳定乳状液；而如果蛋白质有较高的表面亲水性，稳定性就较差，如乳清蛋白、卵清蛋白等。

蛋白质溶解度高，有助于形成良好的乳状液，这类蛋白有大豆蛋白、花生蛋白、酪蛋白、乳清蛋白及肌纤维蛋白；大多数蛋白质在远离其等电点时乳化作用更好，只有少数蛋白质在等电点时具有良好的乳化作用，这类蛋白有明胶和蛋清蛋白。可溶性蛋白的乳化能力高于不溶性蛋白的乳化能力。能够提高蛋白质溶解度的方法有助于提高蛋白质的乳化能力。

5.5.3.2 起泡性

在搅拌过程中，气体混入蛋白质的溶胶中形成泡沫的性质称为蛋白质的起泡性。蛋白质能作为发泡剂主要取决于蛋白质的表面活性和成膜性。泡沫的形成和泡沫的稳定需要的是蛋白质的不同性质。泡沫形成要求蛋白质迅速扩散到气水界面上，并在那里很快地展开、浓缩和散布，以降低表面张力，因此要求蛋白质水溶性好并有一定的表面疏水区。泡沫稳定则要求蛋白质能在每一个气泡周围形成一定厚度、刚性、黏性和弹性的不能渗透的吸附膜，因此，要求蛋白质分子量较大，分子间较易发生相互结合或黏合。具有良好起泡性质的蛋白质包括蛋清蛋白质、血红蛋白和球蛋白部分、牛血清蛋白、明胶、乳清蛋白、酪蛋白胶束、小麦蛋白质（特别是谷蛋白）、大豆蛋白质和一些水解蛋白质（低水解度）。对于蛋清，泡沫能快速形成，然而泡沫密度、稳定性和耐热性低。

蛋白质的浓度与起泡性相关，当起始液中蛋白质的浓度在2%～8%范围内，随着浓度的增加起泡性有所增加。当蛋白质浓度增加到10%时，则会使气泡变小，泡沫变硬。这是蛋白质在高浓度下溶解度变小的缘故。另外，pH值、盐类、糖类和脂类都会影响蛋白质的起泡性和气泡的稳定性。

新鲜蛋品所含的卵黏蛋白较多，经过剧烈搅拌后，容易形成泡沫。当蛋品新鲜度下降后，卵黏蛋白分解成糖和蛋白质，使蛋清变得稀薄，从而影响起泡性。因此制作蛋泡糊来装点菜肴或制作糕点时，应选用起泡性强的新鲜蛋，在操作过程中需注意：①必须选择新鲜的鸡蛋；②用来制作蛋泡糊的容器、工具和蛋清液都不能沾油；③搅拌时必须朝一个方向，直至起泡；④振荡形成后的蛋泡糊不能搁置时间太长，否则会还原为蛋清。

5.6　烹饪加工对蛋白质的影响

5.6.1　热处理

热处理是最常用的烹饪加工手段，也是最有效的手段。热处理对蛋白质质量影响较大，影响的程度与结果取决于热处理的温度、时间、湿度以及有无其他物质存在等因素。

从有利方面看，绝大多数蛋白质加热后营养价值得到提高，因为在适宜的加热条件下，蛋白质发生变性以后，容易受到消化酶的作用，从而提高消化率和必需氨基酸的生物有效性。热烫或蒸煮能使酶失活，可避免酶促氧化产生不良的色泽，也可防止风味、质地变化和维生素的损失。烹饪原料中天然存在的大多数蛋白质毒素或抗营养因子均可通过加热使之变性和钝化，例如大豆中的胰蛋白酶抑制剂和胰凝乳蛋白酶抑制剂，在一定条件下加热，可消除其毒性。适当的热处理还会产生一定的风味物质，有利于制品感官质量的提高。赖氨酸、精氨酸、色氨酸、苏氨酸和组氨酸等，在热处理中很容易与还原糖（如葡萄糖、果糖、乳糖）发生羰氨反应，使产品带有金黄色以至棕褐色，对面包焙烤呈色起较大的作用。

但是，不适当的热处理也会产生很多不利的影响。从营养学角度考虑，蛋白质的交联等不利于蛋白质的消化吸收，也使其中的必需氨基酸损失，明显降低蛋白质的营养价值。例如烧烤时，肉类的风味就是由氨基酸分解的硫化氢及其他挥发性成分组成的。这种分解在有利于烤肉制品特征风味形成的同时，也会严重损失含硫氨基酸。色氨酸在有氧的条件下加热，也会被破坏，导致蛋白质的消化性和营养价值显著降低。因此，蛋白质应尽可能避免高温加工，必须高温加工时宜尽可能在较短的时间内完成。

5.6.2　冷冻处理

冷冻是将温度控制在低于冻结温度之下（一般为−18℃），长期的冷冻处理会导致烹饪原料蛋白质冻结变性而被破坏，如冷冻的鱼类、肉类长时间放置，蛋白质会出现在食盐水中溶解性降低、持水力下降、肉质硬化等现象。冷冻使蛋白质变性的原因，主要是由于温度下降，冰晶逐渐形成，使蛋白质分子中的水化膜减弱甚至消失，蛋白质侧链暴露出来，同时加上冰晶的挤压，使蛋白质质点互相靠近而结合，导致蛋白质分子间相互聚集，凝沉变性。这种作用主要与冻结速度有关，冻结速度越快，冰晶越小，挤压作用也越小，变性程度就越小。因此，鱼、肉等烹饪原料在冷冻时，应采用快速冷冻法，以保持食物原有的风味。

肉类食品经冷冻、解冻后，细胞及细胞膜被破坏，酶被释放出来，随着温度的升高酶活性增强致使蛋白质降解，而且蛋白质间的不可逆结合代替了水和蛋白质间的结合，使蛋白质的质地发生变化，持水性也降低，但对蛋白质的营养价值影响很少。鱼肉蛋白质在经冷冻和冻藏后，肌肉会变硬，持水力也会降低，因而解冻后鱼肉变得干而坚韧，而且鱼肉中的脂肪在冻藏期间仍会进行自动氧化作用，生成过氧化物和自由基，再与肌肉蛋白作用，使蛋白聚合，氨基酸破坏。

5.6.3 脱水处理

烹饪原料经脱水干燥处理后重量减轻、水活度降低，稳定性增加，有利于保藏，但对蛋白质品质会产生不利影响。当蛋白质溶液中的水分被全部除去时，由于蛋白质间的相互作用，会引起蛋白质大量聚集，导致烹饪原料的复水性降低、硬度增加、风味变差。

脱水方法不同，引起蛋白质变化的程度也不相同。热风干燥法是一种传统的脱水方法，它以自然的温热空气干燥，经过这样处理的畜禽肉、鱼肉会变得坚硬、萎缩且复水性差，烹调后感觉坚韧而无其原有的风味。真空干燥法较热风干燥法对肉的品质损害较小，因无氧气，故氧化反应慢，而且在低温下还可减少非酶褐变及其他化学反应的发生。冷冻干燥法可保持烹饪原料的原形及大小，具有多孔性，有较好的复水性能，与通常的干燥方法相比，冷冻干燥的肉类，其必需氨基酸含量及消化率与新鲜肉类差异不大，故冷冻干燥法是最好的保持食物营养成分的方法。喷雾干燥法中，由于液体食品以雾状进入快速移动的热空气而成为小颗粒，因此对蛋白质的影响较小。

5.6.4 碱处理

由于蛋白质在远离其等电点的情况下水化作用较大，一些烹饪原料可采用碱法发制。可用碱发的干货原料主要有鱿鱼、海参、鲍鱼、莲子等。碱是一种强膨润剂，膨润过度会导致制品丧失应有的黏弹性和咀嚼性，因此，碱发对制品质量影响较大，碱发过程中的品质控制非常重要。由于碱与蛋白质在加热时可能会产生有毒物质，所以碱发要控制好用碱量和涨发的时间、温度。涨发好的原料要及时用水漂净碱味，也可加入适量米醋使其酸碱中和来达到去净碱味的目的。

蛋白质在 pH 值 10 以上时会发生由碱引起的变性，制作松花蛋就是利用碱对蛋白质的变性作用，使蛋白和蛋黄发生凝固的。

5.7 蛋白质与人体健康

5.7.1 蛋白质的生理功能

蛋白质是具有许多重要生理作用的物质，是生命的物质基础和存在形式，对人体具有重要的生理功能。

5.7.1.1 构成和修复机体组织

蛋白质占人体总质量的 16%～19%，是组成机体所有组织和细胞的主要成分。细胞中除水分外，蛋白质约占细胞内物质的 80%。人体的神经、肌肉、内脏、血液、骨骼，甚至指甲和头发，没有一处不含有蛋白质。婴幼儿、儿童和青少年的生长发育都离不开蛋白质。即使成年人的身体组织也在不断地分解和合成蛋白质，进行更新。

5.7.1.2　参与调节和维持体内各种功能

蛋白质是人体内构成多种重要生理活性物质的成分，参与调节生理功能，是生命现象的执行者；构成酶或激素的成分，参与机体代谢或机体功能的调节；作为运载工具参与机体内物质的运输；作为抗体或细胞因子参与人体的免疫调节；调节渗透压。

5.7.1.3　供给能量

在糖类和脂类供给量不足，或当食物中蛋白质的氨基酸组成和比例不符合人体的需要，或摄入蛋白质过多超过身体合成蛋白质的需要时，多余的蛋白质就会被当作能量来源氧化分解放出热能。

5.7.2　蛋白质与人体健康

如果蛋白质摄入不足，成人会出现体重减轻，肌肉萎缩，抵抗力下降等症状，严重缺乏时会导致水肿性营养不良。蛋白质缺乏症是因为蛋白质摄入不足或消耗过度而导致机体组织的蛋白质被消耗。其主要表现为消瘦、疲乏无力、腹泻、贫血、血浆蛋白质浓度低下、营养性水肿、皮肤干燥粗糙、毛发枯黄等。儿童还会出现生长发育迟缓、智力发育障碍等。

但是，蛋白质绝非越多越好。蛋白质被摄入后，在给人体带来好处的同时，也会产生一些代谢废物。人体的肾脏是个"过滤器"，它专门处理体内那些由食物产生的代谢废物。高蛋白质食物吃得越多，代谢废物就会越多，肾脏的工作量也就越大。这对健康的年轻人或许没有问题，但对高血压、糖尿病、动脉硬化的患者以及肾功能已经减退的老年人来说，这样的饮食习惯会缩短其肾脏的寿命。另外，动物性蛋白质的摄取量越多，钙质排出体外的机会就会越大。高蛋白质饮食会加速体内的钙在尿中的排泄，进而引起骨质疏松。长期过多吃瘦肉或其他高蛋白质食物时，体内会产生过多的尿酸，容易引发痛风，还可能引起泌尿系统结石。因此，我们不需要过多地摄入蛋白质。

思考与练习

1. 蛋白质的主要组成元素有哪些？
2. 简述影响蛋白质变性的主要因素。
3. 鱿鱼、海参在涨发时一般用何种方法？
4. 举例说明蛋白质在烹饪中的应用。

第6章　维生素

学习目标：
1. 了解维生素的分类和命名的简单方法，了解各类维生素的存在和功能。
2. 掌握水溶性维生素、脂溶性维生素的存在及功能。
3. 掌握维生素在烹饪加工过程中的变化，用以提高菜品的营养及风味。

6.1　维生素的基础知识

20 世纪以前，生物学家只知道食物中主要有水和矿物质以及糖类、脂类、蛋白质 5 种营养成分。1910 年，波兰学者冯克（Funk）从米糠中提取出一种胺类物质，可治疗脚气病，便把它命名为 Vita－amino，直译作"维他命"。其后，人们在天然食物中又陆续发现了许多动物和微生物维持机体正常生命活动必不可少的上述 5 种营养成分以外的物质，人们把这类物质统称为维生素。除了极少数种类的维生素人和某些动物体内可以自行合成，大多数维生素不能在人和动物体内合成，必须从食物中获取，因此维生素是食品中不可缺少的成分。

6.1.1　维生素的概念及特点

维生素是人和动物为维持正常的生理功能必须从食物中获得供给的一类低分子有机化合物的总称。

维生素不能提供人体热能，也不构成人体组织，它们大都存在于天然食物中，人体不能合成或合成量很少，主要由食物提供。没有一种天然食物含有人体所需的全部维生素。

6.1.2　维生素的分类和命名

维生素种类繁多、功能多样、化学结构复杂，一般按其溶解性质可分为水溶性维生素和脂溶性维生素。

6.1.2.1　水溶性维生素

溶于水而不溶于有机溶剂的维生素称为水溶性维生素，水溶性维生素包括维生素 B 族、维生素 C 族。B 族维生素是共同存在且不容易在提取时分离的一大类维生素，有维生素 B_1、维生素 B_2、泛酸、尼克酸、维生素 B_6、生物素、叶酸等。C 族有维生素 C、维生素 P 等。

水溶性维生素溶于水而不溶于脂肪及脂肪剂，在满足了组织需要后，多余的部分将由尿液排出，在体内仅有少量储存，缺乏症出现较快，毒性小。

6.1.2.2　脂溶性维生素

不溶于水而溶于脂类和脂类溶剂的维生素称为脂溶性维生素，脂溶性维生素包括维生素 A、维生素 D、维生素 E、维生素 K 等。

脂溶性维生素溶于脂肪及脂肪剂，而不溶于水，在生物体内的存在和吸收与脂肪有关，在食物中与脂类共同存在。

维生素的命名有几种方法，这也是同一种维生素往往有几种名称的原因。习惯上按照发现维生素的历史顺序，以对应的英文字母来命名（中文命名则相应地采用甲、乙、丙、丁……），有的维生素在发现时以为是一种，后来证明其实是多种，便又在英文字母下方标注 1、2、3 等数字加以区别，如维生素 B_1、维生素 B_2、维生素 B_3 等。

现在，由于对绝大多数维生素的化学结构和生理功能已经清楚，因此有的维生素根据其化学结构命名。如维生素 B_1 因分子中含有硫和氨基，称为硫胺素。有的维生素根据其化学结构并结合生理功能来命名，例如，维生素 C 能防治坏血病，化学结构上又是有机酸，所以称为抗坏血酸。

另外，也有根据维生素特有的生理和治疗作用命名的，如维生素 B_1 有防止神经炎的功能，所以也称为抗神经炎维生素。

有些具有类似维生素重要生物活性的物质称为类维生素。类维生素主要包括某些生物碱、生物类黄酮等。

6.1.3　维生素的存在与功能

6.1.3.1　维生素的存在

（1）动物性食品原料中的维生素。

瘦肉是 B 族维生素的良好来源，其中，猪肉中维生素 B_1 的含量要比其他种类的肉多，而牛肉中的维生素 B_{11} 含量则比猪肉和羊肉高。但总体来讲，肉类中维生素的含量较低。猪肉中的维生素含量受饲料影响，一般在 $0.3\% \sim 1.5\%$ 之间，牛、羊等反刍动物肉中的维生素含量不受饲料影响。

蛋类物质中含有比较丰富的维生素 A、维生素 D、维生素 B_1、维生素 B_2、维生素 B_5 等。

牛乳中含有几乎所有已知的维生素，其中包含维生素 A、维生素 D、维生素 E、维生素 K、维生素 C 等。牛乳中的维生素，部分来自饲料，有的要靠牛乳自身合成，如 B 族维生素。

（2）植物性食品原料中的维生素。

天然食品原料中的维生素主要存在于植物性食品原料中。例如，玉米籽粒的水溶性维生素中含维生素 B_1 较多，维生素 B_2 的含量较少，且是以结合形式存在。此外，玉米籽粒中还含有维生素 B_6、维生素 C。马铃薯中含有维生素 C、维生素 A、维生素 B，其中以维生素 C 最多。花生（包括花生仁外面的红皮）中维生素 B_5、维生素 C、维生素 E 的含量非常丰富。此外，花生中还含有胆碱、异黄酮等类维生素。大豆中的维生素对人体较有意义的是维生素 E。值得注意的是，大豆中含有的类维生素——大豆异黄酮（每 100 g 大豆约含大豆异黄酮 125 mg，是人类获得异黄酮的唯一有效来源。）

蔬菜、水果中含有丰富的维生素，尤其是维生素 C。此外，蔬菜特别是黄、绿色蔬菜及水果中含有丰富的胡萝卜素类物质，它们是维生素 A 的重要来源。

（3）食用菌中的维生素。

食用菌中含有多种维生素。例如，食用菌含有丰富的 B 族维生素，其中 B_{12} 的含量比肉类还要高；双孢菇、黑木耳中所含的维生素 B_1 比一般植物性食品都要高；一般的食用菌都含有维生素 B_2，大红菇、松茸、香菇、羊肚菌中含量更为突出；一般食用菌中均含有维生素 C，平菇、香菇、草菇、四孢菇中维生素 C 的含量更为丰富；维生素 D 是菇类中最常见的维生素，以香菇的含量最高，每克干香菇含 128 个国际单位；灵芝、黑木耳、栗菇等菌中，维生素 E 的含量较为丰富。

6.1.3.2 维生素的功能

从功能上看，维生素既不是构成机体组织器官的材料，也不是机体能量的来源，却是维持机体正常生命活动必不可少的一类微量有机化合物。一方面，许多维生素作为酶的组成中的辅助因子，例如，水溶性维生素特别是 B 族维生素在生物体内通过构成辅酶而发挥对物质代谢的影响。一般地，具有辅酶作用的维生素对于每一个活细胞都是必需的，它们通过形成各种酶，从而参与机体的基本代谢过程。另一方面，对于那些不具有辅酶作用的维生素，如维生素 A、维生素 D、维生素 E、维生素 C，它们具有维持器官的发育及器官体系功能的作用。无论从哪一方面来看，机体缺少某种维生素时，都会导致生物不能正常生长、发育，甚至发生疾病，这种因缺乏维生素而引发的疾病称为维生素缺乏症。

6.1.4 常见的维生素

6.1.4.1 维生素 A

维生素 A 大多存在于动物性食物中，如动物肝脏、鱼卵、奶制品、禽蛋等。除动物性食物外，植物性食物中的类胡萝卜素可以转化为维生素 A，其主要存在于深绿色或红、橙、黄色的蔬菜或水果中，如西蓝花、菠菜、空心菜、芒果、杏、柿子等。

6.1.4.2 维生素 B_1

维生素 B_1 的来源主要有几个方面：一是粮谷类、豆类、坚果和干酵母中含量比较丰富，因此糙米和带麸皮的面粉比精白米中维生素 B_1 含量高；二是在动物的内脏，如肝、肾以及瘦肉和蛋黄中含有维生素 B_1；三是有些蔬菜如芹菜和紫菜等均有不同含量的维生素 B_1。

6.1.4.3 维生素 B_2

维生素 B_2 是水溶性维生素，容易消化和吸收，被排出的量随体内的需要以及可能随蛋白质的流失程度而有所增减。它不会蓄积在体内，所以时常要以食物或营养补品来补充。维生素 B_2 广泛存在于酵母、肝、肾、蛋、奶、大豆等中。

维生素 B_2 在各类食品中广泛存在，但通常动物性食品中的含量高于植物性食品，如各种动物的肝脏、肾脏、心脏，蛋黄、鳝鱼以及奶类等。许多绿叶蔬菜和豆类中的含量也多，谷类和一般蔬菜含量较少。因此，为了充分满足机体的要求，除了尽可能利用动物肝脏、蛋、奶等动物性食品，应该多吃新鲜绿叶蔬菜、各种豆类和粗米粗面，并采用各种措施，尽量减少维生素 B_2 在食物烹调、储藏过程中的损失。

6.1.4.4 维生素 B_3

维生素 B_3 即泛酸，由于具有酸性而且存在广泛故得名，在动物肝肾、牛奶、鸡蛋、糠麸及新鲜蔬菜中含量较多。

6.1.4.5 维生素 B_5

维生素 B_5 在食物中几乎无所不在，它以游离或结合形式存在于所有动物和植物细胞中。其中，富含维生素 B_5 的食物有动物内脏、牛肉、猪肉、未经精加工的谷类、豆类、坚果、啤酒酵母、蜂王浆、蘑菇、绿叶蔬菜等。

6.1.4.6 维生素 B_6

维生素 B_6 可促进体内抗体的合成，有利于核酸和蛋白质的合成以及细胞的增殖。缺乏维生素 B_6 时抗体的合成减少，人体抵抗力下降，会损害 DNA 的合成。因此，维生素 B_6 对维持适宜的免疫功能非常重要。

维生素 B_6 的食物来源很广泛，动物性、植物性食物中均含有。通常肉类、全谷类产品（特别是小麦）、蔬菜和坚果类中含量较高。动物性来源的食物中维生素 B_6 的生物利用率优于植物性来源的食物。在动物性及植物性食物中含量均微，酵母粉含量最多，米糠或白米含量亦不少，其次来自肉类、家禽、鱼、马铃薯、甜薯、蔬菜。

6.1.4.7 维生素 B_{12}

维生素 B_{12} 的膳食来源主要为动物性食品，其中动物内脏、肉类、蛋类是维生素 B_{12} 的丰富来源。豆制品经发酵会产生一部分维生素 B_{12}。人体肠道细菌也可以合成一部分。

食物来源有动物肝脏、肾脏，牛肉、猪肉、鸡肉、鱼类、蛤类、蛋、牛奶、乳酪、乳制品、腐乳。

6.1.4.8 维生素 C

维生素 C 具有抗氧化作用，可以保护免疫细胞免受氧化损伤，促进抗体形成。维生素 C 还可防止和延缓维生素 A 和维生素 E 的氧化。

维生素 C 主要来源于食物，新鲜蔬菜和水果中含量最多，如茼蒿、白菜、菠菜、红枣、草莓、柑橘等。如能经常摄入丰富的新鲜蔬菜和水果，并合理烹调，一般能满足人体需要。

6.1.4.9　维生素 D

维生素 D 是一种重要的免疫调节剂，体内包括免疫细胞在内的大部分细胞含有维生素 D 受体。富含维生素 D 的食物有大马哈鱼、鳕鱼、鸡蛋、动物肝脏、牛奶、瘦肉、坚果等。植物性食物一般不含维生素 D，维生素 D 来源于动物，人自身机体也可以合成，多晒太阳可以合成更多的维生素 D。

6.1.4.10　维生素 E

有研究表明，维生素 E 可通过影响核酸、蛋白质代谢，进一步影响免疫功能。

日常膳食中维生素 E 的最主要来源是植物油。此外，大麦、燕麦、米糠及坚果也是维生素 E 的优质来源。

6.1.4.11　维生素 H

在牛奶、牛肝、蛋黄、动物肾脏、草莓、柚子、葡萄、瘦肉、糙米、啤酒、小麦中都含有维生素 H。在复合维生素 B 和多种维生素的制剂中，通常都含有维生素 H。

6.1.4.12　维生素 K

维生素 K 主要来源于肝脏等动物性食物中。菜花、甘蓝、莴苣、菠菜、芜菁叶、紫花苜蓿、豌豆、香菜、海藻、干酪、乳酪、鸡蛋、鱼、鱼卵、蛋黄、奶油、黄油、大豆油、肉类、奶、水果、坚果和谷类食物等的维生素 K 含量也较丰富。

6.2　水溶性维生素

水溶性维生素主要包括 B 族维生素和维生素 C。

6.2.1　B 族维生素

6.2.1.1　维生素 B_1

维生素 B_1 又称硫胺素（thiamine）或抗神经炎素，是第一个被发现的维生素，由真菌、微生物和植物合成，动物和人类只能从食物中获取。维生素 B_1 主要存在于种子的外皮和胚芽中，如米糠和麸皮中含量很丰富，在酵母菌中含量也极丰富。维生素 B_1 由嘧啶环和噻唑环结合而成，在体内参与糖代谢。

维生素 B_1 常以其盐酸盐的形式出现，分子式 $C_{12}H_{17}ClN_4OS \cdot HCl$，分子量 337.29，又称盐酸硫胺，白色结晶性粉末，有微弱特臭、味苦，有潮解性，熔点 248℃，易溶于水，微溶于乙醇，不溶于醚和苯中。维生素 B_1 具有维持正常糖代谢及神经传导的功能。自然界以酵母中维生素 B_1 含量最多。可由 2－甲基呋喃和乙烯腈等合成或由 β－乙氧基丙酸乙酯和甲酸乙酯等合成。

维生素 B_1 缺乏（thiamine deficiency，TD）流行于 18—19 世纪，当时在中国、日本，尤其是东南亚一带每年约有几十万人死于维生素 B_1 缺乏所致的脚气病。19 世纪末，荷兰医生艾克曼提出了脚气病的营养学假说。在以后的研究中，人们发现了脚气病的真正原因是营养缺乏，糙米可以防治人类的脚气病。波兰化学家冯克于 1912 年宣称提纯了这种物质，因为这种物质含有氨基，所以被命名为维他命（Vitamine），这是拉丁文的生命（Vita）和氨（－amin）缩写而创造的词，在中文中被译为维生素或维他命。然而，真正的抗脚气病因子由两名荷兰化学家简森和多纳斯于 1926 年从糠中提取，并命名为硫胺素（Thiamin）。1936 年，美国人威廉姆斯确定其化学结构并用化学方法合成了维生素 B_1。随着现代医学和营养科学的发展以及维生素 B_1 的广泛分布，流行性维生素 B_1 缺乏已经很难再发生。但是食物加工和烹调方法不当而导致的维生素 B_1 丢失过多、摄入严重不足引发的维生素 B_1 缺乏病仍常有报道，如 2004 年一种配方奶粉在以色列被强制召回，该奶粉引起 3 名婴儿死亡和 10 名婴儿生病，因为奶粉中未添加维生素 B_1，导致婴儿大脑发育受损。

临床上所用的维生素 B_1 都是化学合成的产品。在细胞内，维生素 B_1 的生物活性形式为硫胺素焦磷酯（thiamine pyrophosphate，TPP），TPP 是丙酮酸脱氢酶复合体、α－酮戊二酸脱氢酶复合体（α－ketoglutarate dehydrogenase complex，KGDHC）和磷酸戊糖途径的转酮醇酶（tran－sketolase，TK）反应中的重要辅助因子。PDHC 和 KGDHC 是细胞利用葡萄糖产生 ATP 途径的重要组成部分，TK 则是糖异生的关键酶。作为糖酵解中两种关键性催化酶类的辅酶，维生素 B_1 对葡萄糖代谢具有重要的作用。此外，体内氧化还原反应的主要成分还原型烟酰胺腺嘌呤二核苷酸（reduced nicotinamide adenine dinucleotide，NADH）、还原型烟酰胺腺嘌呤二核苷酸磷酸（reduced nicotinamide adeninedinucleotide phosphate，NADPH）和谷胱甘肽都是在以焦磷酸硫胺素为辅助因子的酶促反应过程中产生的。维生素 B_1 在维持脑内氧化代谢平衡方面，如脂质过氧化产物水平和谷胱甘肽还原酶活性方面发挥重要作用。另外，以焦磷酸硫胺素作为辅酶的酶还参与了氨基酸合成以及其他细胞代谢过程中有机化合物的合成过程。最近的研究表明，维生素 B_1 的衍生物能够参与到基因表达调控、细胞应激反应、信号传导途径以及神经系统信号传导等机体重要的生理过程，而维生素 B_1 衍生物的这些作用是不依赖于其辅酶的作用。维生素 B_1 是葡萄糖代谢的关键酶的辅助因子，在维持脑内氧化代谢平衡方面具有重要作用。维生素 B_1 是维持神经、心脏及消化系统正常机能的重要生物活性物质。

6.2.1.2　维生素 B_2

维生素 B_2 又叫作核黄素，是 B 族维生素的一种，微溶于水，在中性或酸性溶液中加热是稳定的，为体内黄酶类辅基的组成部分（黄酶在生物氧化还原中发挥递氢作用），当缺乏时，会影响机体的生物氧化，使代谢发生障碍。其病变多表现为口、眼和外生殖器部位的炎症，如口角炎、唇炎、舌炎、眼结膜炎和阴囊炎等，故本品可用于上述疾病的防治。体内维生素 B_2 的储存是很有限的，因此每天都要由饮食提供。维生素 B_2 的两个性质是造成其损失的主要原因：一是可被光破坏；二是在碱溶液中加热可被破坏。

1879 年，英国著名化学家布鲁斯发现牛奶的上层乳清中存在一种黄绿色的荧光色素，他用各种方法提取，试图发现其化学本质，都没有成功。几十年中，尽管世界各地的许多科学家从不同来源的动植物中都发现了这种黄色物质，但都无法识别。1933 年，美国科学家哥尔倍格等从 1000 多千克牛奶中得到 18 毫克这种物质，后来人们因为其分子式上有一个核糖醇，将其命名为核黄素。

膳食中的大部分维生素 B_2 是以黄素单核苷酸（FMN）和黄素腺嘌呤二核苷酸（FAD）辅酶形式和蛋白质结合存在的。进入胃后，在胃酸的作用下，与蛋白质分离，在上消化道转变为游离型维生素 B_2 后，在小肠上部被吸收。当摄入量较大时，肝肾常有较高的浓度，但身体贮存维生素 B_2 的能力有限，超过肾阈即通过泌尿系统，以游离形式排出体外，因此每日身体组织的需要必须由饮食供给。

6.2.1.3　维生素 B_6

维生素 B_6 又称吡哆素，其包括吡哆醇、吡哆醛及吡哆胺，在体内以磷酸酯的形式存在，是一种水溶性维生素，遇光或碱易破坏，不耐高温。维生素 B_6 为无色晶体，易溶于水和乙醇，在酸液中稳定，在碱液中易破坏，吡哆醇耐热，吡哆醛和吡哆胺不耐高温。维生素 B_6 在酵母菌、肝脏、谷物、肉、鱼、蛋、豆类及花生中含量较多。维生素 B_6 为人体内某些辅酶的组成成分，参与多种代谢反应，尤其是和氨基酸代谢有密切关系。临床上应用维生素 B_6 制剂防治妊娠呕吐和放射病呕吐。

在 19 世纪时，糙皮病除发现因烟碱酸缺乏引起外，在 1926 年又发现另一种维生素在饲料中缺乏时，也会诱发小鼠糙皮病，后来此物质在 1934 年被定名为维生素 B_6，直到 1938—1939 年才被分离出来。

维生素 B_6 是吡哆类物质的通称，因含有维生素 B_6 活性的物质即属于吡哆醇，但有此功能者有三种化学形式：吡哆醇（pyridoxol）、吡哆醛（pyridoxal）、吡哆胺（pyridoxamine）。

此物质是无色可溶于水及酒精的结晶体，因含有盐（NaCl）的成分，故带有点咸的味道。此类物质对热不敏感，但碰到碱性物质或者是紫外线照射时，即会发生分解。盐酸吡哆醇的熔点为 204℃～206℃。

维生素 B_6 的食物来源很广泛，动物性、植物性食物中均含有。通常肉类、全谷类产品（特别是小麦）、蔬菜和坚果类中含量较高。动物性来源的食物中，维生素 B_6 的生物利用率优于植物性来源的食物。在动物性及植物性食物中含量均微，酵母粉含量最多，米糠或白米含量亦不少，其次是来自肉类、家禽、鱼，马铃薯、甜薯、蔬菜中。

各种食物中每 100 g 可食部分含维生素 B_6 的量如下：酵母粉 3.67 mg，脱脂米糠 2.91 mg，白米 2.79 mg，胡麻粕 1.25 mg，胡萝卜 0.7 mg，鱼类 0.45 mg，全麦抽取物 0.4～0.7 mg，肉类 0.3～0.08 mg，牛奶 0.3～0.03 mg，蛋 0.25 mg，菠菜 0.22 mg，豌豆 0.16 mg，黄豆 0.1 mg，橘子 0.05 mg。

6.2.1.4　维生素 B_{12}

维生素 B_{12} 又叫作钴胺素，是一种含有 3 价钴的多环系化合物，4 个还原的吡咯环连在一起变成 1 个钴啉大环（与卟啉相似），是唯一含金属元素的维生素。维生素 B_{12} 为红色结晶粉末，无嗅无味，微溶于水和乙醇，在 pH 值 4.5～5.0 弱酸条件下最稳定，在强酸（pH＜2）或碱性溶液中分解，遇热可有一定程度破坏。高等动植物不能制造维生素 B_{12}，自然界中的维生素 B_{12} 都是微生物合成的。维生素 B_{12} 是唯一的一种需要肠道分泌物（内源因子）帮助才能被吸收的维生素，参与制造骨髓红细胞，防止恶性贫血，防止大脑神经受到破坏。

谷胺酰和甲基谷氨是 B_{12} 的两种辅酶形式。在钴啉环平面上方钴离子与 5,6-2 甲基苯基咪唑的 N—3 相连，在平面下方与 5'－脱氧腺苷的 C_5' 相连。一般应用的 B_{12}，和钴离子相连的是 CN，称为氰钴氨，为绿色结晶。

维生素 B_{12} 广泛存在于动物食品中，而且其形态无法被人体吸收。此外，维生素 B_{12} 也是唯一含有必需矿物质的维生素，因含钴而呈红色，又称红色维生素，是少数有色的维生素。维生素 B_{12} 虽属 B 族维生素，却能贮藏在肝脏中，用尽贮藏量后，经过半年以上才会出现缺乏症状。人体维生素 B_{12} 需要量极少，只要饮食正常，就不会缺乏。少数吸收不良的人须特别注意。

维生素 B_{12} 和叶酸缺乏，会使胸腺嘧啶核苷酸减少，DNA 合成速度减慢，而细胞内尿嘧啶脱氧核苷酸（dUMP）和脱氧三磷酸尿苷（dUTP）增多。胸腺嘧啶脱氧核苷三磷酸（dTTP）减少，使尿嘧啶掺合入 DNA，使 DNA 呈片段状，DNA 复制减慢，核分裂时间延长（S 期和 G_1 期延长），故细胞核比正常大，核染色质呈疏松点网状，缺乏浓集现象，而胞质内 RNA 及蛋白质合成并无明显障碍。随着核分裂延迟和合成量增多，形成胞体巨大，核浆发育不同步，核染色质疏松，即"老浆幼核"改变的巨型血细胞。巨型改变以幼红细胞系列最显著，具特征性，称巨幼红细胞。细胞形态的巨型改变也见于粒细胞、巨核细胞系列，甚至某些增殖性体细胞。该巨幼红细胞易在骨髓内破坏，出现无效性红细胞生成，最终导致红细胞数量不足，表现为贫血症状。

自然界中的维生素 B_{12} 主要是通过草食动物的瘤胃和结肠中的细菌合成的，因此膳食来源主要为动物性食品，其中动物内脏、肉类、蛋类是维生素 B_{12} 的丰富来源。豆制品经发酵会产生一部分维生素 B_{12}。人体肠道细菌也可以合成一部分。

6.2.1.5　维生素 B_3

维生素 B_3 又称作烟酸，属于维生素 B 族，也称为尼克酸、抗癞皮病因子，分子式为 $C_6H_5NO_2$，化学名称吡啶－3－甲酸，热稳定性好，能升华，工业上常采用升华法提纯维生素 B_3。维生素 B_3 外观为白色晶体或白色结晶性粉末，可溶于水，主要存在于动物内脏、肌肉组织，水果，蛋黄中也有微量存在，是人体必需的 13 种维生素之一。

维生素 B_3 呈白色结晶或结晶性粉末，无臭或有微臭，味微酸，水溶液显酸性，在沸水或沸乙醇中溶解，在水中略溶，在乙醇中微溶，在乙醚中几乎不溶，在碳酸钠试液或氢氧化钠试液中易溶。烟酸在动物体内可转化为尼可酰胺，包含于脱氢酶的辅酶分子中，是辅酶Ⅰ（NAD）和辅酶Ⅱ（NADP）的成分。在体内这两种辅酶结构中的尼克酰胺部分，具有可逆的加氢和脱氢特性，故在氧化还原过程中起传递氢的作用。

维生素 B_3 是人体和动物中不可缺少的营养成分，人体每天对烟酸的需求量为：成人 10~20 mg，婴儿 4~11 mg。维生素 B_3 也是猪、鸡等动物日粮中必需的，除来自肠道微生物的合成和饲料中直接供给外，饲料中色氨酸在合成蛋白质并有多余的情况下，能在体内合成维生素 B_3，所以饲料中的色氨酸含量也是决定维生素 B_3 需要量的重要因素。

维生素 B_3 在动物肝肾、牛奶、鸡蛋、糠麸及新鲜蔬菜中含量较多。

6.2.1.6　维生素 B_5

维生素 B_5 又叫作泛酸，是一种水溶性维生素，化学式为 $C_9H_{17}NO_5$，因广泛存在于动植物中而得"泛酸"之名。由于所有的食物都含有维生素 B_5，因此几乎不存在缺乏问题。

维生素 B_5 有旋光性，仅 D 型（$[\alpha]=+37.5°$）有生物活性。消旋维生素 B_5 具有吸湿性和静电吸附性；纯游离维生素 B_5 是一种淡黄色黏稠的油状物，具酸性，易溶于水和乙醇，不溶于苯和氯仿。维生素 B_5 在酸、碱、光及热等条件下都不稳定。

维生素 B_5 几乎存在于所有的活细胞中，在原核生物、真菌、霉菌和植物的细胞内可以通过酶促反应合成。生物体还可以通过依赖 Na^+ 的多维生素转运体（SMVT，又称泛酸透酶）将维生素 B_5 转运到细胞内。

维生素 B_5 在人体内转变成辅酶 A（CoA）或酰基载体蛋白（ACP）参与脂肪酸代谢反应。CoA 是生物体内 70 多种酶的辅助因子（约占总酶量的 4%），细菌还需要 CoA 来构建细胞壁。在新陈代谢中，CoA 主要发挥酰基载体的功能，参与糖、脂肪、蛋白质和能量代谢，还可以通过修饰蛋白质来影响蛋白质的定位、稳定性和活性。CoA 为生物体提供了 90% 的能量。

维生素 B_5 是脂肪酸合成类固醇所必需的物质，也可参与类固醇紫质、褪黑激素和亚铁血红素的合成，还是体内柠檬酸循环、胆碱乙酰化、合成抗体等代谢所必需的中间物。因此，维生素 B_5 在体内可作用于正常的上皮器官如神经、肾上腺、消化道及皮肤，提高动物对病原体的抵抗力。维生素 B_5 也可以增加谷胱甘肽的生物合成，从而减缓细胞凋亡和损伤。实验证明，维生素 B_5 会对遭受脂质过氧化损伤的细胞和大鼠具有很好的保护作用。泛酰巯基乙胺可以降低胆固醇和甘油三酯的浓度。维生素 B_5 及其衍生物还可以减轻抗生素等药物引起的毒副作用，参与多种营养成分的吸收和利用。

维生素 B_5 在食物中几乎无所不在，它以游离或结合形式存在于所有动物和植物的细胞中。其中，富含维生素 B_5 的食物有动物内脏、牛肉、猪肉、未经精加工的谷类、豆类、坚果、啤酒酵母、蜂王浆、蘑菇、绿叶蔬菜等。

6.2.1.7　维生素 B_7

维生素 B_7 又称维生素 H、辅酶 R，是水溶性维生素，也属于维生素 B 族。它是合成维生素 C 的必要物质，是脂肪和蛋白质正常代谢不可或缺的物质，是一种维持人体自然生长、发育和正常人体机能健康必要的营养素。

20 世纪 30 年代，在研究酵母生长因子和根瘤菌的生长与呼吸促进因子时，发现一种可以防治由于喂食生鸡蛋诱导的大鼠脱毛和皮肤损伤的物质，命名为维生素 B_7。维生素 B_7 在肝、肾、酵母、牛乳中含量较多，是生物体固定 CO_2 的重要因素。维生素 B_7 在脂肪合成、糖质新生等生化反应途径中扮演重要角色。

维生素 B_7 不但能防止落发，还能预防现代人常见的少年白发。它在维护皮肤健康中也扮演着重要角色。

维生素 B_7 是多种羧化酶的辅酶，在羧化酶反应中起 CO_2 载体的作用。

牛奶、牛肝、蛋黄、动物肾脏、草莓、柚子、葡萄等水果，以及瘦肉、糙米、啤酒、小麦中都含有维生素 B_7。在复合维生素 B 和多种维生素的制剂中，通常都含有维生素 B_7。

6.2.1.8　维生素 B_{11}

维生素 B_{11} 即叶酸，它是一种水溶性维生素，分子式为 $C_{19}H_{19}N_7O_6$。在自然界中有几种存在形式，其母体化合物是由喋啶、对氨基苯甲酸和谷氨酸 3 种成分结合而成。

叶酸含有一个或多个谷氨酰基，天然存在的叶酸大都是多谷氨酸形式。叶酸的生物活性形式为四氢叶酸。叶酸为黄色结晶，微溶于水，但其钠盐极易溶于水，不溶于乙醇。在酸性溶液中易破坏，对热也不稳定，在室温下很易分解，见光极易被破坏。

人类肠道细菌能合成叶酸，故一般不易缺乏。当吸收不良、代谢失常或长期使用肠道抑菌药物时，可造成叶酸缺乏。叶酸广泛存在于动植物性食物中，含量丰富的有：内脏、蛋、鱼以及梨、蚕豆、甜菜、菠菜、菜花、芹菜、莴苣、柑橘、坚果类和大豆类食品。人体每日摄入叶酸量维持在 3.1 $\mu g/kg$ 时，体内即可有适量叶酸储备；孕妇每日叶酸总摄入量应大于 350 μg；婴儿的安全摄入量按千克体重计与成人相似，即每日3.6 $\mu g/kg$ 能满足生长与维持正常血象的需要。

1931 年，印度孟买产科医院的医生 Wills L 等人发现，酵母或肝脏浓缩物对妊娠妇女的巨幼红细胞性贫血症有一定的作用，认为这些提取物中有某种抗贫血因子；1935 年，有人发现酵母和肝脏提取液对猴子贫血症有一定的作用，描述其为 VM；1939 年，有人在肝脏中发现了抵抗贫血的因子，称为 VBe；1941 年，Mitchell H K 等人发现菠菜中有乳酸链球菌的一种因子，称作叶酸；1945 年，Angier R B 等人在合成蝶酰谷氨酸时，发现以上所有的因子都是同一种物质，并完成了结构测定，之后称其为叶酸。

叶酸广泛分布于绿叶植物中，如菠菜、甜菜、硬花甘蓝等绿叶蔬菜，在动物性食品（如肝脏、肾、蛋黄等）、水果（如柑橘、猕猴桃等）和酵母中也广泛存在，但在根茎类蔬菜、玉米、大米、猪肉中含量较少。在绿叶蔬菜中，叶酸含量较高的主要有东风菜、马蹄叶、山尖子菜、柳蒿芽、刺五加皮、野芦笋，其含量（单位：$\mu g/g$）分别是 36.195、23.478、20.137、67.600、59.553、22.032。

进入机体内的多谷氨酸形式的叶酸必须降解为游离叶酸，方可被机体吸收。对多谷氨酸叶酸起水解作用的是小肠黏膜上皮中的 $\gamma-L-$谷氨酰羧肽酶。叶酸结合蛋白在叶酸的消化、分布和贮存中起关键作用。已发现的叶酸结合蛋白有三类，即高亲和力叶酸结合蛋白、与膜有关的结合蛋白和细胞质结合蛋白。高亲和力叶酸结合蛋白保护了叶酸在血液中的稳定存在，还可能控制了血浆中叶酸盐分布的专一性。

在一般情况下，正常人对叶酸的需要量为 $100\sim200~\mu g/d$，世界卫生组织的推荐量为：成人 $200~\mu g/d$，孕妇和乳母 $400~\mu g/d$。美国 FDA 的最新叶酸食用量标准如下：$25\sim50$ 岁男性为 $240~\mu g/d$；$25\sim50$ 岁女性为 $190~\mu g/d$；乳母、孕妇为 $400~\mu g/d$；婴幼儿为 $200\sim400~\mu g/d$。

6.2.2 维生素 C

维生素 C 是一种多羟基化合物，化学式为 $C_6H_8O_6$。其结构类似于葡萄糖，分子中第 2 和第 3 位上两个相邻的烯醇式羟基极易解离而释出 H^+，故具有酸的性质，又称 L-抗坏血酸。

维生素 C 为白色结晶或结晶性粉末，无臭，味酸，久置色渐变微黄。在水中易溶，呈酸性，在乙醇中微溶，在三氯甲烷或乙醚中不溶。维生素 C 分子中具有烯二醇结构，具有内酯环，且有 2 个手性碳原子。因此，维生素 C 不仅性质活泼，且具有旋光性。

维生素 C 是抗体和胶原形成，组织修补（包括某些氧化还原作用），苯丙氨酸、酪氨酸、叶酸的代谢，铁、碳水化合物的利用，脂肪、蛋白质的合成，维持免疫功能，保持血管的完整，促进非血红素铁吸收等所必需的物质，同时维生素 C 还具备抗氧化、抗自由基，抑制酪氨酸酶的形成，从而达到美白、淡斑的功效。

在人体内，维生素 C 是高效抗氧化剂，可用来减轻抗坏血酸过氧化物酶 sch 的氧化应激。还有许多重要的生物合成过程中也需要维生素 C 参与作用。

由于大多数哺乳动物都能靠肝脏来合成维生素 C，因此并不存在缺乏的问题；但是人类、灵长类、土拨鼠等少数动物不能自身合成，必须通过食物、药物等摄取。

维生素 C 可以通过氧化型或还原型存在于生物体内，因此既可以作为供氢体，又可以作为受氢体，在体内氧化还原过程中发挥重要作用。

膳食中的维生素 C 广泛存在于新鲜蔬菜水果中。西红柿、菜花、柿子椒、深色叶菜、苦瓜、柑橘、柚子、苹果、葡萄、猕猴桃、鲜枣等均富含维生素 C。

摄入的维生素 C 通常在小肠上方（十二指肠和空肠上部）被吸收，而仅有少量被胃吸收，同时口中的黏膜也能吸收少许。未吸收的维生素 C 会直接传送到大肠中，无论传送到大肠中的维生素 C 的量有多少，都会被肠内微生物分解成气体物质，无任何作用，所以身体的吸收能力固定时，多摄取就等于多浪费。维生素 C 在体内的代谢过程及转换方式尚无定论，但可以确定维生素 C 最后的代谢产物是由尿液排出的。

维生素 C 是体内多种酶反应途径的重要辅助因子。关于维生素 C 与泌尿系统结石的关联，一直存在争议。一方面，维生素 C 在体内会部分转化为草酸盐，从而使尿草酸排泄量增加，草酸钙结石形成风险提高。另一方面，维生素 C 是抗氧化剂，能清除自由基，减少氧化应激，而氧化应激可导致肾小管损伤，促进高尿草酸患者结石的形成。因此，有研究者认为，补充小剂量的维生素 C 不仅不会促进草酸钙结石的形成，相反还可预防泌尿系统结石的发生。

胶原蛋白的合成需要维生素 C 参加，如果缺乏维生素 C，胶原蛋白就不能正常合成，导致细胞连接障碍，易引发坏血病。体内维生素 C 不足，微血管容易破裂，血液将会流到邻近组织，这种情况在皮肤表面发生，则产生淤血、紫癜；在体内发生则引起疼痛和关节胀痛；严重时在胃、肠道、鼻、肾脏及骨膜下均可有出血现象，乃至死亡。缺乏维生素 C 将会引起牙龈萎缩、出血；诱发动脉硬化、贫血。维生素 C 可以使难以吸收利用的三价铁还原成二价铁，促进肠道对铁的吸收，提升肝脏对铁的利用率，有助于治疗缺铁性贫血。缺乏维生素 C 将使人体的免疫力和机体的应急能力下降。

如果短期内服用维生素 C 补充品过量，会产生多尿、下痢、皮肤发疹等副作用；长期服用过量维生素 C 补充品，可能导致草酸及尿酸结石；小儿生长时期过量补充维生素 C，容易产生骨骼疾病；如果一次性摄入维生素 C 达 2500～5000 mg 甚至更高时，可能会导致红细胞大量破裂，出现溶血等危重现象。

6.3　脂溶性维生素

脂溶性维生素主要包括维生素 A、维生素 D、维生素 E、维生素 K。

6.3.1　维生素 A

维生素 A 是一种脂溶性维生素，对热、酸、碱稳定，易被氧化，紫外线可促进其氧化破坏。

维生素 A 是一种极其重要、极易缺乏的，为人体维持正常代谢和机能所必需的脂溶性维生素，它是由美国科学家 Elmer Mc Collum 和 Margaret Davis 于 1912—1914 年间发现的。其实早在一千多年前，中国唐代医学家孙思邈（公元 581—682 年）在《千金方》中就记载了用动物肝脏可治疗夜盲症，而有关巴西土人以鱼肝油治疗干眼病、丹麦人以橄榄油治疗干眼病的文献也有记载。在 Margaret Davis 等人从鳕鱼肝脏中提取出一种黄色黏稠液体——维生素 A 以前，人们并不了解维生素的存在，因此他首先将其命名为"脂溶性 A"（A 是德文干眼病"AugendArre"的第一个字母）。随着陆续有新的为人体所必需的脂溶性物质被科学家发现，到 1920 年，"脂溶性 A"被英国科学家正式命名为维生素 A。

维生素 A 并不是单一的化合物，而是一系列包括视黄醇、视黄醛、视黄酸、视黄醇乙酸酯和视黄醇棕榈酸酯等在内的视黄醇的衍生物。维生素 A 只存在于动物体中，在鱼类特别是鱼肝油中含量很多。植物中并不含有维生素 A，但许多蔬菜和水果都含有维生素 A 原——胡萝卜素，它在小肠中可分解为维生素 A，其中 1 分子 β-胡萝卜素可分解为 2 分子维生素 A，而 1 分子 α-胡萝卜素或 γ-胡萝卜素只能产生 1 分子维生素 A。

维生素 A 属于脂溶性维生素，可以不同程度地溶于大部分有机溶剂，但不溶于水。维生素 A 及其衍生物很容易被氧化和异构化，特别是在暴露于光线（尤其是紫外线）、氧气、性质活泼的金属以及高温环境时，可加快这种氧化破坏。一般烹调过程不至于对食物中的维生素 A 造成太多破坏。在理想条件下，如低温冷冻等，血清、组织或结晶态的类视黄醇可保持长期稳定。在无氧条件下，视黄醛对碱比较稳定，但在酸中不稳定，可发生脱氢或双键的重新排列。油脂在酸败过程中，其所含的维生素 A 和胡萝卜素会受到严重的破坏。食物中的磷脂、维生素 E 或其他抗氧化剂有提高维生素 A 稳定性的作用。在维生素 A 的衍生物中，视黄酸和视黄酰酯的稳定性最好。

维生素 A 有促进细胞生长，维持骨骼、上皮组织、视力和黏膜上皮正常分泌等多种生理功能，维生素 A 及其类似物有阻止癌前期病变的作用。缺乏维生素 A 时表现为生长迟缓，暗适应能力减退而形成夜盲症；由于表皮和黏膜上皮细胞干燥、脱屑、过度角化、泪腺分泌减少，从而发生干眼病，重者角膜软化、穿孔而失明；呼吸道上皮细胞角化并失去纤毛，使抵抗力降低易于感染细菌、病毒。我国成人维生素 A 推荐摄入量（RNI）男性为每日 800 μg 视黄醇活性当量，女性为每日 700 μg 视黄醇活性当量。

富含维生素 A 的食物有禽畜的肝脏、蛋黄、奶粉，胡萝卜素在小肠黏膜内可转变为维生素 A，红黄色及深绿色蔬菜、水果中含胡萝卜素较多。

维生素 A 主要用于防治夜盲症、干眼病，也用于烧伤后皮肤的局部化脓性感染。人体摄取的维生素 A，成人不能超过 3 mg/d，儿童不能超过 2 mg/d。若服用大剂量维生素 A，因为排出比不高而会发生急性维生素 A 过多症，主要症状为短期脑积水与呕吐，部分可有头痛、嗜睡与恶心等症状。幼儿长期服用大剂量维生素 A 后，会发生维生素 A 过多症状，主要是肝脾肿大，红细胞和白细胞均减少，骨髓生长过速以及长骨变脆，易发生骨折等。瑞典一项最新研究表明，血液中含有高浓度维生素 A 的中年男性在他们老年时期发生骨折的概率要比那些血液中维生素 A 含量低的人群高得多。因此，对人体而言，维生素 A 不可或缺，也不可滥用，只要保证饮食含有丰富的维生素 A 或胡萝卜素，即可有效地预防维生素 A 缺乏，而无须额外服用维生素 A 补充剂。

6.3.2　维生素 D

早在 20 世纪 30 年代初，科学家就发现，多晒太阳或食用紫外光照射过的橄榄油、亚麻籽油等可以抵抗软骨病。科学家们进一步研究发现并命名人体内抗软骨病的活性组分为维生素 D。

维生素 D 是一种脂溶性维生素，为一组具有抗佝偻病作用、结构类似的固醇类衍生物的总称，最主要的是维生素 D_3（胆骨化醇、胆钙化醇）、维生素 D_2（骨化醇）。膳食中维生素 D 主要来自动物性食品如鱼肝、蛋黄、奶油等，其摄入后在胆汁存在的情况下从小肠吸收，以乳糜微粒形式进入血中，在肝、肾、线粒体羟化酶作用下转变为 1,25-二羟基维生素 D_3，具有生物活性，可刺激肠黏膜钙结合蛋白（CaBP）合成，促进钙的吸收，促进骨质钙化。人体内胆固醇衍生物 7-脱氢胆固醇贮于皮下，在日光或紫外线照射下可转变为胆骨化醇，为内源性维生素 D，能促进钙、磷的吸收。

婴儿、儿童、青少年及孕妇、乳母每日维生素 D 需要量为 400 IU（国际单位）。缺乏时成人易患骨软化病，小儿易患佝偻病，如血钙下降，还会出现手足搐搦、惊厥等，对牙齿的发育也有关系。维生素 D 摄入过多，会引起高血钙、食欲不振、呕吐、腹泻甚至软组织异位骨化等。

维生素 D 的食物来源以含脂肪高的海鱼、动物肝脏、蛋黄、奶油相对较多，鱼肝油中含量较高。

6.3.3　维生素 E

维生素 E 是一类脂溶性维生素，包括四种生育酚和四种生育三烯酚，是一种抗氧化剂。

维生素 E 早在 20 世纪 20 年代就被人们发现，Evans 和他的同事在研究生殖过程中发现，酸败的猪油可引起大白鼠患不孕症。1922 年，国外专家发现一种脂溶性膳食因子对大白鼠的正常繁育必不可少。1924 年，这种因子被命名为维生素 E。维生素 E 在 1936 年被分离出结晶体，在 1938 年被瑞士化学家人工合成。

维生素 E 具有抗氧化性，对酸、热都很稳定，对碱不稳定，铁盐、铅盐或油脂酸败的条件会加速其氧化。生育三烯酚在取代基不同时活性是不同的。

富含维生素 E 的食物有：压榨植物油、果蔬、坚果、瘦肉、乳类、蛋类、柑橘皮等。果蔬包括猕猴桃、菠菜、卷心菜、羽衣甘蓝、莴苣、甘薯、山药。坚果包括杏仁、榛子、胡桃等。压榨植物油包括向日葵籽、芝麻、玉米、橄榄、花生、山茶等。此外，红花、大豆、棉籽、小麦胚芽、鱼肝油都有一定含量的维生素 E，含量最为丰富的是小麦胚芽，最初大多数维生素 E 是从麦芽油中提取的。

维生素 E 被吸收入小肠后，主要转运至肝脏，肝脏中的维生素 E 可以通过适当方式进入血液循环系统。维生素 E 可以在低密度脂蛋白中富集，并可经多种不同途径进入外周组织细胞膜，因此，维生素 E 在体内主要储存于肝脏、脂肪和肌肉组织中。

维生素 E 排泄的主要途径是胆汁，还有部分代谢产物经尿液排出。

6.3.4　维生素 K

维生素 K 又叫作凝血维生素，具有叶绿醌生物活性，其最早于 1929 年由丹麦化学家达姆从动物肝脏和麻籽油中发现并提取。

维生素 K 是具有异戊二烯类侧链的萘醌类化合物，包含维生素 K_1、维生素 K_2、维生素 K_3 和维生素 K_4 四种。其中，维生素 K_1 和维生素 K_2 是天然的，从化学结构上看，维生素 K_1 和维生素 K_2 都是 2-甲基-1,4 萘醌的衍生物，区别仅在于 R 基的不同。其中，维生素 K_1 是黄色油状物，K_2 是淡黄色结晶，均有耐热性，但易受紫外线照射而破坏，故要避光保存。维生素 K_3 和维生素 K_4 是人工合成的，其中，K_3 为 2-甲基-1,4 萘醌，有特殊臭味，维生素 K_4 是 K_3 的氢醌型，它们的性质较 K_1 和 K_2 稳定，而且能溶于水，可用于口服或注射。

四种维生素 K 的化学性质都较稳定，能耐酸、耐热，正常烹调中只有很少损失，但都对光敏感，易被碱和紫外线分解。

维生素 K 可从食物中获取，也可依靠肠道细菌合成和人工合成。其中，维生素 K_1 和维生素 K_2 属于脂溶性维生素，其吸收需要胆汁、胰液，并与乳糜微粒相结合，由小肠吸收入淋巴系统，经淋巴系统运输至全身。其吸收取决于胰腺和胆囊的功能，在正常情况下人体摄入量的 40%～70% 可被吸收。其在人体内的半衰期比较短，约为 17 h。

人或动物口服生理或药理剂量的维生素 K_1，20 min 后血浆中已出现维生素 K_1，2 h 达到峰值。在 48～72 h 内，血浆浓度按指数下降至 1～5 ng/mL。在这段时间内，维

生素 K_1 从乳糜微粒转移至 β 脂蛋白中，再运输至肝脏，与极低密度脂蛋白（VLDL）相结合，并通过低密度脂蛋白（LDL）运至各组织。肝脏为维生素 K_1 的主要靶组织，注射维生素 K_1 后，50％的剂量在肝内。

口服维生素 K_2 后，20％的剂量在肝内，24 h 降至最低值，而肾、心脏、皮肤和肌肉的量在 24 h 内增加到最高值后下降。大鼠肝中维生素 K 的含量为 8～44 ng/g。

在人体中，维生素 K 的侧链可以进行 β 或 ω 氧化，形成 6－羧基酸及其 γ－内酯，或进一步分解为 4－羧基酸，还有少量的环氧代谢物，这些代谢物与葡萄糖苷酸结合，存在于肠肝循环中，或从尿液排出。

健康人对维生素 K 的需要量低而膳食中含量比较多，原发性维生素 K 缺乏不常见，临床上所见到的由于维生素 K 缺乏所致的表现是继发性出血如伤口出血，大片皮下出血和中枢神经系统出血等。

由于胎盘转运维生素 K 量少，新生儿体内储存量低及体内肠道的无菌状态阻碍了利用维生素 K，母乳中维生素 K 含量低，新生儿吸乳量少以及婴儿未成熟的肝脏还不能合成正常数量的凝血因子等原因，使新生儿普遍存在低凝血酶原症。

已知最常见的成人维生素 K 缺乏性出血多发生于摄入含维生素 K 低的膳食并服用抗生素的病人中，维生素 K 不足可见于吸收不良综合征和其他胃肠疾病，如囊性纤维化、口炎性腹泻、溃疡性结肠炎、节段性小肠炎、短肠综合征、胆道梗阻、胰腺功能不全等，以上情况均需常规补充维生素 K 制剂。

6.3.5 类维生素

机体内存在一些物质，尽管通常不认为是真正的维生素类，但它们所具有的生物活性物质却非常类似维生素，通常称它们为类维生素物质。其中包括生物类黄酮、肉毒碱、辅酶 Q、肌醇、苦杏仁苷、硫辛酸、对氨基苯甲酸（PABA）、潘氨酸、牛磺酸等。

常见的类维生素可以分为维生素前体、非人体必需维生素和人体能够合成维生素。

6.3.5.1 维生素前体

这类物质本身没有维生素的营养功能，但和某一维生素在化学结构上有联系，在一定条件下可转化为该维生素，因此在食物中含有一定比例的维生素前体可以代替一部分该维生素的供给。已发现的维生素前体物质有 4 种：胡萝卜素是维生素 A 的前体，植物中的麦角固醇是维生素 D 的前体，色氨酸可以在体内转化为烟酸，人体自己合成的一种脱氢胆固醇也能在光照条件下转变为维生素 D。

6.3.5.2 非人体必需维生素

这类物质似乎有一定的生理功能，但实际上并非维持人体正常功能所必需的，如果食物中不能供给，不会影响人体健康，亦无缺乏症出现，故它们不符合营养物质的基本定义。生物类黄酮往往与维生素 C 相伴存在，能够增强维生素 C 的生理功能，但单独存在时并不显示一定的功能。杏仁核中含有一种味苦的天然物质，称为苦杏仁苷，一位美国医生曾用它来预防和治疗癌症，并命名为"维生素 B_{17}"，但没有得到公认。苦杏仁苷有较大的毒性，食用时要十分小心。

6.3.5.3　人体能够合成维生素

属于这一类的物质很多。例如肉毒碱曾被称为维生素 BT，最初从肉类食物中分离得到，是与脂肪代谢和生物氧化有关的一种辅酶，人体肝脏能够合成全部所需的肉毒碱。肌醇是一种小分子物质，与葡萄糖关系密切，实验证明是动物和细菌的必需营养因子，人体细胞能够合成肌醇。硫辛酸具有许多 B 族维生素的作用，其以辅酶形式参与人体的能量代谢，人体能够合成。

6.4　食品加工与储藏过程中维生素的损失

维生素是食品中易变化的成分，特别是维生素 C、维生素 B 等的稳定性都较差，同时在食品的加工储藏中会由于水、油脂、氧气、温度、酸碱性、光照、金属、加工时间、食品组织结构的状况和酶等因素的影响而破坏损失。

6.4.1　粮食精加工过程中维生素的损失

谷类粮食中的维生素大部分分布在谷物的胚芽和皮层中，碾磨时去掉麸皮和胚芽，会造成谷物中烟酸、视黄醇、硫胺素等维生素的损失，而且碾磨越精细，维生素的损失就越多。例如，大米中的硫胺素，在标准米中损失 41.6%，在中白米中损失 57.6%，在上白米中损失 62.8%。

目前，一些发达国家已普遍使用维生素强化米面食品，以保证其一定的维生素含量。

稻谷由谷壳、谷皮、外胚芽、糊粉层、胚芽和胚等构成。精制大米是指仅保留胚芽，而将其余部分全部脱去的大米制品。糙米是指仅脱去谷壳，保留其他各部分的大米制品。清洁米又称免淘米，是一种清洁干净、晶莹整齐、符合卫生要求、不必淘洗就可以直接进行熟加工的大米制品。强化米是指在普通大米中添加某些营养素而制成的成品大米。综上可知，如果能开发出清洁强化糙米，将是最理想的大米制品。

6.4.2　食品热处理过程中维生素的损失

热处理是各类食品普遍采用的加工工序，而许多维生素对热都很敏感，容易造成损失。维生素的损失量取决于热处理条件的控制。例如，高温短时间热处理比低温长时间热处理的损失要少，酸性条件和蛋白质的存在对维生素可起保护作用。

实验表明，蔬菜、水果装罐前经热处理后，抗坏血酸的损失率为 13%～16%，硫胺素的损失率为 2%～30%，核黄素的损失率为 5%～40%，胡萝卜素的损失率在 1% 以下。若热处理后迅速冷却，可使维生素的损失减小。用冷空气冷却效果更好，这样可减少维生素在冷水中溶解而造成的进一步损失。近年发展起来的最有效的食品加工方法之一是高温短时加热与无菌罐藏结合。

高温下熟制食品时，维生素的损失与加热介质、熟制方法、熟制时间、加工前原料的预处理及加工后食品的物理状态等很多因素有关。常用的熟制方法有湿热法、干热法、油炸法。湿热法是以水为加热介质在常压下进行煮制或蒸制，由于加热时间较长而温度较低，因此水溶性维生素损失较大，如硫胺素达 30%，维生素 C 达 50% 以上。熟制时间较长时，水溶性维生素损失较多，脂溶性维生素则破坏较少。干热法是以热空气作为加热介质烤或熏制食品，由于温度在 140℃～200℃，所以对热敏感的抗坏血酸损失近 100%，硫胺素的损失为 20%～30%。油炸法是以食用油作为加热介质，由于油的沸点高、传热快，所以熟制时间短，维生素的损失相较前两种方法少。如在碱性条件下进行炸制，很多维生素会被破坏，如生育酚损失为 32%～70%，硫胺素损失为 100%，核黄素损失在 50% 以上。

6.4.3　食品脱水加工过程中维生素的损失

肉、鱼、牛乳、蛋类，以及水果、蔬菜常用脱水方法进行加工，食品的脱水加工会导致维生素的大量损失。例如脱水可使牛肉、鸡肉中的生育酚损失 36%～45%，胡萝卜中的胡萝卜素损失 35%～47%。脱水时降低脱水温度可以减少维生素的损失。

6.4.4　食品添加剂导致的维生素损失

食品加工中常常应用食品添加剂，有的食品添加剂会引起维生素的损失。例如面粉加工中常用的漂白剂或改良剂，易使维生素 A、抗坏血酸和生育酚等氧化，造成其含量降低。肉制品中加入的发色剂亚硝酸盐不但能与抗坏血酸迅速反应，而且能破坏胡萝卜素、硫胺素及叶酸。烹调、面点制作中使用的碱性发酵粉使 pH 值接近 9，在这种碱性环境下，硫胺素、抗坏血酸、泛酸等维生素被破坏的可能性大大增加。

6.4.5　食品储藏过程中维生素的损失

食品的储藏方法很多，不论采用何种方法储藏，维生素的损失都是不可避免的。因为一些维生素，如维生素 B 族，以及维生素 A、维生素 E、维生素 K 对光不稳定，另一些如维生素 C、叶酸、泛酸则对热不稳定。在有氧存在的条件下，尤其是伴随氧化酶和微量金属存在时，易于氧化的维生素 A、E、C 会严重破坏或完全损失。储存过程中的维生素随着时间的推移，损失越来越多。

尽可能地防止或减少食品在加工和储藏过程中维生素的损失是一个很重要的课题。当然，所采取的方法如果能够增加食品及原料中维生素的含量则更佳。例如，采用先晒后烘的加工工艺干制香菇，每克香菇中维生素 D_2 的含量就会由几十国际单位上升至 1000 国际单位，这是因为香菇中的维生素 D 原在阳光照射下能够转化为维生素 D_2。

6.4.6　烹饪过程中减少维生素损失的措施

在烹饪过程中，维生素 C 是最易损失的，其次是 B 族维生素、维生素 K 等。采用合理的烹饪加工方式可以最大限度地减少维生素的损失。

（1）水溶性维生素易溶于水而随水流失，所以在烹制富含水溶性维生素的原料，特别是富含维生素 C 的蔬菜时，应采用先洗后切、沸水短时焯料、避免挤汁、短时高温加热、成熟后加盐等方法，以减少维生素 C 的损失。对冷冻食品最好采用速冻和自然解冻的方法，以减少肉汁的流失，从而减少 B 族维生素的损失。

（2）脂溶性维生素相对稳定，主要应注意防止富含脂溶性维生素的食品如油脂、肉类等受氧和紫外线的影响发生氧化酸败，如维生素 A、维生素 E 及维生素 D 的氧化破坏。在烹制过程中，还要注意采用荤素搭配的方式来促进维生素的吸收与利用，如胡萝卜与动物性食品一起烹饪，可提高维生素 A 的利用率。

（3）对热敏感的含维生素的原料，应避免高温长时间烹饪，可采用做凉菜或挂糊上浆、勾芡及缩短加热时间等方式减少维生素的损失，如富含维生素 A、维生素 C、维生素 E、维生素 B 等的食物。

（4）加醋可保护食物中所含的维生素 C，如醋熘白菜；而维生素 A、叶酸等却不宜与醋和含有机酸高的食物烹制；对碱敏感的维生素 K、维生素 B_1、维生素 C、维生素 B_2 等在加碱时会受到破坏。

（5）对氧敏感的维生素如维生素 A、维生素 C、维生素 E、维生素 B_1 等，应注意用现切现烹、挂糊上浆、密闭烹制等措施以减少其损失。另外，对光敏感的维生素应防止紫外线的照射，采用避光保存的方式。

（6）选用微波炉、电磁炉及远红外线烤箱等短时加热，可有效减少维生素的损失。另外，用铁锅或铜锅作为加热容器会对维生素 C 产生较大的损失，特别是铜锅。

思考与练习

1. 简述维生素和类维生素的不同。
2. 简述热处理对维生素的影响。
3. 简述维生素的功能。
4. 简述烹饪过程中减少维生素损失的措施。

第7章 食品中的其他成分

学习目标：

1. 了解酶、矿物质、激素的概念、特点及分类。
2. 掌握影响酶催化作用的因素，理解这些因素对有关生物化学反应的影响。
3. 掌握酶、矿物质在烹饪加工过程中的变化，用以提高菜品的营养及风味。
4. 了解重要的动植物激素及其作用。

食品中除了水、糖类、蛋白质和脂类，还含有其他许多成分，如无机盐、酶、激素等。它们在含量上一般比较少，但对食品的诸多性能有着不可替代的作用。

7.1 酶

自然界中的一切生命现象都与酶的活动有关。人类早就利用了酶的催化作用来生产麦芽糖、酱和醋等食品。同时酶还有嫩化肉类、澄清啤酒和果汁、增进食品风味和改善食品质构等作用，在烹饪和食品加工中广泛使用。

7.1.1 酶的概念

酶又称生物催化剂，是一类由生物体活细胞产生的，在细胞内、外均能起催化作用的功能蛋白质。对于酶的概念，需要明确以下三点：

（1）酶是生物体活细胞产生的，但在许多情况下，细胞内生成的酶可以分泌到细胞外或转移到其他组织器官中发挥作用。通常把由细胞内产生并在细胞内部起作用的酶称为胞内酶，而把由细胞内产生后分泌到细胞外面起作用的酶称为胞外酶。

（2）绝大多数酶是由蛋白质组成的。例如，酶分子具有一、二、三、四级结构，酶受某些物理因素（如加热、紫外线照射）、化学元素（如酸、碱、有机溶剂）的作用会变性或沉淀，丧失酶的活性；酶水解后，生成的最终产物也为氨基酸。

（3）酶具有催化作用。酶是生物催化剂中的一个主要类别，生物体内一切代谢反应几乎都是由酶催化完成的。生物机体都能产生自身需要的具有特殊生理功能的酶，这些酶也是动植物食物中的组成成分。细胞死亡后，其中的酶仍具有催化活性。

在生物化学中，常把由酶催化进行的反应称为酶促反应。在酶促反应中，发生化学变化的物质称为底物，反应后生成的物质称为产物。

7.1.2　酶的分类

7.1.2.1　根据酶的化学组成分类

（1）单纯蛋白质酶（简称单纯蛋白酶）。单纯蛋白酶本身就是具有催化活性的单纯蛋白质分子，如胰蛋白酶。

（2）结合蛋白质酶（简称结合蛋白酶）。结合蛋白酶的组成中，除蛋白质外还有非蛋白质部分，蛋白质部分称为酶蛋白，非蛋白质部分称为辅助因子。酶蛋白与辅助因子单独存在时均无催化活性，只有这两部分结合起来组成复合物才能显示催化活性，此复合物称为全酶。有些酶的辅助因子是金属离子，金属离子在酶分子中或者作为酶活性部位组成成分，或者帮助形成酶活性中心所必需的结构，或者在酶与底物分子间起桥梁作用。

7.1.2.2　根据酶的来源分类

（1）内源酶。

内源酶是指作为烹饪加工原料的动植物体内本身所含有的各种酶类，它是这些食品原料在屠宰或采收后成熟或变质的重要原因，对食品的储存和加工都有重要的影响。

苹果、梨等水果及一些蔬菜在削皮切开后，由于组织内本身含有多酚氧化酶，会发生酶促褐变，切面会变成褐色，影响产品的外观。新磨制的面粉制出来的面包颜色灰暗、体积小、扁平塌陷。这是因为新磨制的面粉中，含有未被氧化的巯基，这种巯基是蛋白酶的激活剂，当发酵时，被激活的蛋白酶强烈分解面粉中的蛋白质，造成上述现象的出现。新面粉经一段时间陈放后成熟，巯基被氧化，其工艺性能就有所提高。

在日常生活中，人们以为牛奶和豆浆的营养价值都较高，将牛奶和生豆浆混合煮后饮用会提高营养价值。但研究表明，并非如此。因为生豆浆中含有的胰蛋白酶抑制因子，能刺激胃肠和抑制蛋白酶的活性，这种物质需要在100℃的环境中，经数分钟才能被破坏，食用后易使人腹泻。而牛奶的加热以刚沸为宜，牛奶久煮后，蛋白质会出现凝固沉淀，其色、香、味下降，营养成分特别是维生素损失较多，因此牛奶和豆浆不能同煮。

（2）外源酶。

外源酶是微生物污染等引入的酶或人为添加的酶制剂，并非天然存在于动植物体内。

①微生物产生的外源酶。微生物在食品中的生长繁殖给食品的成分和性质带来广泛而又深刻的变化。这些变化都是在微生物分泌的各种酶的作用下发生的。例如，微生物分泌的各种蛋白酶可将食品中的蛋白质分解，引起食物的腐败变质。另外，发酵是利用有益微生物，在人工控制的条件下，利用各种因素促使这些有益微生物的生长，通过它们分泌的各种酶的作用以及代谢产物改善原有的营养成分、风味和质构，如面包发酵、腌制咸菜、酿酒及酱油的制作等。

②酶制剂。采取适当的理化方法将酶从一种生物组织或细胞及微生物发酵物中提取

出来，加工成为具有一定纯度和活力标准的生化制品，然后添加到别的食品或物体中去发挥催化作用，这就是酶制剂。例如，从仔牛胃黏膜中提取凝乳酶用于奶酪制作，从木瓜中提取木瓜蛋白酶用于澄清啤酒或用于肉的嫩化。目前，酶制剂的主要来源是微生物。选用适当的酶制剂应用于食品和烹饪加工，往往能取得比其他加工方法更好的效果。

7.1.2.3 根据酶促反应的类型分类

根据酶催化的反应类型不同，可以将酶分为6种类型：水解酶、裂解酶、氧化还原酶、异构酶、转移酶、合成酶等。

7.1.3 酶的催化作用特点

与一般的非酶催化剂相比，酶作为催化剂具有一些独有的特点。

7.1.3.1 催化效率极高

酶的催化效率比一般无机催化剂高 $10^7 \sim 10^{13}$ 倍。此外，极少量的酶就可使大量的物质很快地发生化学反应，如铁离子的催化性仅为酶的百万分之一。

一般分子之间要想发生反应，必须吸收能量变成活化分子。一般分子成为能参加化学反应的活化分子所需要的能量称为化学反应的活化能。要使化学反应迅速进行，必须增加反应的活化分子数，催化剂起到的就是降低化学反应的活化能，从而增加活化分子数的作用。酶作为生物催化剂，可以大大降低反应的活化能，其降低幅度比无机催化剂要大很多倍，因而其催化的反应速度也就更快。

7.1.3.2 催化作用具有高度的专一性

这一特性是酶与其他一般催化剂的显著差别，一种酶仅能催化一种或某一类物质发生一种或一类化学反应，生成一定的产物，而无机催化剂则没有这么严格的专一性。酶催化作用的专一性，是指酶对反应底物的选择性，也称为酶的底物专一性。例如，蛋白酶只能催化蛋白质水解，产生小肽或氨基酸。同样，淀粉酶只能水解淀粉类分子，而不能作用于其他物质。所以说，酶的催化反应产物比较单一，副产物少，甚至往往可以从比较复杂的原料中有选择性地加工制备某些需要的物质，或除去其他不必要的成分。

酶作用上的专一性从根本上保证了生物体内为数众多的各种各样的化学反应能有条不紊地协调进行。

7.1.3.3 反应条件温和

酶来源于生物细胞，对高压、高温或强酸、强碱等剧烈条件非常敏感。因此，一般酶的催化反应都是在常温、常压和近中性条件下进行的。当酶作为工业催化剂时，不用耐高温、耐高压的设备，也不需要耐酸、耐碱的容器，生产安全、快速，有利于改善劳动条件，也有利于环境保护。例如，用盐酸水解淀粉生产葡萄糖，需要在 0.15MPa 和 140℃ 的操作条件下进行，需要耐酸碱的设备，然而若用酶水解，则可用一般设备在常压下进行。

7.1.3.4 强酸、强碱、高温等条件下，酶失去催化活力

酶的催化作用易受强酸、强碱、高温条件的影响，使酶蛋白变性失去催化活力。大多数酶在 50℃以上时催化活性已显著降低。酶的催化作用易受各种外界理化因素的影响。

7.1.4 影响酶活力的主要因素

酶的活力是指酶催化反应的能力。酶本身是蛋白质，一切能使蛋白质变性的因素，如高压、高温或强酸、强碱等剧烈条件都能使酶的活力下降，甚至失去活性。

温度、pH 值、水分、酶的浓度、底物浓度、抑制物、无机离子、辐射等都会影响酶的活力。

7.1.4.1 温度

(1) 适宜的温度。酶的活力受温度的影响最为明显，酶的活力要在适宜的温度下才能表现出来。植物体内的酶，最适宜温度一般在 45℃～50℃；动物体内的酶，最适宜温度一般在 37℃～40℃。

(2) 高温。酶是蛋白质，若加热超过最适宜的温度后继续升高温度，酶的催化反应能力将迅速下降，酶易变性而失去活性，绝大多数酶在 60℃以上即失去活性。烹饪加热就是利用高温使原料内的酶或微生物酶受热变性失去催化能力，从而达到杀菌、保藏食品及其他加工目的。

(3) 低温。低温也可使酶的活性降低，但并不破坏酶，当温度回升时，酶的催化活性又可随之恢复。在食品保藏中可利用此性质来防止食品腐败。例如，在 8～12 min 内将活鱼速冻至−50℃后运到较远的市场，售卖时解冻就能够保证鱼的鲜活度。

7.1.4.2 pH 值

各种酶在一定条件下都有最适 pH 值，这是酶的特性之一。一般酶最适宜的 pH 值为 4～8。植物和微生物体内的酶，最适宜的 pH 值多在 4.5～6.5；动物体内大多数酶，最适宜的 pH 值多在 6.5～8.0；个别酶最适宜的 pH 值可在较强的酸性或碱性区域。

一般 pH 值发生改变，酶的活力会下降，催化速度会变慢。在强酸和强碱条件下酶失去活性，这一性质常应用于食品加工和储存中，如利用醋酸储存蔬菜，利用碱制作皮蛋等，这样做不仅延长了储存时间，而且形成了独特的食品风味。

7.1.4.3 其他因素

酶还可以在酒精、重金属和射线的照射等情况下发生变性或分解而失去活性；在无水条件下，酶也不能发挥作用。在食品烹饪加工中广泛运用这些因素对酶的影响来控制有害酶的活性，如进行冷冻、腌制、加热、辐射等处理来达到食品防腐、延长储存时间的目的，以及利用微生物分泌的酶的作用制作发酵食品，如料酒、甜酒、豆腐乳、酱

油、醋等食品的加工。

7.1.5 酶在烹饪中的作用

在食品的烹饪加工中，重要的酶主要是水解酶和氧化还原酶。水解酶是食品加工中最重要的酶，常见的有淀粉酶、果胶酶、蛋白酶、脂肪、水解酶、氧化酶、纤维素酶等。

7.1.5.1 淀粉酶

淀粉酶是水解淀粉和糖原的酶类总称，几乎所有植物、动物和微生物都含有淀粉酶。

淀粉酶在食品加工中主要用于淀粉的液化和糖化，酿造、发酵制淀粉糖，也用于面包工业以改进面包质量。

（1）α−淀粉酶。

α−淀粉酶，系统名称为 1,4−α−D−葡聚糖水解酶，别名为液化型淀粉酶、液化酶、α−1,4−糊精酶。黄褐色固体粉末或黄褐色至深褐色液体，含水量 5%～8%。可溶于水，不溶于乙醇或乙醚。

α−淀粉酶主要用于水解淀粉制造饴糖、葡萄糖和糖浆等，以及生产糊精、啤酒、黄酒、酒精、酱油、醋、果汁和味精等，还用于面包的生产，以改良面团，如降低面团黏度、加速发酵进程，增加含糖量和缓和面包老化等。在婴幼儿食品中用于谷类原料预处理。此外，还用于蔬菜加工中。

（2）β−淀粉酶。

β−淀粉酶又称淀粉 β−1,4−麦芽糖苷酶，广泛存在于大麦、小麦、甘薯、大豆等高等植物以及芽孢杆菌属微生物中，是啤酒酿造、饴糖（麦芽糖浆）制造的主要糖化剂。利用诸如多黏芽孢杆菌、巨大芽孢杆菌等微生物产生的 β−淀粉酶糖化已经酸化或 α−淀粉酶液化后的淀粉原料，可以生产麦芽糖含量 60%～70% 的高含量麦芽糖浆。

（3）葡萄糖淀粉酶。

葡萄糖淀粉酶能水解液态淀粉中的 α−1,4 糖苷键和 α−1,6 糖苷键。在水解过程中，由底物分子中的非还原端开始，逐步水解出葡萄糖。水解的速度依赖于糖苷键的类型和链长。

本品可催化水解淀粉，生产啤酒、黄酒、酱、味精和抗生素，也可用于葡萄糖、饴糖和糊精等的生产。我国规定可用于发酵酒、蒸馏酒、酒精、淀粉糖浆的生产，按生产需要适量使用。淀粉液化转变为糊精后，可用于婴幼儿食品制造、谷物处理、啤酒生产、果汁加工、白酒生产等，是酶制剂中用途最广、消费量最多的一种。

7.1.5.2 果胶酶

果胶酶是指分解植物主要成分——果胶质的酶类。果胶酶广泛分布于高等植物和微生物中，根据其作用底物的不同，又可分为三类。其中两类（果胶酯酶和聚半乳糖醛酸酶）存在于高等植物和微生物中，还有一类（果胶裂解酶）存在于微生物，特别是某些感染植物的致病微生物中。

果胶酶是水果加工中最重要的酶，应用果胶酶处理破碎果实，可加速果汁过滤，促进澄清等。应用其他酶与果胶酶共同使用，其效果更加明显，如采用果胶酶和纤维素酶的复合酶制取南瓜汁，大大提高了南瓜的出汁率和南瓜汁的稳定性。通过电子显微镜观察南瓜果肉细胞的超微结构，显示出单一果胶酶制剂或纤维素酶制剂对南瓜果肉细胞壁的破坏作用远不如复合酶系。又如一种新型果蔬加工酶——粥化酶（含有果胶酶、纤维素酶、半纤维素酶和蛋白酶等），可提高果蔬的出汁率，增加澄清度，在果蔬加工中有广阔的应用前景。

7.1.5.3　蛋白酶

蛋白酶是水解蛋白质肽链的一类酶的总称。按其降解多肽的方式可分为内肽酶和端肽酶两类。前者可把大分子量的多肽链从中间切断，形成分子量较小的胨和胨；后者又可分为羧肽酶和氨肽酶，它们分别从多肽的游离羧基末端或游离氨基末端逐一将肽链水解成氨基酸。

蛋白酶是最重要的一种工业酶制剂，能催化蛋白质和多肽水解，广泛存在于动物内脏、植物茎叶、果实和微生物中。在干酪生产、肉类嫩化和植物蛋白改性中都大量使用蛋白酶。此外，胃蛋白酶、胰凝乳蛋白酶、羧肽酶和氨肽酶都是人体消化道中的蛋白酶，在它们的作用下，人体摄入的蛋白质被水解成小分子肽和氨基酸。

目前在焙烤工业中使用的蛋白酶有霉菌蛋白酶、细菌蛋白酶和植物蛋白酶。面包生产中应用蛋白酶能改变面筋性能。蛋白酶的作用不是破坏二硫键，而是断开形成面筋的三维网状结构。蛋白酶在面包生产中的作用主要表现在面团发酵过程中。由于蛋白酶的作用，使面粉中的蛋白质降解为肽、氨基酸，以供给酵母碳源，促进发酵。

蛋白酶的种类很多，分类也比较复杂。下面按照酶的来源对其进行分类。

（1）动物蛋白酶。

动物蛋白酶存在于动物体的组织细胞内，在肌肉中的含量比在其他组织中低。

人和哺乳动物的消化道中存在多种蛋白酶，有些书中直接将其称为消化道蛋白酶。消化道蛋白酶主要是胃蛋白酶、胰蛋白酶、胰糜蛋白酶、凝乳酶等，它们都可将蛋白质水解为低相对分子质量的片段，实现食物的消化分解。

胃蛋白酶存在于哺乳动物的胃液中，前体为胃蛋白酶原，在氢离子或胃蛋白酶作用下激活，主要水解蛋白质中由芳香族氨基酸形成的肽键。

胰腺分泌的胰蛋白酶原，在肠激酶或已有活性的胰蛋白酶作用下，成为有活性的胰蛋白酶，只能水解赖氨酸和精氨酸的羧基参与生成的肽键。生物界中有一些天然的胰蛋白酶抑制剂，其中最常见的是大豆胰蛋白酶抑制剂，故大豆要在煮熟后才能食用。

凝乳酶主要存在于幼小的哺乳动物的胃液中，食品加工中用于干酪制作。

组织蛋白酶在肉类嫩化中可以起到重要作用。这种酶在动物死亡后随着组织的破坏而被激活，产生催化作用而使肌肉变得柔软多汁，有利于烹饪加工。

动物蛋白酶由于来源少，价格贵，因此在食品工业中的应用不是很广泛。

（2）植物蛋白酶。

蛋白酶在植物中的存在较为广泛。例如木瓜蛋白酶、无花果蛋白酶和菠萝蛋白酶都是常见的植物蛋白酶。

木瓜蛋白酶主要从番木瓜的胶乳中得到，无花果蛋白酶主要从无花果的乳液中提取，菠萝蛋白酶主要从菠萝汁中提取。

以上植物蛋白酶在食品加工中可用作肉类嫩化剂，对牲畜的肌肉纤维和结缔组织进行适度水解。例如炒牛肉等介质较老的肉类原料时，加入用木瓜蛋白酶、菠萝蛋白酶和无花果蛋白酶制作的嫩肉剂可改善口感和风味。它们还可用于啤酒澄清，使啤酒不会因低温生成蛋白质与丹宁的复合物而产生混浊。另外，在医药方面，也常用它们制作成多酶片和消食片，促进消化。

（3）微生物蛋白酶。

细菌、酵母菌、霉菌等微生物都含有多种蛋白酶，是蛋白酶制剂的重要来源。我国目前生产的微生物蛋白酶及菌种主要有：用枯草杆菌 1398 和栖土曲霉 3952 生产中性蛋白酶，用地衣芽孢杆菌 2709 生产碱性蛋白酶等。

随着酶科学和食品科学研究的深入发展，微生物蛋白酶在食品加工中的用途越来越广泛。例如，在面包制作中添加微生物蛋白酶可分解面筋以改良面团。在肉类的嫩化尤其是牛肉的嫩化中运用微生物蛋白酶代替价格较贵的木瓜蛋白酶。微生物蛋白酶被广泛运用于啤酒制造过程中，以节约麦芽用量且可改良风味。在生产酱油或豆酱时，利用蛋白酶催化大豆蛋白质水解，可缩短生产周期，提高蛋白质的利用率，改善风味等。

7.1.5.4 脂肪水解酶

脂肪水解酶也称脂肪酶，能把脂肪水解为脂肪酸和甘油，广泛存在于动植物和微生物中，如动物胰腺、乳类、大豆、花生以及许多细菌中。在人体消化道中含有胃脂肪酶、胰脂肪酶等脂肪水解酶，对脂肪的消化起着很重要的作用。

脂肪酶只能催化乳化状态的脂肪水解，不能催化未乳化的脂肪。任何一种促进脂肪乳化的措施都可增强脂肪酶的活力。

脂肪酶对一些含脂食品的品质有很大影响。在食品加工中，由于脂肪酶的作用释放出一些短链脂肪酸（丁酸、己酸等），当它们的浓度低于一定水平时，会产生好的风味和香气，但超过一定浓度，会产生陈腐的气味、苦味或者腥膻味。据此，可以利用控制酸度值的方法控制或改善有关食品的风味。例如，在奶酪加工中，利用微生物脂肪酶促进和改善奶酪的风味。牛奶、奶油、干果等产生的不良风味，主要来自脂肪酶作用而产生的水解产物，此过程称为水解酸败，水解酸败又能促进氧化酸败。粮食中若含有脂肪酶，常常使一定量的脂肪被催化水解而使游离脂肪酸含量升高，从而导致粮食变质变味，品质下降。在原料中，脂肪酶与它作用的底物在细胞中各有固定的位置，彼此不易发生反应。但制成成品后，使两者有了接触的机会，因此原料比成品更易于储存。

7.1.5.5 氧化酶

常见的氧化酶有葡萄糖氧化酶、脂氧化酶、酚氧化酶、抗坏血酸酶等。尤其是酚氧化酶，它因为会引起食品的褐变而得到了人们的重视。

（1）葡萄糖氧化酶。

葡萄糖氧化酶是一种理想的抗氧化剂，可用于防止虾肉变色或防止哈喇味的产生。

采用葡萄糖氧化酶可以有效去除食品和容器中的氧，从而防止食品变质。目前，这种方法已经应用于罐装啤酒、饮料、果酒的生产中。此外，在食品加工和生产生化材料时可用作检测葡萄糖的试剂等。

工业上使用的葡萄糖氧化酶主要来源于金黄色青霉和点青霉。

（2）脂氧化酶。

脂氧化酶又称为脂肪氧化酶，广泛存在于大豆、绿豆、菜豆、花生等豆类和小麦、玉米等谷类中，特别是豆科植物的种子含量丰富。在梨、苹果等水果中以及动物体内也存在。

脂氧化酶对食品质量的影响比较复杂。脂氧化酶对底物具有高度的特异性，能被其利用的是必须是脂肪酸中的亚油酸、亚麻酸、花生四烯酸。因此，它能使食品中必需的脂肪酸如亚油酸、亚麻酸和花生四烯酸遭受氧化性破坏。

控制食品加工时的温度是使脂氧化酶失活的有效方法。例如，由于脂氧化酶会导致食品的风味变化和香气物质的氧化变质，形成青草味，因此，在低温下储藏的青豆、大豆、蚕豆等最好能够经热汤处理，使脂氧化酶钝化，否则易造成质量劣化。在加工豆奶时，将未浸泡的脱壳大豆在 80℃～100℃ 的热水中研磨，可以有效防止脂氧化酶作用产生豆腥味。

（3）酚氧化酶。

酚氧化酶广泛存在于动物、植物和微生物（尤其是霉菌）中。

酚氧化酶作用的最适宜温度一般为 20℃～35℃，应当注意，低温时该酶的失活性是可逆的。

许多蔬菜、水果的酶促褐变都是因酚氧化酶而引起的。例如，新切开的苹果、土豆、芹菜、芦笋的表面，以及新榨出的葡萄汁等水果汁的褐变反应均为此酶作用所致，这种褐变影响外观。茶叶、可可豆等饮料的色泽形成也与酚氧化酶有关。某些粮食在加工中的变色现象，如甘薯粉、荞麦面蒸煮变黑，糯米粉蒸煮变红，也与酚氧化酶有关。

在食品加工中为防止酶促褐变，从酶方面着手，可采取加热、用酚氧化酶的抑制剂二氧化硫或亚硫酸钠处理等措施，使酶失去活性或活性降低来解决。

（4）抗坏血酸酶。

抗坏血酸酶是一种含铜酶，存在于瓜类、谷物和水果、蔬菜中，它能氧化抗坏血酸形成水合脱氢抗坏血酸。

在柑橘加工中，抗坏血酸氧化酶对抗坏血酸的氧化作用会在很大程度上影响产品的质量。这是因为在完整柑橘中，氧化酶和还原酶处于平衡状态，但在提取果汁时，还原酶由于不稳定而受到很大的破坏，此时抗坏血酸酶的活性显露出来，使得产品质量下降。如果在加工过程中能做到在低温下进行，快速榨汁、抽气，最后进行巴氏消毒使酶失活，则可以减少抗坏血酸成分的损失。

7.1.5.6　纤维素酶

纤维素酶是由纤维素生成的一类酶，在自然界中分布广泛，反刍动物的瘤胃是迄今已知的降解纤维物质能力最强的天然发酵罐，猪大肠中也有共生的分解纤维素的细菌存在，但人体消化液中没有此酶。纤维素酶用于处理大豆，可促进脱皮，增加从大豆或豆饼中提取的优质水溶性蛋白质的量。

此外，食品中还有蔗糖酶、橙皮苷酶、花青素酶、叶绿素酶、芥子苷酶、亚硝酸盐还原酶、质酸酶等，它们对食品的风味、色泽、营养卫生等都有影响。例如，花青素酶可使花青素水解，生成无色物质；叶绿素酶可使叶绿素水解，影响其颜色的稳定；黄嘌呤氧化酶可作为鱼肉新鲜度的指标。

7.2　矿物质

矿物质即无机物，是食品中除碳、氢、氧、氮四种元素外的其他元素的统称。在人和动物体内，矿物质总量虽只有体重的 4%～5%，却是不可缺少的成分，在新陈代谢中起着重要作用。

矿物质是人体不能合成的微量营养素，是食品中容易迁移和流失的成分。

7.2.1　矿物质的概念

矿物质（mineral），是地壳中自然存在的化合物或天然元素，又称无机盐，是人体内无机物的整体，是构成人体组织和维持正常生理功能必需的各种元素的整体，是人体必需的七大营养素之一。

虽然矿物质在人体内的总量不及体重的 5%，也不能提供能量，但是它们在体内不能自行合成，必须由外界环境供给，并且在人体组织的生理作用中发挥重要的作用。矿物质是构成机体组织的重要原料，如钙、磷、镁是构成骨骼、牙齿的主要原料。矿物质也是维持机体酸碱平衡和正常渗透压的必要条件。人体内有些特殊的生理物质如血液中的血红蛋白、甲状腺素等需要铁、碘的参与才能合成。

在人体的新陈代谢过程中，每天都有一定数量的矿物质通过粪便、尿液、汗液、头发等途径排出体外，因此必须通过饮食予以补充。但是，由于某些微量元素在体内的生理作用剂量与中毒剂量非常接近，因此过量摄入不但无益反而有害。

根据无机盐在食物中的分布以及吸收情况，在我国人群中比较容易缺乏的矿物质有钙、铁、锌。如果在特殊的地理环境和特殊生理条件下，也存在碘、氟、铬等缺乏的可能。

据调查，近年来全球癌症患者的数量不断增长，其中约有 1/3 与饮食有关，主要由膳食中的高脂肪、高热量、食品添加剂及天然毒素等致癌因素引起。维生素、膳食纤维和某些矿物质具有防癌抗癌的功效，如硒能防止体内产生过多的过氧化物，保护细胞不被自由基和过氧化脂质氧化破坏，具有防癌抗癌的作用，因此被称为抗癌功臣；铁能预防食道癌和胃癌；锌是保持体内免疫系统完整性所必需的物质，也可预防食道癌。

7.2.2　矿物质的分类

根据不同的分类标准，矿物质可以分为不同的类别。

7.2.2.1　根据矿物质与人体营养需要的关系分类

食物中含有的矿物质元素可分为必需元素、非必需元素和有毒元素几类。

（1）必需元素。

必需元素是构成机体组织，维持机体生理功能、生化代谢所需的元素。这些元素为人体（或动物）生理所必需，在组织中含量较恒定，它们不能在体内合成，必须从食物和水中摄入。一旦缺乏，机体就会发生组织上和生理上的异常，当补充后又可恢复正常或可防止这种异常发生，但过量摄入会带来危害，如铁、锌、铜、碘、钴、镍等元素。

（2）非必需元素。

非必需元素不是机体所必需的，对人体代谢无影响，缺乏时不会造成组织或生理异常，如锰、硅、硼等元素。

（3）有毒元素。

有毒元素是指在正常情况下，吸收以后妨碍及破坏人体正常代谢功能的矿物质元素，在食品中有毒元素以铅最为常见。

应当说明的是，机体对各种矿物质元素都有一个耐受剂量。某些元素即使是必需的，但当摄入过量时也会对机体产生危害，而某些有毒元素，在其远小于中毒剂量范围内对人体是安全的。

7.2.2.2　根据矿物质在人体内的含量和人体对膳食中矿物质的需要量进行分类

根据矿物质在人体内的含量和人体对膳食中矿物质的需要量进行分类，可将矿物质分为常量元素和微量元素。

含量大于人体体重的 0.01％的元素，以及人体日需量在 100 mg 以上的元素，称为常量元素，如钙、磷、镁、钾、钠、氯等。

含量小于人体体重的 0.01％的元素，以及人体日需量在 100 mg 以下的元素，称为微量元素，如铁、碘、锌、铜、硒、锰等。

7.2.2.3　根据矿物质代谢后的酸碱性分类

酸碱性食品的划分不是根据口感，而是根据食物在人体内最终的代谢产物。如果代谢产物内含钙、镁、钾、钠等阳离子，即为碱性食物；反之，硫、磷较多的即为酸性食物，因此醋和苹果的味道虽酸却是碱性食物。

（1）酸性矿物质。

食物中的矿物质在体内代谢后的产物呈酸性，称为酸性矿物质，如磷、氯、硫、碘等。

(2) 碱性矿物质。

食物中的矿物质在体内代谢后的产物呈碱性，称为碱性矿物质，如钙、镁、钾、钠、铜、锌、铁等。

肉、鱼、禽、蛋等大都具有丰富的含硫蛋白质，主食的米、面中含磷较多，多属于酸性食品。植物性食物，如水果、蔬菜、豆类等多属于碱性食品，虽然果蔬含有无机酸，但其含有的碱性成分更多。动物性食物中的乳类含钙量多，血液中含铁量多。

常见的酸性食物有：蛋白质食物类，如畜、禽、蛋类、鱼、贝类、奶酪、花生酱、花生；高脂肪食物类，如培根、核桃、芝麻、沙拉酱；高碳水化合物类，如玉米糠、燕麦、通心粉、米糠、黑麦、小麦；果冻类，如甜品、布丁等。

常见的碱性食物有：蔬菜类，所有类型，尤其是甜菜、羽衣甘蓝、韭菜、芥菜、萝卜、菠菜；水果类，所有类型，尤其是枣、无花果、香蕉、杏干、苹果、西梅、葡萄干；调料、香草类，所有类型，尤其是薄荷、罗勒、香菜、咖喱粉、荷兰芹。

必须强调，酸性食物并不会导致体液变酸或酸性体质。但这并不是说食物酸碱性对健康没有任何影响，酸性食物进食太多，会增加潜在肾脏酸负荷。已经有研究指出，这可能会影响血压、骨质和肾脏健康等。另外，碱性食物有助于碱化尿液、肾脏排酸，比如增加尿酸排泄，这可能对痛风是有益的。

7.2.3　各类食品原料中的矿物质

(1) 动物性食品原料中的矿物质。

肉类中的矿物质主要有钙、磷、铁、钠、钾、镁、硫等。各种畜禽肉中的矿物质含量没有很大的差异，同一种动物不同部位的矿物质含量的差异也很小。具体来说，瘦肉要比脂肪含有更多的矿物质，肉中铁含量与屠宰放血程度无关，钠和氯的含量常因盐渍或干制处理而增多。

蛋类物质含有的矿物质主要为钙、磷、铁，尤其是铁，蛋黄中含量更高，而且能全部被吸收。

乳中的矿物质主要有磷、钙、镁、氯、钠、硫、钾等，此外还有些微量元素。牛乳中的矿物质含量随泌乳期以及乳牛个体健康状态等因素而异。

(2) 植物性食品原料中的矿物质。

小麦所含的矿物质主要有钙、钾、磷、铁等，应当注意，由于加工的原因，小麦和面粉中所含矿物质的量是有细微差别的。

玉米籽粒中的矿物质约 80% 存在于胚部，主要是钙、磷、铁、硒、镁、钾、锌等，但是除钙以外的含量均很少。

马铃薯含有的矿物质以钾为多，其次有钙、镁、硫、磷、硅、钠、铁等。

大豆中的矿物质以钙的含量为最高，其他如磷、钾、镁、铁等的含量也较高，另外还含有钠、锰、锌、铝等矿物质。大豆中含有植酸，能与钙、镁等离子形成配合物，会严重影响机体对钙、镁的吸收。

花生中富含铜、镁、钾、钙、锌、铁、硒、碘等元素。

蔬菜、水果中含有丰富的钾、钙、镁、铁、磷等矿物质。

植物在生长过程中，从土壤中吸取水和必需的矿物质营养素，因此，植物可食部分的最终成分受土壤的肥力、植物的遗传及生长环境的影响和控制。同一品种植物的矿物质含量可能因生长在不同的地区而发生很大的变化。

（3）食用菌类食品原料中的矿物质。

食用菌中含有多种矿物质，如钙、磷、铁、锌、硒等。其中，常见的含钙量较高的食用菌有黑木耳、口蘑、香菇、草菇、羊肚菌、冬菇和银耳。常见的含磷较高的食用菌有羊肚菌、口蘑、冬菇、大红菇、黄菇、香菇、黑木耳、银耳。常见的含铁量较高的食用菌有普中红菇、珍珠白蘑、香杏白蘑、黑木耳、松蘑和香菇。它们的含铁量是一般蔬菜的数十倍。食用菌中含硒量最高的是双孢蘑菇、牛肝菌、猴头菇、珍珠白蘑和松蘑等。

7.2.4　烹饪加工过程对矿物质的影响

食品中的矿物质总的来说比较稳定，它们对热、光、氧化剂、酸、碱的影响不像维生素和氨基酸那样敏感，一般加工也不会因这些因素而大量损失。但是，有些烹饪加工方法会影响食物中矿物质的含量和可利用性。

7.2.4.1　烹饪加工方法对食品矿物质的影响

（1）矿物质在谷物等原粮的皮、壳、糊粉及胚芽中含量较多，但随加工精度越高而损失率越高，所以要避免谷物的"食不厌精"的过度精细加工。

（2）许多矿物质都是水溶性的，因而会在水洗、浸泡、切、煮、炖等加工过程中随汁液流出而损失。因此要采取合理的烹饪加工措施，如淘米和清洗蔬菜要避免长时间反复、热水搓洗，不做捞米饭，对叶菜类原料尽量避免切碎后清洗和长时间煮炖。

（3）通过发酵和增加酸性介质等措施可提高大多数矿物质的利用率。植物性食品是矿物质的良好来源，但因含草酸、植酸、磷酸等会影响钙、铁、磷、镁等无机盐的吸收利用，通过发酵、焯水等措施可有效分解这些成分，从而提高相应矿物质的利用率。例如食用醋、维生素 C、乳酸盐等酸性介质可明显提高钙、铁的利用率。

7.2.4.2　烹饪器具对食品矿物质的影响

现代烹饪器具多为金属制品，如铁、不锈钢、铝、搪瓷、铜等材料，这些器具盛放食品时，不仅要加热，而且要加入盐、醋、糖等各种性质的调料，器具中的一些成分就会溶入食品中，有的有益，有的有害，这样不仅会造成食品污染，还会造成食品色、香、味及营养成分的变化，所以必须加以重视。

（1）铁锅。铁锅是使用最为普遍的传统烹饪器具，烹饪中铁锅溶出的微量铁元素对人体健康有益，可满足人体每日铁的需求量，有效预防缺铁性贫血。但铁锅不能久存食物，如剩菜剩饭会使铁大量溶出而形成铁锈，不仅影响食品的感官印象，且铁锈对人体是有害的，所以要注意防锈和除锈。

（2）不锈钢锅。不锈钢锅在烹饪加工中使用比较普遍，其具有美观轻巧、卫生安全等优点。在一般烹饪条件下，铁、铬、镍等的溶出量极少，不会影响食品的品质。

（3）铝锅。铝锅价格低廉，但铝溶出量与铁相似，随煮沸时间延长而增多。铸铝锅杂质含量较大，最好选用耐酸铝锅。

（4）搪瓷锅。搪瓷锅的釉料中含有铅、镉等元素，劣质的搪瓷制品在烹制或盛放食物，特别是酸性食物时，会有微量的铅、镉等元素溶出，污染食物，对人体健康有害。

（5）铜锅。铜锅现已基本淘汰，但还有作为火锅使用的。铜会加速食品劣变的速度，在酸性条件下溶出量大，对菜肴风味及人体健康有影响。如果误服硫酸铜或用生锈的铜锅吃火锅，易引起铜中毒，所以最好不要使用铜锅。

利用金属制作的烹饪器具都不宜久存食物，在烹饪加工过程中应当特别注意。

7.2.5　重要的矿物质

7.2.5.1　钙

钙是人体内含量最多的矿物质元素。正常成年人体中含钙量的99%以上存在于骨骼和牙齿中，以化合态形式存在。其余不到1%存在于体液和血液中，是机体不可缺少的宏量碱性元素。为提高人体对食品中钙的吸收率，在烹饪加工中应尽量采取以下措施：

（1）摄取足量的维生素D可以提高钙的吸收率。

（2）充足的高蛋白食物有利于形成可溶性钙盐，促进钙的吸收。

（3）使用糖和醋，如炖骨头汤、炸酥鱼、糖醋排骨等有利于提高钙的吸收率。

（4）含草酸较多的蔬菜应焯水后烹制。

（5）多采用发酵食品，使植物性食物中的植酸水解，促进钙、磷的吸收。

（6）多采用荤素搭配、粮豆混合的膳食，保证钙、磷的合理比例，一般为1∶1或1∶2左右。

7.2.5.2　磷

磷和钙共同构成骨骼、牙齿，参与机体组织代谢，正常人体磷含量的80%存在于骨骼中，另有20%存在于肌肉和大脑中，磷对人的智力、体力和遗传方面有着极其重要的作用。一般动植物食物中含磷均很丰富，人体不易缺乏。谷、豆等食品中的磷以植酸形式存在，利用率低，可采取发酵或热水浸泡的方式，促进植酸水解以提高磷的吸收率。

7.2.5.3　铁

铁占地壳元素含量的4.75%，仅次于氧、硅、铝，位居第四。纯铁是柔韧而延展性较好的银白色金属，可用于制发电机和电动机的铁芯。铁及其化合物还用于制磁铁、药物、墨水、颜料、磨料等。

铁是人体的必需微量元素，人体内铁的总量为4~5 g，是血红蛋白的重要成分，人全身都需要铁。这种矿物质可以存在于向肌肉供给氧气的红细胞中，还是许多酶和免疫系统化合物的成分，人体可从食物中摄取所需的大部分铁。

铁对人体的功能表现在许多方面，铁参与氧的运输和储存。红细胞中的血红蛋白是运输氧气的载体，铁是血红蛋白的组成成分；人体内的肌红蛋白存在于肌肉中，含有亚铁血红素，也结合着氧，是肌肉中的"氧库"，当运动时，肌红蛋白中的氧释放出来，随时供应肌肉活动所需的氧；心、肝、肾这些具有高度生理活动能力和生化功能的器官的细胞线粒体内，储存的铁特别多，线粒体是细胞的"能量工厂"，铁直接参与能量的释放。

铁还可以促进发育，增加对疾病的抵抗力，调节组织呼吸，防止疲劳，预防和治疗因缺铁而引起的贫血，使皮肤恢复良好的血色。

7.2.5.4　碘

碘是人体的必需微量元素之一，有"智力元素"之称。健康成人体内碘的总量约为 30 mg，其中 70%~80% 存在于甲状腺。

碘与人类的健康息息相关。碘是维持人体甲状腺正常功能所必需的元素。当人体缺碘时就会患甲状腺肿。因此碘化物可以防止和治疗甲状腺肿大。多食海带、海鱼等含碘丰富的食品，对于防治甲状腺肿大很有效。碘的放射性同位素可用于甲状腺肿瘤的早期诊断和治疗。

碘对动植物的生命是极其重要的。海水里的碘化物和碘酸盐可进入大多数海生物的新陈代谢中。在高级哺乳动物中，碘以碘化氨基酸的形式集中在甲状腺内，缺乏碘会引起甲状腺肿大。碘及其化合物可用来制备防腐剂、消毒剂和药物，如碘酊和碘仿。碘酸钠作为食品添加剂可补充碘摄入量不足。放射性同位素碘-131 可用于放射性治疗和放射性示踪。碘还可用于制造染料和摄影胶片。

碘及其化合物主要用于医药、照相及染料。它还可作为示踪剂，进行系统的监测，例如用于地热系统监测。碘化银除用作照相底片的感光剂外，还可作为人工降雨时造云的晶种。碘酒是常用的消毒剂，碘仿可用作防腐剂。

7.2.5.5　镁

镁是一种金属元素。英国人戴维于 1808 年用钾还原氧化镁制得金属镁。它是一种银白色的轻质碱金属，化学性质活泼，能与酸反应生成氢气，具有一定的延展性和热消散性。镁元素在自然界分布广泛，是人体的必需元素之一。

人体中的镁 60%~65% 存在于骨骼和牙齿中，27% 存在于软组织中，细胞内镁离子仅占 1%，多以活性 Mg^{2+} -ATP 形式存在。

中国营养学会建议，成年男性每天约需镁 350 mg，成年女性约为 300 mg，孕妇以及哺乳期女性约为 450 mg，2~3 岁儿童为 150 mg，3~6 岁儿童约需 200 mg。

镁缺乏在临床上主要表现为情绪不安、易激动、手足抽搐、反射亢进等。正常情况下，由于肾的调节作用，口服过量的镁一般不会发生镁中毒。当肾功能不全时，大量口服镁可引起镁中毒，表现为腹痛、腹泻、呕吐、疲乏无力，严重者出现呼吸困难、紫绀、瞳孔散大等。

镁广泛分布于植物中，动物肌肉和脏器中较多，乳制品中较少。动物性食品中镁的利用率较高，达 30%～40%，植物性食品中镁的利用率较低。

7.2.5.6　硫

硫是一种非金属元素。通常单质硫是黄色的晶体，又称硫黄。硫单质的同素异形体有很多种，如斜方硫、单斜硫和弹性硫等。硫元素在自然界中通常以硫化物、硫酸盐或单质的形式存在。硫单质难溶于水，微溶于乙醇，易溶于二硫化碳。

硫是人体内蛋白质的重要组成元素，对人的生命活动具有重要意义。硫元素大部分以有机物的形式存在于蛋白质中，少部分与糖类、脂类结合存在于骨骼、软骨及腱等组织中，还有少量存在于维生素 B_1 中，食品中一般不缺乏硫。

对人体而言，单质硫通常是无毒无害的，而其他含硫化合物可能有一定毒性，如硫化物毒性一般比较大。

7.2.5.7　硒

硒是一种非金属元素，可以用作光敏材料、电解锰行业催化剂、动物体必需的营养元素和植物有益的营养元素等。硒在自然界的存在方式分为两种：无机硒和植物活性硒。无机硒一般指亚硒酸钠和硒酸钠，可从金属矿藏的副产品中获得；植物活性硒是硒通过生物转化与氨基酸结合而成，一般以硒代蛋氨酸的形式存在。

成人体内含硒 14～21 mg，分布于肾脏、肝脏、指甲、头发，肌肉和血液中含硒甚少。硒在人体内的吸收、转运、分布、储存和排泄受许多外界因素的影响。其中主要影响因素是膳食中硒的化学形式，另外性别、年龄、健康情况以及食物中是否存在硫、重金属、维生素等化合物也有影响。

硒是人体必需的微量元素。中国营养学会将硒列为人体必需的 15 种营养素之一。国内外大量临床实验证明，人体缺硒可引起某些重要器官的功能失调，导致许多严重疾病发生。全世界 40 多个国家处于缺硒地区，我国 22 个省份的几亿人口都处于缺硒或低硒地带。

研究表明，低硒或缺硒人群通过适量补硒不但能够预防肿瘤、肝病等的发生，而且可以提高机体免疫能力，维护心、肝、肺、胃等重要器官的正常功能，预防老年性心脑血管疾病的发生。

7.2.5.8　铜

铜是一种金属元素。纯铜是柔软的金属，表面刚切开时为红橙色带金属光泽。铜的延展性好，导热性和导电性高。

铜是与人类关系非常密切的有色金属，被广泛地应用于电气、轻工、机械制造、建筑工业、国防工业等领域，在中国有色金属材料的消费中仅次于铝。铜在古代主要用于器皿、艺术品及武器铸造，比较有名的器皿及艺术品如后母戊鼎、四羊方尊。

铜的离子对生物而言，不论是动物还是植物，都是必需的元素。人体缺乏铜会引起贫血，毛发异常，骨和动脉异常，以至脑功能障碍。但如铜过剩，会引起肝硬化、腹泻、呕吐、运动障碍和知觉神经障碍。一般来说，牛肉、葵花籽、可可、黑椒、羊肝等都有丰富的铜。

铜是人体必需的微量矿物质,在摄入后 15 min 即可进入血液,同时存在于红血球内外,可帮助铁质传递蛋白,在血红素形成过程中扮演催化的重要角色。而且在食物烹饪过程中,铜元素不易被破坏掉。

铜广泛分布于生物组织中,大部分以有机复合物存在,很多是金属蛋白,以酶的形式起着功能作用。每种含铜蛋白的酶都有一定的生理生化作用,生物系统中许多涉及氧的电子传递和氧化还原反应都是由含铜酶催化的,这些酶对生命过程是至关重要的。

当然,铜作为重金属,摄入过量也会有危害。铜离子会使蛋白质变性,如硫酸铜对胃肠道有刺激作用,误服会引起恶心、呕吐、口内有金属味、胃烧灼感。严重者有腹绞痛、呕血、黑便,可造成严重肾损害和溶血,出现黄疸、贫血、肝肿大、血红蛋白尿、急性肾功能衰竭和尿毒症。铜对眼和皮肤有刺激性,长期接触可发生接触性皮炎和鼻、眼黏膜刺激,并出现胃肠道症状。

7.2.5.9 锌

锌是一种浅灰色的过渡金属。在现代工业中,锌是电池制造中不可替代的,是一种相当重要的金属。此外,锌也是人体必需的微量元素之一,在人体生长发育过程中起着极其重要的作用,常被人们誉为“生命之花”和“智力之源”。

锌存在于众多的酶系中,如碳酸酐酶、呼吸酶、乳酸脱氢酶、超氧化物歧化酶、碱性磷酸酶、DNA 和 RNA 聚合酶等中,是核酸、蛋白质、碳水化合物的合成和维生素 A 利用的必需物质,具有促进生长发育,改善味觉的作用。在正常食物难以保证营养的状态下,世界卫生组织推荐采用锌盐来补充。

锌元素主要存在于海产品、动物内脏中,其他食物里含锌量很少。据化验,动物性食品含锌量普遍较多,每 100 g 动物性食品中大约含锌 3~5 mg,并且动物性蛋白质分解后所产生的氨基酸还能促进锌的吸收。植物性食品中锌较少。每 100 g 植物性食品中大约含锌 1 mg。各种植物性食物中含锌量比较高的有豆类、花生、小米、萝卜。

7.2.5.10 氟

氟是一种非金属元素,是卤族元素之一。氟元素的单质是 F_2,它是一种淡黄色有剧毒的气体。氟气的腐蚀性很强,化学性质极为活泼,是氧化性最强的物质之一,甚至可以和部分惰性气体在一定条件下反应。氟是特种塑料、橡胶和制冷机中的关键元素。

氟是人类生命活动必需的微量元素之一。每日摄入小剂量氟化物,可促进牙齿和骨骼的正常生长发育,也有利于神经系统的传导和酶系统的正常活动。氟中毒没有特效药治疗。含氟量较高的水可用化学药物除氟。

可溶性氟在消化道中几乎被全部吸收,10 min 后到达血循环系统。血液中的氟 75% 与血浆蛋白结合,其余以离子氟状态存在。氟可以通过毛细血管壁进入各组织,容易透过细胞膜。氟也可以经呼吸道或皮肤进入人体。氟主要沉积于骨骼和牙齿,其余贮存于毛发及肝、肾中。

应当注意,氟虽是人体必需的矿物质,但稍微过量即可引起中毒。

7.3　激素

激素，希腊文原意为"奋起活动"，它对机体的代谢、生长、发育、繁殖等起重要的调节作用。激素是由生物体的特殊组织产生，调节控制各种生理功能或物质代谢过程的微量有机物质。

下面介绍几类重要激素、食品激素成分的作用及激素对物质代谢过程调节与控制的简单知识。

7.3.1　动物激素

7.3.1.1　氨基酸衍生物类激素

（1）肾上腺素。

肾上腺素是由人体分泌出的一种激素。当人经历某些刺激（如兴奋、恐惧、紧张等）时分泌出这种化学物质，能让人呼吸加快（提供大量氧气），心跳与血液流动加速，瞳孔放大，为身体活动提供更多能量，使反应更加快速。肾上腺素是一种激素和神经传送体，由肾上腺释放。

肾上腺素在生理上对心脏、血管起作用，可使血管收缩，心脏活动加强，血压急剧上升，但它对血管的作用是不持续的。此外，肾上腺素是促进分解代谢的重要激素。它对糖类代谢影响最大，可以加强肝糖原分解，迅速升高血糖。这种作用是机体应付意外情况的一种能力。肾上腺素还具有促进脂肪分解，增强人体代谢，升高体温等作用。

（2）甲状腺素。

甲状腺素是细胞代谢的产物，为灰白色针状结晶，溶于氢氧化碱或碳酸碱溶液，不溶于水、乙醇和其他有机溶剂，但溶于无机酸或碱的乙醇溶液中。

甲状腺素包括 T4 和 T3。甲状腺素口服易吸收，T4 吸收率为 35.80%，吸收不恒定，T3 吸收率为 95%，吸收恒定，二者与血浆蛋白结合率均可达 99% 以上。本品能增加体内各种组织的代谢活性，提高代谢率，并出现交感神经过度兴奋的症状，产生类似于甲状腺功能亢进的症状和体征。临床上常用的有甲状腺片、左甲状腺素钠，主要用于甲状腺功能减退或有减退倾向者。

甲状腺素对动物的生理作用是多样而强烈的。它刺激蛋白质、脂肪和盐的代谢；促进机体生长发育和组织的分化；对中枢神经系统、循环系统、肌肉活动等都有显著的作用。总的表现是增强机体新陈代谢，引起耗氧量及产热量的增加，并促进智力与体质的发育。

7.3.1.2　肽和蛋白质激素

脑垂体、胰腺、甲状旁腺、胃黏膜、胎盘、肾脏等腺体或非腺体都能分泌多种肽和蛋白质激素，这里主要介绍生长激素和胰岛素。

（1）生长激素。

生长激素是由人体脑垂体前叶分泌的一种肽类激素，由 191 个氨基酸组成，能促进骨骼、内脏和全身生长，促进蛋白质合成，影响脂肪和矿物质代谢，在人体生长发育中起着关键性作用。

未成年人的侏儒症、巨人症和成年人的肢端肥大症都与生长激素分泌的不足或过剩有关。

（2）胰岛素。

胰岛素是由胰脏内的胰岛 β-细胞受内源性或外源性物质如葡萄糖、乳糖、核糖、精氨酸、胰高血糖素等的刺激而分泌的一种蛋白质激素。

胰岛素最显著的生理功能是，提高组织摄取葡萄糖的能力，促进肝糖原及肌糖原的合成并抑制肝糖原分解。胰岛素有降低血糖含量的作用，在正常情况下，当出现血糖升高的信号时，胰岛素的分泌在短时间内增加，如当饭后血糖升高时，胰岛素的分泌也略有升高；而当出现血糖过低的信号时，则肾上腺素、胰高血糖素、糖皮质激素及生长激素的分泌增多。胰岛素会促进肌肉、肝脏和脂肪组织的合成代谢，抑制糖原裂解、脂肪酸裂解等分解过程。胰岛素可降低一些酶的浓度，进而减少糖原异生作用。

7.3.1.3　类固醇激素

（1）肾上腺皮质激素。

肾上腺皮质激素（简称皮质激素），是肾上腺皮质受脑垂体前叶分泌的促肾上腺皮质激素刺激所产生的一类激素，对维持生命有重要意义。按其生理作用特点可分为盐皮质激素和糖皮质激素，前者主要调节机体水、盐代谢和维持电解质平衡；后者主要与糖、脂肪、蛋白质代谢和生长发育等有关。盐皮质激素基本无临床使用价值，而糖皮质激素在临床上具有极为重要的价值。临床常用药物有氢化可的松、醋酸地塞米松、地塞米松磷酸钠和曲安奈德等。肾上腺皮质由外到内分为三带：球状带、束状带、网状带，分别分泌盐皮质激素、糖皮质激素、性激素。

（2）性激素。

性激素是指由动物体的性腺，以及胎盘、肾上腺皮质网状带等组织合成的甾体激素，具有促进性器官成熟、副性征发育及维持性功能等作用。雌性动物卵巢主要分泌两种性激素——雌激素与孕激素，雄性动物睾丸主要分泌以睾酮为主的雄激素。

激素的生理作用虽然非常复杂，但是可以归纳为 5 个方面：

（1）通过调节蛋白质、糖和脂肪三大营养物质和水、盐等的代谢，为生命活动供给能量，维持代谢的动态平衡。

（2）促进细胞的增殖与分化，影响细胞的更新与衰老，确保各组织、器官的正常生长、发育。例如生长激素、甲状腺激素、性激素等都是促进生长发育的激素。

（3）促进生殖器官的发育成熟以及性激素的分泌和调节。

（4）影响中枢神经系统和植物性神经系统的发育及其活动。

（5）与神经系统密切配合，调节机体对环境的适应。

上述 5 个方面的作用很难截然分开，而且不论哪一种作用，激素只是起着信使作用，传递某些生理过程的信息，对生理过程起着加速或减慢的作用，不能引起任何新的生理活动。

7.3.1.4 脂肪族激素

在人体和高等植物中，目前只发现前列腺素属于这类激素。前列腺素有 A、B、C、D、E、F、G、H 等几类。哺乳动物的多种细胞都能合成前列腺素，精囊的合成能力更强，其次为肾、肺和肠胃道。

前列腺素具有多种生理功能和药理作用，不同结构的前列腺素，其功能也不相同，它们与肌肉、心血管、呼吸、生殖、消化、神经系统都有关系，也可引起或治疗某些疾病。

前列腺素对人体也有一些不良作用，可引起炎症、红肿、发烧和使痛觉敏感。

7.3.1.5 昆虫激素

激素是一些化学信息物质，能引起特定的生理反应。昆虫激素基本上可分为两大类：内激素和外激素。这些化学物质只要少量就能调节基本的生命活动。激素可经体液运至全身各处，对昆虫的生理机能、代谢、生长发育、滞育、变态、生殖等起调节控制作用，已发现有 20 余种。昆虫的主要内分泌器官包括咽侧体、前胸部腺、心侧体、生殖腺、脑神经（内）分泌细胞、食管下神经节分泌细胞、各神经节的分泌细胞等。

7.3.2 植物激素

植物激素主要有生长素、赤霉素、细胞分裂素、脱落酸和乙烯 5 类。

7.3.2.1 生长素

植物的生长素是由具有分裂和增大活性的细胞区产生的调控植物生长速度和方向的激素，其化学本质是吲哚乙酸。植物生长素的主要作用是使植物细胞壁松弛，从而使细胞生长伸长，在许多植物中还能增加 RNA 和蛋白质的合成。它可影响茎的向光性和背地性生长。

7.3.2.2 赤霉素

赤霉素是一类非常重要的植物激素，参与植物生长发育等多个生理过程，目前已发现 40 多种赤霉素。

赤霉素适合以下作物：棉花、番茄、马铃薯、果树、稻、麦、大豆、烟草等，赤霉素能促进其生长、发芽、开花结果，能刺激果实生长，提高结实率，对棉花、蔬菜、瓜果、水稻、绿肥等有显著的增产效果。

赤霉素最突出的生理效应是促进茎的伸长和诱导长日照植物在短日照条件下抽薹开花。各种植物对赤霉素的敏感程度不同。遗传上矮生的植物，如矮生的玉米和豌豆对赤霉素最敏感，经赤霉素处理后株型与非矮生的相似；非矮生植物则只有轻微的反应。有些植物在遗传上矮生性的原因就是缺乏内源赤霉素（另一些则不然）。赤霉素在种子发芽中起调节作用。许多禾谷类植物，例如大麦种子中的淀粉，在发芽时迅速水解；如果把胚去掉，淀粉就不水解。用赤霉素处理无胚的种子，淀粉就又能水解，这证明了赤霉素可以代替胚引起淀粉水解。赤霉素能代替红光促进光敏感植物莴苣种子的发芽和代替胡萝卜开花所需的春化作用。赤霉素还能引起某些植物单性果实的形成。对于某些植物，特别是无籽葡萄品种，在开花时用赤霉素处理，可促进无籽果实的发育。但对某些生理现象，赤霉素有时有抑制作用。

7.3.2.3　细胞分裂素

细胞分裂素是一类能促进细胞分裂、诱导芽的形成并促进其生长的植物激素。细胞分裂素曾译为细胞激动素，主要分布于进行细胞分裂的部位，如茎尖、根尖、未成熟的种子、萌发的种子、生长着的果实内部等。

1955 年，美国斯库格（Skoog）等在研究植物组织培养时，发现了一种能促进细胞分裂的物质，将其命名为激动素。它的化学名称为 6－糠基氨基嘌呤（KT），纯品为白色固体，能溶于强酸、强碱中。激动素在植物体中并不存在，之后在植物中分离出了十几种具有激动素生理活性的物质。现把凡具有激动素相同生理活性的物质，不管是天然的还是人工合成的统称为细胞分裂素。

植物体内天然的细胞分裂素有玉米素（ZT）、二氢玉米素、异戊烯腺嘌呤、玉米素核苷、异戊烯腺苷等。它们在植物体内合成的部位主要是根尖。人工合成的细胞分裂素除激动素外，还有 6－苄基氨基嘌呤（6－BA）等。

细胞分裂素最明显的生理作用有两种：一是促进细胞分裂和调控其分化。在组织培养中，细胞分裂素和生长素的比例影响着植物器官的分化，通常比例高时，有利于芽的分化，比例低时，有利于根的分化。二是延缓蛋白质和叶绿素的降解，延迟衰老。

各种细胞分裂素的活性有差异，例如在促进生长的生物试验中，天然的细胞分裂素如玉米素、异戊烯腺嘌呤，比人工合成的细胞分裂素如 6－苄基氨基嘌呤和激动素高，而在延缓叶绿素分解的生物试验中，后者活性比前者高。

7.3.2.4　脱落酸

脱落酸是一种有机物，化学式为 $C_{15}H_{20}O_4$，是一种能抑制生长的植物激素，因能促使叶子脱落而得名。脱落酸除促使叶子脱落外尚有其他作用，如使芽进入休眠状态，促使马铃薯形成块茎等，对细胞的生长也有抑制作用。

7.3.2.5　乙烯

乙烯是一种植物内源激素，高等植物的所有部分，如叶、茎、根、花、果实、种子及幼苗在一定条件下都会产生乙烯。它是植物激素中分子最小者，其生理功能主要是促进果实、细胞扩大，籽粒成熟，促进叶、花、果脱落，也有诱导花芽分化、打破休眠、促进发芽、抑制开花、器官脱落、矮化植株及促进不定根生成等作用。

乙烯是气体，难于在田间应用，直到开发出乙烯利，才为农业提供可实用的乙烯类植物生长调节剂。目前，主要产品有乙烯利、乙烯硅、乙二肟、甲氯硝吡唑、脱叶膦、环己酰亚胺（放线菌酮），它们都能释放出乙烯，或促进植物产生乙烯的生长调节剂，所以统称为乙烯释放剂。国内外最为常用的是乙烯利，其广泛应用于果实催熟、棉花采收前脱叶和促进棉铃开裂吐絮、刺激橡胶乳汁分泌、水稻矮化、增加瓜类雌花及促进菠萝开花等。

乙烯类植物生长调节剂中还有一些品种在植物体内通过抑制乙烯的合成，而达到调节植物生长的作用，称之为乙烯合成抑制剂。国内市场上尚无此类产品，因而不予介绍。

7.3.3 食品激素成分及其作用

在以上介绍的动植物激素中，摄入食品中的激素主要有脑下垂体激素、甲状腺激素、甲状旁腺激素、肾上腺激素、肾脏激素以及性激素。显然，这些激素都来自动物性食品中的特殊组织。其中，甲状腺激素、甲状旁腺激素、肾上腺激素大多是因为人们对食品原材料的处理不当而出现在食品中，肾脏激素和性激素则是人们有意识地采选的食品原材料中所含有的目标成分。

除了天然成分，人工合成激素也可以通过人为添加的方式进入食品中。另外，由于饲养家畜、家禽过程中违法使用激素，也可以造成肉类食品中残留饲料激素。

正常情况下，机体内的激素分泌和存在往往处于一种高度的平衡状态。但当某些因素导致这种激素平衡失调时，就会产生相应的机体病态。经常摄食含激素成分高的食品或使用激素制品，就可能会出现这种后果。因为某些激素的生理效应种属性不强，对动物和人体都可以产生相应的调节控制作用，所以当人们食用含有内分泌腺体或经特殊处理后的动物性食品时，就会出现机体内某些类似生理效应的激素含量增大的结果。

7.3.4 激素对物质代谢的调节与控制

激素产生后，直接分泌到体液中，如动物的血液、淋巴液、脑脊液、肠液。通过体液运送到特定部位，从而引起特殊的激动效应——建立组织与组织、器官与器官之间的化学联系，并调节各种化学反应的速度、方向及相互关系，从而使机体保持生理上的平衡。通常所说的体液调节，是指某些化学物质如激素、二氧化碳等通过体液的传送，对人体和动物体的生理活动所进行的调节。在体液调节中，激素的调节最为重要，因此，激素调节是体液调节的主要内容。

在正常情况下，各种激素的作用是相互平衡的，但任何一种内分泌腺发生亢进或减退，就会破坏这种平衡，扰乱正常代谢及生理功能，从而影响机体的正常发育和健康，甚至引起死亡。

对于每一个细胞来说，激素是外源性调控信号，而对于机体整体而言，它仍然属于内环境的一部分。

通过激素来控制物质代谢是高等动物体内代谢调节的一种重要方式，因为高等动物体内激素的分泌受中枢神经控制，中枢神经通过调节下丘脑的分泌细胞，产生促进或抑制某种激素分泌的激素，其中，有促进作用的称为释放激素，有抑制作用的称为抑制激素，这些激素都是肽类。通过这些由神经细胞分泌的神经激素，实现了神经系统对内分泌系统的调节控制。

思考与练习

1. 举例说明烹饪加工中重要酶的应用。
2. 什么是酸性食品和碱性食品？举例说明。
3. 在烹饪加工中，哪些措施能促进矿物质的吸收？
4. 为什么不能把激素看成生物催化剂？

第8章 食品颜色

学习目标:
1. 了解常见天然色素的性质、变化规律及应用。
2. 能够将色素变化的规律熟练应用在菜肴制作中。

视觉的心理效应直接影响人们的食欲,食品的色泽是构成食品感官质量的一个重要因素,是人们通过视觉对食品进行评估的一个主要方面。因此,在烹饪加工中要把对食品着色、保色、发色、褪色等作为保证食品质量的重要措施。食品颜色的来源渠道主要有三种:食品中的天然色素、食品在烹饪加工中产生的颜色以及人工合成食用色素。

8.1 食品中的天然色素

食品中的色素主要来源于固有色素和添加色素,包括食品新鲜原料中眼睛能看到的有色物质,以及食品储藏加工时其中的天然成分发生化学变化而产生的有色物质。

8.1.1 天然色素的概念

天然色素是由天然资源获得的食用色素,主要从动物和植物组织及微生物(培养)中提取的色素,其中植物性着色剂占多数。

天然色素一般来源于天然成分,比如甜菜红、葡萄和辣椒,这些食品已经得到了广大消费者的认可与接受,因此,采用这些食物来源的天然色素更能得到消费者的青睐,使用起来也更安全。

一些产品由于使用天然色素,其外观便少了一些人工的因素,因此更接近于天然的形式,从而吸引更多的消费者。如今在欧盟,天然色素不仅抢占了合成色素的市场,而且抢占了一些色素提取物的市场。

绝大多数植物色素无副作用,安全性高。植物色素大多为花青素类、类胡萝卜素类、黄酮类化合物。鉴于植物色素作为着色用添加剂而应用于食品、药品及化妆品中,用量达不到医疗及保健品的量效比例,在保健食品应用中,这一类植物色素可分别发挥增强人体免疫机能、抗氧化、降低血脂等辅助作用;在普通食品中有的可以发挥营养强化的辅助作用及抗氧化作用。

8.1.2 天然色素的分类

8.1.2.1 按照来源不同分类

（1）植物色素，如绿叶中的叶绿素（绿色）、胡萝卜中的胡萝卜素（橙黄色）、番茄中的番茄红素（红色）、水果中的花青素、茶叶中的儿茶素、姜黄中的姜黄素（黄色）等。

（2）动物色素，如肌肉中的血红素（红色）、虾壳中的虾红素（红色）、胭脂虫中的胭脂虫红素（红色）、动物中的黑色素（黑色）等。

（3）微生物色素，如酱豆腐表面的红曲色素（红色）、海藻中的藻红素（红色、绿色）等。

8.1.2.2 按照化学结构不同分类

天然色素还可以按结构分类，分为卟啉类衍生物、异戊二烯衍生物、多酚类衍生物、酮类衍生物、醌类衍生物以及其他六大类。

8.1.2.3 按照溶解性质不同分类

（1）水溶性色素。能溶解于水的呈色物质的总称，一般指花黄素类、花青素及儿茶素的氧化产物。儿茶素的氧化产物中，茶黄素呈橙黄色，茶红素呈棕红色，茶褐素呈深褐色。它们对茶叶的汤色及外形色泽均具有十分重要的作用。

（2）脂溶性色素。脂溶性色素多为四萜类衍生物，这类色素不溶于水。常见的脂溶性植物色素有叶绿素、叶黄素、胡萝卜素、番茄红素、辣椒红素和玉米黄素等。故绿叶蔬菜（富含叶绿素、胡萝卜素、叶黄素）、番茄（富含番茄红素）、红辣椒（富含辣椒红素）、玉米（富含玉米黄素）等在清洗、浸泡过程中，其色素几乎不溶解或只有很少量溶解。

8.1.3 常见的天然色素

8.1.3.1 叶绿素

叶绿素是存在于植物体内的一种绿色色素，它使蔬菜和未成熟的果实呈现绿色。叶绿素在植物中与蛋白质共同形成叶绿体。

叶绿素是植物进行光合作用的主要色素，是一类含脂的色素家族，位于类囊体膜。叶绿素吸收大部分的红光和紫光，但反射绿光，所以叶绿素呈现绿色，它在光合作用的光吸收中起核心作用。叶绿素为镁卟啉化合物，包括叶绿素 a、b、c、d、f 以及原叶绿素和细菌叶绿素等。叶绿素不很稳定，光、酸、碱、氧、氧化剂等都会使其分解。在酸性条件下，叶绿素分子很容易失去卟啉环中的镁成为去镁叶绿素。叶绿素有造血、提供维生素、解毒、抗病等多种用途。

（1）叶绿素的性质。

叶绿素是脂溶性色素，易溶于乙醇、丙酮、氯仿等有机溶剂，具有旋光活性。

叶绿素用稀酸（草酸或盐酸）处理，生成绿褐色的脱镁叶绿素，从而使其原有的绿色消失。在实际操作中，若加热、加醋及加盖烹制绿色蔬菜均可促进此反应进行。

在室温下，叶绿素在弱碱中尚稳定，如果加热会部分水解而呈鲜绿色，使蔬菜显得更绿，行业称之为"定绿"。

叶绿素分子中的镁原子可被其他金属如铜、铁、锌等取代，其中以铜叶绿素的色泽最为鲜亮，对光和热均较稳定，因此在食品工业中常被用作染色剂。

绿色蔬菜组织中叶绿素含量最高，其次是叶黄素及类胡萝卜素。在储藏中，叶绿素受酶、酸、氧的作用，逐渐降解为无色，而蔬菜中原有的呈黄色的类胡萝卜素、叶黄素则显现出来，使绿色变成黄色。

（2）烹饪中绿叶蔬菜护绿方法。

在烹饪绿叶蔬菜时，可先把绿叶蔬菜放在弱碱中，水温在70℃左右的热水中焯水，以保持蔬菜的色泽。此方法一定要控制好碱量，一般应在弱碱性条件下进行，否则会破坏原料的营养及风味。

8.1.3.2 血红素

血红素是高等动物血液和肌肉中的红色色素，存在于肌肉和血液的红细胞中，以复合蛋白质的形式存在，分别称为肌红蛋白和血红蛋白。

（1）血红素的性质。

血红素属于水溶性色素，其在烹饪中的变化见表8-1。

表8-1 血红素在烹饪中的变化

变化条件	血红素变化的原因	肌肉颜色的变化
动物刚屠宰后	动物刚屠宰放血后，由于对肌肉组织供氧停止，所以新鲜肉中的肌红蛋白保持为还原状态	暗紫红色
鲜肉短时间存放在空气中	肌红蛋白和血红蛋白与氧结合形成氧合肌红蛋白和氧合血红蛋白	鲜红色
鲜肉长时间存放在空气中	亚铁血红素被氧化成高铁血红素	棕褐色
腐败变质的肉类	细菌活动后过氧化氢酶活性消失，过氧化氢累积	绿色
添加适量的亚硝酸盐	肌红蛋白和血红蛋白与一氧化氮作用生成亚硝酰基肌红蛋白和亚硝酰基血红蛋白	鲜红色
添加过量的亚硝酸盐	血红素被强烈氧化	绿色

（2）肉类色素的稳定性及护色。

光照、温度、相对湿度、水分活度及细菌的种类都会影响肉类色素的稳定性。若加入某些抗氧化剂，可阻止或延缓肉类组织的色变。

在烹饪中可添加适量的亚硝酸盐来使肉类发色，但若添加过量，残留的亚硝酸根可与肉中存在的仲胺进行反应，生成亚硝胺类致癌物。食入0.3~0.5 g的亚硝酸盐即可引起中毒，3 g 导致死亡。

8.1.3.3　类胡萝卜素

类胡萝卜素是一类重要的天然色素的总称，普遍存在于动物、高等植物、真菌、藻类的黄色、橙红色或红色的色素中。它是含 40 个碳的类异戊烯聚合物，即四萜化合物。典型的类胡萝卜素是由 8 个异戊二烯单位首尾相连而成。类胡萝卜素的颜色因共轭双键的数目不同而变化。共轭双键的数目越多，颜色越移向红色。

迄今，被发现的天然类胡萝卜素已达 700 多种，根据化学结构的不同可以将其分为两类：一类是胡萝卜素（只含碳、氢两种元素，不含氧元素，如 B_2 胡萝卜素和番茄红素），另一类是叶黄素（有羟基、酮基、羧基、甲氧基等含氧官能团，如叶黄素和虾青素）。

类胡萝卜素是人体内维生素 A 的主要来源，同时还具有抗氧化、免疫调节、抗癌、延缓衰老等功效。例如叶黄素具有抗氧化和光过滤作用，能够在一定程度上保护视力，防止视力衰退，预防白内障等眼科疾病；虾青素有很强的抗氧化能力，对于人体对抗炎症、免疫调节有一定的帮助。

（1）类胡萝卜素的性质。

类胡萝卜素是橘黄色的结晶，属于脂溶性物质，其化学性质比较稳定，不溶于水，微溶于乙醇，易溶于石油醚等有机溶剂。酸碱环境对其影响不大，但其抗氧化、抗光照性能较差，易被酶分解变色。

提取类胡萝卜素最常用的方法是萃取法，也就是让类胡萝卜素溶解在有机溶剂中，蒸发溶剂后，获得类胡萝卜素。操作的一般流程是：胡萝卜→粉碎→干燥→萃取→过滤→浓缩→类胡萝卜素。高温会使类胡萝卜素分解，在加热干燥过程中，应该控制好温度和时间。萃取类胡萝卜素的有机溶剂应该具有很高的沸点，能够充分溶解类胡萝卜素，并且不与水相溶。原料颗粒的含水量也会影响提取的效率，由于有水存在会降低有机溶剂的萃取程度。

（2）类胡萝卜素的应用。

类胡萝卜素作为一类天然色素早已广泛应用于食品着色，但以油质食品为限，用于人造黄油、鲜奶油及其他食用油脂的着色者居多数，也可用于饮料、乳品、糖浆、面条等食品的着色。

8.1.3.4　多酚类色素

多酚类色素是一类自然界广泛存在的水溶性色素，以花青素（anthocyan）和类黄酮（flavonoid）化合物为代表大量存在于自然界，具有各种不同的色泽。在食品加工过程中，由于稳定性不高导致颜色变化非常大，是植物性食品产生色变的重要原因。除为植物组织提供色泽外，多酚类化合物是重要的食品添加剂以及功能食品成分。

（1）花青素。

花青素又称花色素，是自然界一类广泛存在于植物中的水溶性天然色素，是花色苷水解而得的有颜色的苷元。水果、蔬菜、花卉中的主要呈色物质大部分与之有关。在不同的 pH 值条件下，花青素使花瓣呈现五彩缤纷的颜色。已知花青素有 20 多种，食物中重要的有 6 种，即天竺葵色素、矢车菊色素、飞燕草色素、芍药色素、牵牛花色素和锦葵色素。自然状态的花青素都以糖苷形式存在，称为花色苷，很少有游离的花青素存在。花青素主要用于食品着色方面，也可用于染料、医药、化妆品等方面。

（2）花黄素。

自然界中的花黄素主要存在于植物的花、果实、茎和叶中。近年来研究发现，花黄素具有一定的抗氧化及抗癌功能。

花黄素化合物遇到铁、铝、锡、铅等金属时，会呈现蓝、蓝黑、紫、棕等不同颜色。在烹饪洋葱时，若用铁锅或用含铁的自来水烹饪时，菜肴有时会呈现蓝色和褐色；储藏的芦笋呈浅黄色，这是黄酮类与锡反应的结果。

在自然情况下，花黄素的颜色从浅黄至白色，鲜见明显黄色，但在遇碱时会变成明显的黄色，在酸性条件下黄色又消失。例如，在做点心时，面粉中加碱过量，蒸出的面点外皮呈黄色，就是花黄素在碱性溶液中呈黄色的缘故。

马铃薯、稻米、芦笋、荸荠等在碱性水中烹煮变黄，这也是花黄素在碱作用下变色的缘故，特别是黄皮种洋葱，这种现象尤为突出。在水果蔬菜加工中，用柠檬酸调整预煮水的酸碱度，目的之一就在于控制花黄素的变黄现象。

花黄素在空气中放置容易氧化产生褐色沉淀，因此，一些含花黄素的果汁存放过久便会有褐色沉淀生成。

（3）植物鞣质。

在食用植物如石榴、咖啡、茶叶、柿子、葡萄、苹果、桃、藕等中都存在鞣质。鞣质的水溶液具有收敛性，是植物可食部分涩味的主要来源。

植物鞣质的性质不稳定，易氧化，易与金属离子反应生成褐黑色物质。鞣质从外观上显无色到黄色或棕黄色。作为呈色物质，鞣质主要是在植物组织受损及加工过程中发生变化。因此，在烹制或储存这类菜肴时要注意它们的色变。

8.1.3.5 红曲色素

红曲色素是一种由红曲霉属的丝状真菌经发酵而成的优质的天然食用色素，是红曲霉的次级代谢产物。红曲色素，商品名叫作红曲红，是以大米、大豆为主要原料，经红曲霉菌液体发酵培养、提取、浓缩、精制而成，或以红曲米为原料，经萃取、浓缩、精制而成的天然红色色素。

红曲色素呈深紫红色粉末，略带异臭，熔点为 165℃～192℃。红曲色素中的脂溶性色素均能溶于乙醚、氯仿、乙醇、醋酸、正己烷等溶剂中，其溶解度以醋酸最大，正己烷最低。常用的溶剂是乙醇和醋酸，乙醇浓度为 75%～82%，醋酸浓度为 78% 时对红曲色素的溶解性最好。红曲色素在水中的溶解度与水溶液的 pH 值有关。在中性或碱性条件下极易溶解，而在 pH 值 4.0 以下的酸性范围内或含 5% 以上的盐溶液中，其溶解度呈减弱倾向。红曲色素含量低时其溶液呈鲜红色，含量高时呈黑褐色并伴有荧光产生。红曲色素对蛋白质的着色性能极好，一旦染着，虽经水洗亦不掉色。

由于红曲色素具有良好的着色性能和较强的抑菌作用，可替代亚硝酸盐作为肉制品着色剂，已广泛应用于肉制品中。红曲色素与亚硝酸盐的着色原理完全不同：亚硝酸盐是与肌红蛋白形成亚硝基肌红蛋白，而红曲色素是直接染色。两者都能赋予肉制品特有的肉红色和风味，抑制有害微生物的生长，延长保存期，但红曲色素的应用安全性更高。在腌制类产品中添加红曲色素后，完全可以将亚硝酸盐的用量减少 60%，而其感官特性和可贮性不受影响，颜色稳定性也远优于原产品。

糖化增香曲（酱油专用）就是以红曲为出发菌种而制得的复合红曲菌种。在酱油酿造中使用糖化增香曲，可使原料全氮利用率和酱油出品率明显提高，同时酱油鲜艳红润、清香明显、鲜而后甜，质量优于普通工艺酱油。

将红曲色素粉直接加入酱醅中参与发酵，研究发现可明显提高酱油的红色指数，改善酱油的风味。

丹溪红曲酒是采取压滤工艺生产的，保留了发酵过程中的粗蛋白、醋液、矿物质及少量的醛、酯等物质，具有香气浓郁、酒味甘醇、风味独特、营养丰富等特点。

在传统生产中常使用酱油作为着色剂加工腌菜，使酱腌菜的色泽更诱人。红曲色素可以作为腌制蔬菜中的外加色素，通过物理吸附作用渗入蔬菜内部。蔬菜细胞在腌制加工过程中，细胞膜变成全透性膜，蔬菜细胞就能吸附其他辅料中的色素而改变原来的颜色。

红曲色素在面制品生产中也有应用，如生产红曲饼干、红曲面包、糕点、红曲面条等。

8.2　食品在烹饪加工中产生的颜色

食品在加工、储藏过程中，经常会发生变色的现象，不仅影响外观，而且风味和营养成分也往往随之发生变化。

褐变是食品比较普遍的一种变色现象。当食品原料进行加工、贮存受到机械损伤后，易使原料原来的色泽变暗或变成褐色，这种现象称为褐变。在食品加工过程中，有些食品需要利用褐变现象，如面包、糕点等在烘烤过程中生成的金黄色。但有些食品原料在加工过程中产生褐变，不仅影响外观，还降低了营养价值，如水果、蔬菜等原料。

褐变作用按其发生机制可分为酶促褐变和非酶褐变两大类。酶引起的褐变多发生在较浅色的水果和蔬菜中，如苹果、香蕉、土豆等。当它们的组织被碰伤、切开、削皮、遭虫咬或处于不正常的环境中时，在氧化酶的作用下会发生褐变。在实际工作中，可采用热处理法、酸处理法和与空气隔绝等方法防止食物的褐变。非酶褐变是不需要酶的作用就能产生的褐变作用，它主要包括焦糖化反应和美拉德反应。焦糖化反应是食品在加工过程中，由于高温使含糖食品产生糖的焦化作用，从而使食品着色。因此，在食品加工过程中，根据工艺要求添加适量的糖有利于产品的着色。美拉德反应是食品在加热或长期贮存后发生褐变的主要原因，反应过程非常复杂。

8.2.1　酶促褐变

浅色的水果和蔬菜，当它们的组织被碰伤、切开、削皮、遭虫咬或处于不正常环境

（受热、受冻）中时，在氧化酶的作用下发生的褐变反应，叫作酶促褐变。酶促褐变是在有氧的条件下，酚酶催化酚类物质形成醌及其聚合物的反应过程。

8.2.1.1 发生酶促褐变的条件

酶促褐变的发生需要三个条件，即适当的酚类底物、酚氧化酶和氧，三者缺一不可。

8.2.1.2 酶促褐变的防止

食品加工过程中发生的酶促褐变，少数是我们期望的，大多数会对食品特别是新鲜的水果蔬菜的色泽造成不良的影响，必须加以控制。

实践中控制酶促褐变的方法主要从控制酚酶和氧两方面入手，主要途径有：①钝化酚酶的活性（热烫、抑制剂等）。②改变酚酶作用的条件（pH 值、水分活度等）。③隔绝氧气的接触。④使用抗氧化剂（如抗坏血酸、二氧化硫等）。

烹饪中常用的控制酶促褐变的方法如下：

（1）热处理法（焯水法、过油法）。

在 70℃～90℃加热 7 s 可使大部分酶失去活性。热处理的关键是要最短时间内达到钝化酶的要求，否则易因加热过度而影响菜肴质量。因此，高温短时是这一方法的关键。在烹饪中，土豆、藕、苹果切片后，可采用此种方法防止褐变。

（2）调节 pH 值。

pH 值影响着酚酶的活性。一般情况下，当 pH 值接近 7 时，酚酶的活性最大，酚酶的活性随着酸（碱）度的增大而降低。烹饪中在醋熘土豆丝、烧茄子中加番茄等都是利用这一原理来护色的。

（3）驱氧或隔氧法。

将切开的果蔬（土豆、藕、苹果等）迅速投入水中，与空气隔绝也可以抑制酶促褐变。但果蔬在水中浸泡隔氧的时间久了，存在于组织中的氧也会引起果蔬的缓慢褐变。因此，使用此方法时在水中浸泡的时间不宜过长。

把切开的水果用高浓度的抗坏血酸溶液浸泡，以消耗切开水果表面组织的氧，这样水果切开的表面组织便形成了一层阻氧的扩散层，以防止组织中的氧引起酶促褐变。苹果和梨的组织中含氧较多，采用此方法不能达到完全去氧的目的，最好把果实浸泡在糖浆中，进行真空抽气，使糖浆代替氧气填充在组织空隙，达到与氧隔离的目的，酶促褐变就能被抑制。

8.2.2 非酶褐变

在食品加工与贮存过程中，常发生与酶无关的褐变，称为非酶褐变，这种褐变常因热加工及较长期的贮存而发生。比如煮熟的莲藕会变成灰色，高温可促进非酶褐变的发生。金属离子也可促进藕发生变色，主要作用机理是藕中的多酚化合物可与金属离子结合，进而使藕的色泽变成黑褐色。非酶褐变常发生在食品深加工阶段，在加热或长时间储存时较易发生。蛋粉、奶粉、脱水果蔬、肉干、鱼干等发生非酶褐变就是其储存时变色的主要原因。

8.2.2.1 非酶褐变的种类

非酶褐变包括美拉德反应、抗坏血酸氧化分解、多元酚氧化缩合反应、焦糖化反应、五色花色素的变色及金属离子引起的褐变等。

（1）美拉德反应。美拉德反应是广泛存在于食品工业的一种非酶褐变，是羰基化合物（还原糖类）和氨基化合物（氨基酸和蛋白质）间的反应，经过复杂的历程最终生成棕色甚至黑色的大分子物质黑精或称拟黑素，因此又称羰氨反应。

（2）焦糖化反应。焦糖化反应是糖类尤其是单糖在没有氨基化合物存在的情况下，加热到熔点以上的高温（一般是 140℃～170℃）时，因糖发生脱水与降解，会发生褐变反应。

（3）抗坏血酸氧化分解。抗坏血酸氧化分解是由于抗坏血酸氧化所致。在高温条件下，抗坏血酸氧化生成脱氢抗坏血酸，脱氢抗坏血酸一方面会与氨基酸共同作用，按照糖类非酶褐变的方式转化为褐色的聚合物；另一方面又可以通过自身复杂的降解过程，最终形成褐色物质。

8.2.2.2 非酶褐变的主要影响因素

（1）温度。非酶褐变受温度的影响较大，一般而言，反应温度越高，非酶褐变反应越严重，且反应速度也越快。随着贮存温度不断降低，非酶褐变反应速率不断下降，但随着贮存温度的不断降低，生产成本也在不断增加。

（2）pH 值。pH 值对美拉德反应影响显著，pH 值的大小能通过不同的烯醇化途径和糖碎片的多少来影响 Amadori 产物的降解。一般来说，羰氨反应在碱性溶液中容易进行。抗坏血酸的氧化分解也受体系酸碱度的影响，当体系的 pH 值为 2.0 时，抗坏血酸氧化分解反应缓慢而不明显。抗坏血酸在 pH=3.0 左右时较为稳定，接近碱性时则不稳定，易褐变。

（3）水活度和金属离子的影响。通过控制水相中的黏性可影响美拉德反应，水相中的黏性还会影响反应物的溶解、浓缩和稀释情况。Gogus F 研究了水活度对浓缩桔汁非酶褐变的影响，认为水活度在 0.30～0.75 时褐变是最严重的。由于金属离子 Li^+、Fe^{3+}、Cu^{2+} 等能促进非酶褐变，因此应尽量避免果汁与金属器具接触，以降低非酶褐变的发生，但可以用不锈钢器具来代替铜、铁等金属器具。Kwak E J 研究了金属离子 Fe^{3+}、Cu^{2+}、Al^{3+}、Zn^+、Ca^{2+}、Mg^{2+} 对豆豉的褐变影响，认为金属离子的存在可加速褐变，尤其是 Fe^{2+} 和 Cu^{2+}。

（4）氨基化合物。氨基基团在美拉德反应中起着亲核试剂的作用，能够加速糖的分解继而形成褐变色素，氨基化合物的性质会影响美拉德反应的褐变速率。普遍来说，碱性氨基酸具有高褐变活性，包括赖氨酸、氨基乙酸、色氨酸和酪氨酸；低褐变活性的氨基酸包括天冬氨酸、谷氨酸和半胱氨酸。赖氨酸因具有两个氨基，被认为是最具褐变反应活性的氨基酸。由于氨基酸能促进焦糖化反应和美拉德反应，因此若将氨基酸除去，会明显降低非酶褐变反应的速率。

8.2.2.3 非酶褐变对食品品质的影响

（1）对食品营养质量的影响。食品褐变后，会带来营养素的部分损失，并且类黑色素在营养和生理上会有何益处和害处，目前正是人们研究的课题。

（2）对食品感官质量的影响。非酶褐变除带来食品色泽的变化外，还有利于呈味物质的形成，这些物质赋予食品或优或劣的嗅感和味感。

8.3 人工合成食用色素

在烹饪加工过程中，为追求制品色彩的艳丽或保持原有的色泽，借以改善食品的感官性状，增进人们的食欲，并提高其食用价值，常常添加适当的食用色素。食用色素可分为天然色素和合成色素两大类。

8.3.1 人工着色的食用天然色素

食用天然色素来源于自然，种类繁多，且大多数无毒副作用。世界上允许使用的天然食用色素有 50 多种。目前我国批准使用的食用天然色素共有 48 种，常用的有辣椒红、甜菜红、红曲红、胭脂虫红、高粱红、叶绿素铜钠、姜黄、栀子黄、胡萝卜素、藻蓝素、可可色素、焦糖色素等。食用天然色素的色彩易受金属离子、水质、pH 值、氧化、光照、温度的影响，一般较难分散，染着性、着色剂间的相溶性较差，且价格较高。

食用天然色素的特性如下：

（1）大多数天然色素来源于可食的动植物，安全性高，毒副作用低，毒理学实验评价不高。

（2）很多天然色素含有人体需要的营养物质或者本身就是维生素或者维生素类物质；一些天然色素具有药理作用，对某些疾病有防治作用，如黄酮类色素对心血管病的防治具有积极作用；还有一些色素具有抗氧化、镇痛、降压等作用。

（3）天然色素色调自然，易被消费者接受，有一定的使用价值和经济价值。有的品种有特殊香气，可增加食品的风味。

8.3.1.1 食用色素植物种类

我国植物资源丰富，天然植物色素的生产原料不少，特别是一些能用于提取植物食用色素的农副产品，如高粱、辣椒、萝卜、番茄、紫甘蓝、紫甘薯等，资源丰富，利用方便。这就为天然食用植物色素的开发提供了丰富的原料。现将主要的食用色素植物种类简要介绍如下。

（1）苋菜。

苋菜在我国南北各地均有栽培，资源比较丰富。天然苋菜红是以红苋菜可食部分为原料，经水提取、乙醇精制获得的浓缩液。通过干燥处理，即可获得紫红色干燥粉末状成品。

天然苋菜红主要成分为苋菜苷，其余还有少量甜菜红苷等。天然苋菜红为紫红色膏状或无定形干燥粉末，易吸湿，易溶于水和稀乙醇溶液。溶液在 pH 值小于 7 时呈紫红色，澄明；不溶于无水乙醇、石油醚等有机溶剂。对光、热的稳定性较差，铜、铁等金属离子对其稳定性有负影响。pH 值大于 9.0 时，本品溶液由紫红色转变为黄色。本品无毒，一般在酸性条件下使用。

苋菜红主要用于食品，为红色着色剂。我国《食品添加剂使用卫生标准》（GB 2760—1996）中规定：可用于果汁（味）饮料类、碳酸饮料、配制酒、糖果、糕点上彩装、红绿丝、青梅、山楂制品、染色樱桃罐头（装饰用，不宜食用）、果冻，最大使用量为 0.25 g/kg。

（2）甜菜。

甜菜为我国北方生产的主要糖料植物。甜菜食用色素，亦称甜菜红。甜菜根采收后，切块、干燥备用。甜菜红色素是以食用红甜菜为原料，通过浸提、分离、浓缩、干燥而成的天然食用色素。

甜菜红的主要成分为甜菜花青素和甜菜黄素，其组成成分中含有氮，属含氮花青素类。本品为红紫至深紫色液体、块或粉末，易溶于水。甜菜红的水溶液呈红色至红紫色，pH 值为 3.0~7.0 时比较稳定，pH 值为 4.0~5.0 时稳定性最大。染着性好，但耐热性差，降解速度随温度上升而加快。光和氧也可促进降解。抗坏血酸有一定的保护作用，稳定性随食品水分活性（Aw）的降低而增加。

目前，甜菜红主要用于罐头、果味水、果味粉、果子露、汽水、糖果、配制酒等，医药、化妆品等行业也有所应用，是冷饮、乳制品、果酱、果冻等的理想色素。

（3）紫甘蓝。

紫甘蓝为我国各地栽培的蔬菜。紫甘蓝色素属花青苷类色素，以可食部分提取食用色素。提取色素时多用水或一定比例的乙醇的酸性水溶液提取法，并可加用微波、超声辅助提取。据报道，在微波功率 400W，料液比 7.5∶1，pH＝2，提取时间 2 min 的条件下提取紫甘蓝色素，得率为 18.6%。刘妍妍等报道，用超声辅助法，以 30% 的乙酸溶液提取，料液比 1∶4，提取温度 40℃，超声 50 min 的条件下，得率为 1.89 mg/g。此外，还有以超临界 CO_2 萃取等方法提取。紫甘蓝色素的纯化多用大孔树脂柱层析方法。

研究表明，该产品在室温下稳定，对自然光稳定性好，对热、酸和碱稳定性差。蔗糖、葡萄糖、柠檬酸、食盐对其稳定性影响很小，而维生素 C、苯甲酸可影响其稳定性。除 Fe^{3+}、Al^{3+}、Pb^{2+}、Sn^{2+} 对紫甘蓝色素有一定影响外，其他金属离子对其基本没有影响。因此，它被广泛应用于饮料、糖果、罐头、乳制品的着色。

（4）红花。

红花古称"烟支""燕支""胭脂"等，原产于西域。匈奴人认为妻妾如红花般可爱，因此称之为阏氏。古时胭脂山（今甘肃省永昌县、山丹县之间）盛产红花，汉武帝时大将霍去病夺下曾为匈奴所占领的胭脂山，使匈奴人"妇女无颜色"。如《匈奴歌》曰："失我祁连山，使我六畜不蕃息；失我胭脂山，使我嫁妇无颜色。"

红花黄色素是以红花的花瓣为原料，利用现代生物技术提取而成的天然色素。红花黄色素包含红花黄 A 和红花黄 B 及氧化物。外观为黄色粉末，易溶于水、稀乙醇，不溶于乙醚，抗光性好，100℃以下无变化；在酸性水溶液中，染色力更强。

研究表明，红花黄色素具有抑制血小板聚集、抑制血栓形成、扩张血管、改善心肌供血、降血压、抗氧化、抗炎、镇痛等多种功效。目前，由于人工合成的"柠檬黄"有毒性，已被许多国家禁止使用，然而红花黄色素具有热稳定性好、低毒，并且有多种药理功效等优点，现已成功用于各种饮料、食品、酒类的着色，特别是成为婴幼儿和老年保健食品的首选着色剂。

（5）姜黄。

姜黄喜温暖湿润气候，在我国长江以南地区多有栽培。姜黄素是姜黄根茎中提取出的黄色染料，对各种动物、植物性纤维用不同助剂或媒染剂均可直接着色，或者加入少量明矾、酸、酸性盐亦可。

姜黄素可溶于乙醇、丙二醇、冰醋酸和碱溶液，在碱性时呈红褐色，在中性、酸性时呈黄色，着色力强，经着色后不易褪色，但对光、热、铁离子敏感，耐光性、耐热性、耐铁离子性较差。

姜黄素可用于肠类制品、罐头、酱卤制品等产品的着色，其使用量按正常生产需要而定。

（6）玫瑰茄。

玫瑰茄原产非洲热带地区，在我国华南各地多有栽培。玫瑰茄红色素又称玫瑰茄色素，是从玫瑰茄花萼中提取花色苷类色素，为紫红色水溶性液体或粉末。玫瑰茄色素较适合于酸性食品，可用于糖浆、冷点、粉末饮料、果子露、冰糕、果冻、果汁（味）饮料、糖果、配制酒等的着色，为红色至紫红色着色剂。玫瑰茄色素是一种安全、无毒的天然食用色素，具有抗氧化、保肝降血脂、降血压等重要生物活性。玫瑰茄花萼还是食品工业原料，它可制蜜饯、果酱、高级饮料、冷饮、汽水、冰茶、热茶、冰糕、罐头、果酒、汽酒、香槟酒及糕点夹馅、玫瑰茄豆腐等多种食品。

（7）紫甘薯。

紫甘薯是指块茎肉的颜色为紫色的甘薯，为近年来被认定的特用品种。紫甘薯紫皮、紫色肉都可食用，味道略甜。紫甘薯中花青素含量为 $20\sim180$ mg/100 g。紫甘薯有较高的食用和药用价值，是一种含纯天然色素的保健食品。

据分析，紫甘薯色素主要成分有：矢车菊素、飞燕草素、锦葵色素、牵牛花色素、甲基花青素等。

紫甘薯花青素对自然光和紫外线的稳定性较好，高温对其稳定性影响较大。pH 值对紫甘薯花青素的稳定性影响也很大，低 pH 值有利于紫甘薯花青素的稳定，pH 值为 7.0 时，其具备较好的清除超氧阴离子、羟基自由基和 DPPH 自由基的能力。

紫甘薯花青素是水溶性色素，具有一般花青素的特点。自然界有超过 300 种不同的花青素。它们来源于不同种水果和蔬菜，其中紫甘薯是很好的色素来源之一。紫甘薯色素稳定，已投入商业性生产，可用于配料酒、糖果、糕点、冰棍、雪糕、冰淇淋、果汁（味）饮料、碳酸饮料等的生产。

紫甘薯的鲜薯出干 $18\%\sim30\%$，一般生长期在 120 天以上，产量稍低于普通甘薯。

也可在生长 90~100 d 时采挖，提早上市，但产量较低。在无霜期短的地方一年可种 2 ~3 季，经济效益非常高。近几年来，在国际、国内市场上十分走俏，市场发展前景极为广阔。

8.3.1.2　食品天然色素的应用

由于天然食用色素具有很多有益的特性，因此使用时不仅能起到着色的作用，还能发挥其药理、保健及增加风味等作用。天然食用色素可以广泛应用于饮料糖果、乳制品、糕点、鱼、肉和罐头制品及调味料等各种食品中。

软饮料和酒精饮料中通常要加入色素全面着色，以烘托风味，使产品更具吸引力。由于消费者对于食品安全及保健作用的需求，有些天然色素会在饮料中使用，如月季花红素、越橘色素等。需要注意的是，许多饮料是装在透明容器中的，需要加入对光的稳定性较强的天然色素。

硬糖、棒棒糖、糖衣巧克力等都有色彩引人注目的糖衣来吸引消费者。由于这类产品会常暴露在阳光下，因此需要选用对光和氧具有稳定性的水溶性天然色素。糕点上应用天然色素在增加安全性的同时，会通过色泽增加食欲。乳浊型和油溶性色素在糕点中使用较多。

由于乳制品中的乳蛋白与油溶性色素结合稳定，质地纯正，因此人造奶油中最理想的色素就是油溶性的天然色素，例如姜黄色素等。

鱼、肉加工制品和罐头制品由于加工储藏过程中的处理，血红蛋白会发生变化，导致明显变色或者褪色。生产者为了吸引消费者，恢复产品原来的色泽，保持商品价值，会添加色素。目前用于这类食品中的天然色素主要有甜菜红和辣椒红色素。这些天然色素取代有致癌风险的合成色素，提高了食品的安全性，发色效果良好。

新鲜果蔬为了便于长时间储藏，常常通过腌渍、加热、干燥等手段被加工成蜜饯、果脯、脱水蔬菜、调味料等，在这个过程中，原本艳丽的颜色会改变、褪去。为了增加产品的吸引力，通常会选用水溶性天然色素来帮助校正色泽，例如叶绿素、辣椒黄色素、姜黄素和焦糖素等。

烘焙食品是以粮油、糖、蛋等为原料，添加适当的辅料，并通过和面、成形、焙烤等工序制成的口味多样、营养丰富的食品，由于美味可口、食用方便等优点，受到人们的欢迎。特别是儿童，更钟情于颜色鲜艳的糕点，但经常食用含合成色素的糕点，对健康来说，无疑是潜在的杀手。因此我国《食品添加剂使用卫生标准》规定，糕点只能用天然色素，而合成色素只能用于上彩装。

天然色素在保健食品、药品和化妆品行业已开始应用，如番茄红素临床实验已证实具有抗氧化、消除增生、抑制突变、降低核酸损伤、减少心血管疾病及预防癌症、抗衰老等多种卓越功能。在人的血液和组织中，番茄红素广泛分布。对细胞有很强的抗氧化保护作用，从而可以预防机体癌症和心血管病等多种疾病的发生。番茄红素是预防肺、前列腺、胃、胰、结直肠、食道、口腔、乳腺、肝、膀胱、宫颈等部位肿瘤，预防冠心病、动脉粥样硬化和某些慢性病的重要因子。及时补充天然番茄红素可抵御各类疾病和衰老。

8.3.2　食用人工合成色素

人工合成色素一般较天然色素色彩鲜艳、坚牢度大、性质稳定、着色力强，并且可以任意调色，使用方便，成本低。合成色素多属于煤焦油燃料，主要是化工产品，它们的化学性质会直接危害人体健康或在代谢中产生有害物质。合成色素主要是通过化学合成制得的有机色素。人工合成色素按化学结构可分为偶氮类色素和非偶氮类色素，按溶解性又可分为油溶性色素和水溶性色素。

我国《食品添加剂使用卫生标准》（GB 2760—1996）列入的合成色素有胭脂红、苋菜红、日落黄、赤藓红、柠檬黄、新红、靛蓝、亮蓝、二氧化钛（白色素）等。截至1998年底，国家批准使用的合成色素有：苋菜红、苋菜红铝色淀、胭脂红、胭脂红铝色淀、赤藓红、赤藓红铝色淀等21种。国内使用较多的合成色素有9种，包括苋菜红、胭脂红、新红、柠檬黄、日落黄、靛蓝、亮蓝、赤红、诱惑红等。

8.3.2.1　合成色素的特点

合成色素具有色泽鲜艳、色调多、性能稳定、着色力强、坚牢度大、调色易、使用方便、成本低廉、应用广泛等特点，但它有一大缺点，即具有毒性（包括毒性、致泻性和致癌性）。这些毒性源于合成色素中的砷、铅、铜、苯酚、苯胺、乙醚、氯化物和硫酸盐，它们对人体均可造成不同程度的危害。特别是偶氮化合物类合成色素的致癌作用更明显。偶氮化合物在体内分解，可形成两种芳香胺化合物，芳香胺在体内经过代谢活化后与靶细胞作用可能会引起癌变。尤其对于少年儿童，正处于生长发育期，体内器官功能比较脆弱，神经系统发育尚不健全，对化学物质敏感。如果过多食用合成色素，再加上儿童的肝脏解毒功能和肾脏排泄功能都不够健全，致使大量消耗体内解毒物质，干扰体内正常代谢功能，严重影响少年儿童的生长发育。

8.3.2.2　合成色素限量标准

（1）苋菜红。

根据《食品添加剂使用卫生标准》（GB 2760—1996）的规定，可用于高糖果汁（味）或果汁（味）饮料、碳酸饮料、配制酒，糖果、糕点上彩装、青梅、山楂制品，渍制小菜，最大使用量为0.05 g/kg；可用于红绿丝、染色樱桃（系装饰用），最大用量为0.10 g/kg。

（2）胭脂红。

根据《食品添加剂使用卫生标准》（GB 2760—1996）的规定，可用于高糖果汁（味）或果汁（味）饮料和碳酸饮料、配制酒，糖果和糕点上彩装、青梅、山楂制品，渍制小菜，最大使用量为0.05 g/kg；用于红绿丝、染色樱桃（系装饰用），最大用量为0.10 g/kg，豆奶饮料及冰淇淋最大用量为0.025 g/kg（残留量0.01 g/kg）；虾（味）片0.05 g/kg、糖果包衣0.10 g/kg。

（3）诱惑红。

根据《食品添加剂使用卫生标准》（GB 2760—1996）的规定，可用于糖果包衣，最大使用量为 0.085 g/kg，用于冰淇淋、炸鸡调料最大使用量为 0.07 g/kg。

（4）日落黄。

根据《食品添加剂使用卫生标准》（GB 2760—1996）的规定，可用于高糖果汁（味）或果汁（味）饮料、碳酸饮料、配制酒、糖果、糕点上彩装、西瓜酱罐头、青梅、乳酸菌饮料、植物蛋白饮料、虾（味）片，最大使用量为 0.10 g/kg，用于糖果包衣及红绿丝的最大使用量为 0.20 g/kg；用于冰淇淋的最大使用量为 0.09 g/kg。

（5）柠檬黄。

根据《食品添加剂使用卫生标准》（GB 2760—1996）的规定，可用于高糖果汁（味）或果汁（味）饮料、碳酸饮料、配制酒、糖果、糕点上彩装、西瓜酱罐头、青梅、虾（味）片、渍制小菜，最大使用量为 0.10 g/kg；用于糖果包衣、红绿丝的最大使用量为 0.20 g/kg；用于冰淇淋的最大使用量为 0.02 g/kg；植物饮料、乳酸菌饮料的最大使用量为 0.05 g/kg。

（6）亮蓝。

根据《食品添加剂使用卫生标准》（GB 2760—1996）的规定，可用于高糖果汁（味）或果汁（味）饮料、碳酸饮料、配制酒、糖果、糕点上彩装、染色樱桃罐头（系装饰用，不宜食用），最大使用量为 0.10 g/kg，用于青梅、虾（味）片的最大使用量为 0.025 g/kg；用于冰淇淋的最大使用量为 0.022 g/kg；用于红绿丝的最大使用量为 0.10 g/kg。

（7）靛蓝。

根据《食品添加剂使用卫生标准》（GB 2760—1996）的规定，可用于渍制小菜，最大使用量为 0.01 mg/kg；用于高糖果汁（味）或果汁（味）饮料、碳酸饮料、配制酒、糖果、糕点上彩装、染色樱桃罐头（系装饰用，不宜食用）的最大使用量为 0.10 g/kg；用于青梅、虾（味）片的最大使用量为 0.025 g/kg；用于红绿丝的最大使用量为 0.20 g/kg。

思考与练习

1. 绿色蔬菜在烹饪过程中为什么要急火快炒？
2. 简述肉类盐渍中添加亚硝酸盐的利弊。
3. 酶促褐变容易发生在哪些食品中？在哪些情况下容易发生？
4. 类胡萝卜素常用来给哪些食品上色？
5. 举例说明绿色蔬菜常用的护色方法。

第 9 章 食品气味

学习目标：

1. 了解气味的基础知识。
2. 掌握食品气味形成的主要途径。
3. 熟练应用食品原料和菜肴的气味，并能在烹饪中采用正确的调香方法。

气味是食品风味的一个重要方面。各种食品总是以它特有的气味给人们带来不同的感受和情绪。食品中的风味成分很多，现在已证实的就有 10 万余种，其成分大多属于具有挥发性的芳香小分子有机化合物，这些气味成分与化学有着密切的关系。

9.1 气味的基础知识

食品的气味是很重要的感官性质，是食品风味的另一个重要组成部分，它会增加人们的愉悦感，刺激人们的食欲，还可间接地增加人体对营养成分的消化和吸收。气味是挥发性物质刺激鼻腔嗅觉神经所产生的一种嗅感觉。令人喜爱的、能被接受的叫香；令人生厌、不能被接受的叫臭。在烹饪中去臭增香是烹饪的重要目的。

9.1.1 嗅觉的产生

食品的香是通过嗅觉来实现的。人的嗅觉是非常复杂的生理和心理现象。

嗅觉依赖于分布在鼻腔上部嗅上皮的嗅觉受体。从嗅到有气味的物质到发生嗅觉需要 $0.2\sim0.3$ s。

鼻腔与我们嗅觉的产生有莫大的关联，因为鼻腔中有着极为重要的鼻黏膜（也就是鼻腔的内衬黏膜）。鼻黏膜分为两个部分，其中大部分为呼吸区域，其余一小部分为嗅区。呼吸区域可以为我们吸入的气体加温加湿，而在嗅区（又称为嗅上皮），这里面积虽小，但是存在着重要的嗅觉感受器。在通常情况下，我们所感受到的气味，其实是我们鼻腔接受到了空气中的含有一定气味的化学物质，在科学上，我们将这些化学物质称为嗅质，在我们呼吸的同时将嗅质带入鼻腔，通过上皮黏膜的吸收，进而扩散到了嗅细胞的纤毛上，在纤毛上存在着一种特殊的嗅受体，能与嗅质结合，然后进一步产生第二信使类物质，使钙通道开放，钠离子与钾离子进入细胞，同时嗅细胞发生去极化，并产生动作电位，传入嗅球，再传向嗅觉中枢，从而引发嗅觉。

因为个体差异以及嗅细胞对不同嗅质的反应程度不同，导致不同人对不同气味的敏感程度不同。例如一些人偏爱酒精的味道，对酒精的味道十分敏感，而另一些人对一些特定的气味并不敏感。与此同时，我们对气味的敏感程度也会有一定的变化，例如感冒、鼻炎等因素，会在很大程度上降低我们对气味的敏感性，而且我们对不同物质的敏感阈值也不同。

嗅觉感受力与人的性别、年龄、健康状况、精神状态有关，人的嗅觉要比味觉灵敏且复杂。一般人嗅觉的灵敏度与年龄成反比，青壮年的嗅觉比老年人灵敏得多。据统计，50～80 岁的老年人中，有 25％完全丧失了嗅觉能力，到了 80 岁以后，有一半人闻不到任何气味；同年龄的男人和女人相比，女人的嗅觉比男人准确。

人类嗅觉还有一大特点，就是对于嗅质的适应能力较强，在同一嗅质的持续刺激作用下，会丧失对其的感觉。例如在一个充满酒精的地方工作，一定时间后，就不会感觉到酒精的味道了；再比如长时间闻一朵花香，时间久了，就感受不到花的香味了。

9.1.2　香气值

有气味的分子，一般都是小分子物质，具有挥发性，既能溶于脂，又能溶于水。无机化合物大都无味，而有机化合物有气味者甚多。凡是人们比较能接受的气味，其代表性化合物多为含氧化合物；凡是人们不愿意接受的恶臭味，大都与含氮或含硫的化合物有关。

挥发性物质在达到一定浓度时才能引起嗅觉。判断一种物质在食品香气中所起作用的数值称为香气值，即香味物质的浓度（阈值）。

人们把开始闻到香气时香料物质的最小浓度作为表示香气强度的单位，叫作阈值。从阈值的定义可以看出：阈值越小的香料香气越强；反之，阈值越大的香料香气越弱。但是阈值并不具有普遍性，而是根据稀释溶剂发生微妙的变化。并且单体香料的阈值会因为加入某些其他单体香料而发生变化，微量杂质的影响也很大。阈值也称槛限值或最小可嗅值，是对香气强度的定量表示。

当香气值低于 1 时，人们的嗅觉器官对这种呈香物质基本不会产生感觉。

9.1.3　气味产生的途径

食品中的气味成分，有的是食品本身含有的，有的是气体前味物质通过各种途径产生的。食品气味的形成与食品自身发生的变化密切相关。食品在发生一定的理化变化时，总是伴有气味的产生及气味的变化现象发生。从生成气味物质的基本途径来看，气味的产生主要有生物合成作用、酶的作用、高温加热作用、调香作用等。

9.1.3.1　生物合成作用

各种食品原料在天然生长和收获后的鲜活状态下，在生命代谢过程中通过将蛋白质、氨基酸、糖、脂等物质转变为一些能挥发的成分，从而产生气味。一些食品以生物合成作用产生气味，具体实例见表 9-1。

表 9-1　以生物合成作用产生气味的实例

食品	生物合成作用产生气味的实例
水果类	香蕉、苹果等未成熟时不具有果香，成熟后甜味及香气增加
肉类	刚屠宰的新鲜肉无肉气，存放后由于肉的后熟作用产生肉香味
发酵类	酱油、醋、料酒等发酵类食品的特有风味的产生
腐败食品	原料腐败变质后臭气的产生，是微生物代谢的结果

9.1.3.2　酶的作用

食品原料在烹制加工时，一些成分在酶的作用下生成香气成分。例如萝卜、葱、姜、蒜等在直接酶的作用下形成香气，红茶、酱油等在间接酶的作用下形成香气。

9.1.3.3　高温加热作用

在加热过程中，多数食品会产生诱人的香气，如猪肉、鱼肉加热后香气的产生；芝麻、面包焙烤后香气的产生。高温加热产生的香气，主要与羰氨反应、焦糖化反应等有关。油脂的热分解反应和氧化反应也能产生各种特有的香气。

另外，加热时氧化作用本身要产生热氧化的分解产物。氧化、光解主要是在加工、储存时对油脂有分解作用。油脂的自动氧化是产生酸败的主要原因。例如，大豆的豆腥气味、鱼肉的腥气、奶油的酸败味、畜禽肉的骚味等，都与自动氧化产生的酸败产物有关。

9.1.3.4　调香作用

虽然各种气味不可调和，但会产生遮掩作用和夺香作用。遮掩作用，即某些气味在混合气味中会相互遮掩，即常说的"以香遮臭"。夺香作用，即加入少量的某种气味后，使气味格调发生变化。在烹饪加工中，对无香味或香味不足的，常加一些香味较浓的原料以增强香味。例如，芝麻油中由于含有芝麻油酚，具有浓郁的香气，常用来调香；在面点制作中常添加一些香精（如薄荷、香蕉、香草等）以增强香味；在烹制肉类原料时，可添加八角、茴香、桂皮等香辛料与肉类一起烹制，使香辛料的香气渗入肉中，结合肉本身的加热香，综合而成特有的五香肉类的香气。

在烹饪中，要除去令人不愉快的气味并让菜肴尽量产生人们喜欢的香气，就要充分利用以上气味产生的各种方法。例如，在选料时要注意原料之间的相互配合，让原料在烹制前放置或预处理，烹制前可添加香辛调料腌制；烹制中也可添加调料，控制好加热温度和时间，用鲜汤来煨制菜肴等。

9.2　食品原料和菜肴的气味

食品原料和菜肴的气味来源于以下3个方面，即原料本身的气味，加工中产生的气味和由外界添加的香精、香料等气味。

9.2.1 不同类别原料的食品的气味

9.2.1.1 动物性食品的气味

（1）畜禽肉类食品的气味。

生肉呈现出一种血腥的气味，不受人们的欢迎。只有通过加热煮熟或烤熟后才具有本身特有的香气。

畜禽肉类的香气成分是由肉中含有的蛋白质、糖类、脂类等相互反应和降解形成的。肉的组成不同，肉香的前提物质也有差别，生成的肉香成分也有差别。

肉类香气是多种成分综合作用的结果。畜肉类的气味来源于肌肉部分及其所含有的特殊挥发性的脂肪酸，它与动物屠宰前后及屠宰条件、动物的品种、年龄、性别、饲养状况等因素有关。

（2）水产品的气味。

水产品的种类很多，这里主要指鱼类、贝类、甲壳类等。动物性水产品的风味主要是由它们的嗅感香气和鲜味共同组成。

水产品气味突出，其特征气味是腥臭味，其腥臭气随着原料新鲜度的降低而增强。海产鱼有强烈的腥臭味，其腥臭味要比淡水鱼的大。由于大多数水产品的腥臭气呈碱性，所以在对这些原料进行初加工时，可用醋洗去部分腥臭气，烹饪时再加入适量的醋、料酒达到去腥增香效果。

和生鱼相比，熟鱼的嗅感成分中挥发性酸、含氮化合物和羰化物的含量都增加，产生了诱人的香气。这种香气主要是通过美拉德反应、氨基酸的降解、脂肪的热降解以及硫胺素的热降解等反应产生的。

（3）乳和乳制品的气味。

新鲜优质的牛乳具有鲜美可口的香味，其主要成分是己酮－2、戊酮－2、丁酮、丙酮、乙醛以及低级脂肪酸等。其中甲硫醚是构成牛乳风味的主体成分。

9.2.1.2 植物性食品的气味

（1）蔬菜的气味。

新鲜蔬菜多具有清淡的香气，和水果香相比，没有水果那样浓郁，类型也有别于水果，但有些蔬菜的气味独具特色。蔬菜的香气成分主要由一些含硫化合物产生的，其香气物质的产生途径为直接酶的作用。

（2）水果的气味。

水果具有天然清香和浓郁的芳香，香味主要是在植物的生物合成过程中产生的。水果的香气成分来源于两部分，一部分来自果肉，一部分来自果皮，其主要的香气成分是有机酸的酯、萜类化合物和醛类，其次是醇、酮及挥发性的酸等。

各种水果的香气成分种类多，差异较大，例如，香蕉、葡萄、苹果、菠萝、桃子中的香气成分分别有 350 种、280 种、250 种、120 种、70 种左右，这些成分综合作用形成了某种水果特有的香气。

一般水果的香气随果实成熟而增强。人工催熟的果实，因为在采摘后离开母体、代谢能力下降等因素的影响，其香气成分含量显著减少，因此人工催熟的果实不及树上成熟的果实香。

（3）茶叶的气味。

茶叶的香气成分与茶叶的品种、生长条件、成熟度以及加工方法均有很大关系。目前报道的茶香成分在300种以上，其中烃类26种，醇和酚类49种，醛类50种，酮类41种，酸类31种，酯和内酯54种。

在茶香中起着重要作用的是茶香油，它是醇、醛、酚、酮、酸、酯、萜类化合物的统称。苦味来源于咖啡碱，涩味来源于单宁。

9.2.2 加工中产生的气味

9.2.2.1 发酵食品的气味

烹饪中常见的发酵食品有各种酒类、馒头、面包类、酱油及酱制品类、醋、发酵乳等。发酵食品的香气主要是由微生物作用于蛋白质、糖类、脂肪及其他物质而产生的，其主要的香气成分有醇类、醛类、酮类、酸类、酯类等化合物。

发酵食品的香气来源主要有三个途径：一是原料本身含有的风味成分。二是原料中的某些物质经微生物发酵代谢生成的风味成分，这是发酵食品香气来源的主渠道。由于微生物种类繁多，各种成分比例各异，从而使发酵食品的风味各有特色。三是在后来储存加工过程中新生成的风味成分。

（1）酒类的气味。

酒类的香气成分经测定有200多种。一般将酿造酒中的香气物质的来源分为以下几种：原料中原来含有的香气物质在发酵过程中转入酒中；原料中的挥发性化合物经发酵作用变成另一些挥发性的化合物；原料中的物质经发酵作用生成香气物质；酒在储藏过程中形成香气物质。由此可见，酒类的芳香成分与酿酒的原料种类和生产工艺有密切的关系，如白酒可分为酱香型、浓香型、清香型和米香型等。

酯类是酒中最重要的一类香气物质，它在酒的香气成分中起着极为重要的作用，白酒中以乙酸乙酯、乙酸戊酯、己酸乙酯、乳酸乙酯为主。

（2）酱及酱油的气味。

酱及酱油多是以大豆、小麦等为原料经霉菌、酵母等的综合作用所形成的调味料。酱及酱油的香气物质是制醪后期发酵产生的，其主要成分是醇类、醛类、酯类、酚类和有机酸等。

9.2.2.2 焙烤食品的气味

许多食物在焙烤时都会发出美好的香气，香气成分形成于加热过程中发生的羰氨反应，还有油脂分解的产物，含硫化合物分解的产物，综合而成各种食品特有的焙烤香气。

面包烘烤的香气主要来自发酵时产生的醇类和烘烤时氨基酸与糖发生羰氨反应生成

的许多羰基化合物。

糕点烘烤产生的香气主要是氨基酸与糖反应产生的吡嗪类化合物。

花生和芝麻经焙烤后都有很强的香气。在花生的加热香气中，除羰基化合物外，最为特殊的香气成分有 5 种吡嗪化合物等。

芝麻香气的特征成分是含硫化合物。

9.2.3　香精与香料

香精与香料属于改善食品香气的食品添加剂，也称为香味剂。

9.2.3.1　香味剂的特性

香味剂是指以改善、增加和模仿食品香气与香味为主要目的的食品添加剂，包括食用香精和食用香料。其中，食用香料是食品添加剂中品种最多的一类。

香味剂能使食品产生香气。例如某些原料本身没有香味，要靠香味剂使产品带有香味，以使人们在食用时感到一种愉悦的享受，满足人们对食品香味的需要。

香味剂可以消除食品中的不良味道。某些食品有难闻的气味，如羊肉、鱼类等，或者是某些气味太浓而使人们不喜欢食用。此时，添加适当的香味剂可将这些味道去除或抑制。

香味剂可以改变食品原有的风味。在食品制作中，有许多作为原料的物质的风味都要因所需目的而改变，如人造肉、饮料等。加入适当的香味剂后能够使这些食品人为地带有各种风味。

香味剂能使食品显示出其特征风味。许多地方性、风味性食品其特征多由使用的香味剂显现出来，否则就没有风味的差异，许多香料已成为各国、各民族、各地区饮食文化的一部分。

9.2.3.2　食用香料

食用香料是指用于食品增香的食品添加剂，按照来源可以分为天然香料、天然同一香料和人工合成香料三大类。

（1）天然香料。天然香料是在历史上最早应用的香料。天然香料是指原始的、未加工过的、直接应用的动、植物发香部位或通过物理方法进行提取或精炼加工而未改变其原来成分的香料。天然香料包括动物性和植物性天然香料两大类。动物性天然香料最常用的商品化品种有麝香、灵猫香、海狸香和龙涎香四种。植物性天然香料是以植物的花、果、叶、皮、根、茎、草和种子等为原料提取出来的多种化学成分的混合物。

（2）天然同一香料。天然同一香料亦称天然香料等同体、拟天然香料，是用化学合成方法得到的在供人类消费的天然动植物香料成分中存在的香料。在化学结构上，它们与供人类消费的天然产品（不管是否加工过）中的物质完全一样。例如通过化学方法合成的肉桂醛、香兰素、覆盆子酮等。

（3）人工合成香料。人工合成香料也称合成香料，是人类通过自己所掌握的科学技术，模仿天然香料，运用不同的原料，经过化学或生物合成的途径制备或创造出的香料。世界上合成香料已达5000多种，常用的产品有400多种。合成香料工业已成为精细有机化工的重要组成部分。合成香料如按其化学结构或官能团来区分，有烃类、醇类、酸类、酯类、内酯类、醛类、酮类、酚类、醚类、缩醛类、缩酮类、曳馥基类、腈类、大环类、多环类、杂环类（吡嗪、吡啶、呋喃、噻唑等）、硫化物类及卤化物类等。

9.2.3.3　食用香精

食用香精是参照天然食品的香味，采用天然和天然同一香料、合成香料经精心调配而成的具有天然风味的各种香型的香料，包括水果类（水质和油质）、奶类、家禽类、肉类、蔬菜类、坚果类、蜜饯类、乳化类以及酒类等各种香精，适用于饮料、饼干、糕点、冷冻食品、糖果、调味料、乳制品、罐头、酒等食品中。食用香精的剂型有液体、粉末、微胶囊、浆状等。

现代食品工业为了追求利益最大化，需要添加相应的香精来强化或改善其产品的香味，诱导消费，扩大销售。香精作为一种可影响食品口感和风味的特殊高倍浓缩添加剂已经被广泛应用到食品生产的各个领域，它可以弥补食品本身的香味缺陷，赋予部分食品生动的原滋味，加强食品的香味，掩盖食品的不良气息。香精的这些优点使其日益成为人们研究的重点。随着现代分析技术的发展以及分析手段的不断改进，越来越多香气物质的结构被鉴定出来，尤其是含硫化合物等含量微小但对香型不可或缺的成分被发现后，合成香精与天然香精的香气更加接近，从而使得合成香精产业得到了飞速的发展，食品香精已经成为现代食品工业不可缺少的重要组成部分。

长期以来香精一直因其用量少，同时具有自我限量的特性，而不像化学合成甜味剂、防腐剂、色素那样受到人们的强烈关注。然而近20年来的研究成果告诉我们，食用香精并不是完全安全的。大部分香精的危害要经过长期的积累才能表现出来，这些物质常常危害人类的生殖系统，同时多数具有潜在的致癌性，如丙烯酰胺、氯丙醇等。因此，世界各国都对香精香料的使用制定了严格的法规加以管理。

香精可按其形态进行分类，一般分为水溶性香精、油溶性香精、乳化香精、粉末香精等几类。

（1）水溶性香精。水溶性香精是指所用的天然香料与合成香料必须能溶于醇类溶剂中，常用的溶剂为40%~60%的乙醇水溶液，也可以为丙醇、丙二醇、丙三醇等溶剂。水溶性香精广泛应用于果汁、果冻、果酱、冰淇淋、烟草、酒类、香水、花露水等中。

（2）油溶性香精。油溶性香精是由所选用的天然香料与合成香料溶解在油性溶剂中配制而成的。油性溶剂分为两类，一类是天然油脂，如花生油、菜籽油、芝麻油、橄榄油等，另一类是有机溶剂，如苯甲醇、甘油三乙酸酯等。有些油溶性香精可不另加油性溶剂，由香料本身的互溶性配制而成。

以植物油为溶剂配制的油溶性香精主要用于食品工业中，以有机溶剂或香料间互溶配制成的油溶性香精多用于膏霜、发脂、发油等化妆品中。

（3）乳化香精。乳化香精是利用单硬脂酸甘油酯等表面活性剂作为乳化剂，以淀粉、果胶、羧甲基纤维素钠等为增稠剂，经乳化均质得到的水包油的香精。

（4）粉末香精。粉末香精也称固体香精，一般用于固体汤料、固体饮料、香粉、爽身粉等粉类食品和化妆品中。

9.2.4　食品气味的调节

食品的营养与香气可能存在一定的矛盾，为了解决这一矛盾，许多科研工作者十分重视对食品香气的控制、稳定或增强等方面的研究。

9.2.4.1　利用酶控制香气

酶的作用对于植物性食品香气物质的形成起着非常重要的作用，利用酶的活性来产生香气主要有两种方式。

（1）在食品中加入特定的香酶。在脱水蔬菜中，脱水后产生香味的酶被破坏掉了，这时加入能产生香味的酶液，同样能够得到与新鲜蔬菜相同的香味。

（2）加入特定的脱臭酶。有些食品中含有少量的具有不良气味的成分，从而影响风味。例如，大豆制品中含有一些中长链的醛类化合物而产生豆腥气味，可在其中加入醇脱氢酶和醇氧化酶来将这些醛类化合物氧化，从而除去豆腥味。

9.2.4.2　稳定和隐蔽香气

香气的稳定性是由食物本身的结构和性质决定的。目前增加食品香气的稳定大致有两种方式。

（1）形成包含物。在食品微粒表面形成一种水分子能通过而香气分子不能通过的半渗透性薄膜。

（2）物理吸附作用。香气成分通过物理吸附作用而与食品成分结合。例如，糖可以吸附醇类、醛类、酮类化合物。一般来说，液态食品吸附能力较强。

9.2.4.3　增强香气

增强香气的途径有两种：一种是直接加入食品香味料，这类香料已广泛应用于食品中去，如辣椒、姜、葱、月桂等。另一种是加入香味增效剂，其特点是本身不一定有香味，用量少，增香效果明显，并能直接加入食品中去。

思考与练习

1. 什么叫香气值？
2. 举例说明嗅觉疲劳和气味的掩盖作用。
3. 料酒、醋在肉类烹饪中为何可起到去腥增香的作用？
4. 举例说明如何进行食品气味的调节？

第 10 章　食品味道

学习目标：
1. 了解味道的分类、呈味机理及影响因素。
2. 掌握基本呈味物质的特点及相互作用，了解其他味道。
3. 熟练应用食品原料和菜肴的味道，并能在烹饪中采用正确的调味方法。

中国人历来认为食物有五种基本味道，即酸、甜、苦、辣、咸。其实辣味并不是一种化学味觉，而是一种物理味觉，酸、甜、苦、咸才是真正的化学味道，这四种味道在味蕾上都有其对应的特殊感受器。大多数情况下，人们尝到的是一种复合味道。

10.1　味道的基础知识

食物进入口腔引起的所有感觉总称滋味或味感，这包括舌头和口腔的各种感觉，如味觉、触觉、温觉等。在这些感觉中，味觉是独特的，它是食品在人的口腔内对味觉器官化学系统的刺激而产生的一种感觉。

10.1.1　味觉的形成

味觉包括心理味觉、物理味觉和化学味觉。

心理味觉是指在进食前和进食中，从心理上对食物产生的种种感觉，它包括进食时的环境及食品的色泽、光泽和形状等给进餐者的感觉。

物理味觉是指食品的物理性状对口腔触觉器官的刺激，通常称作"口感"，如口腔感觉到食品的软硬度、冷热、黏度等都是物理味觉。

化学味觉是指食品中的化学物质刺激味觉器官所引起的感觉。进餐时感受到食品的咸味、甜味、酸味、苦味等都是化学味觉。

本章主要研究化学味觉。

味觉的形成一般认为是呈味物质刺激口腔内的味觉感受体，然后通过收集和传递信息的神经感觉系统传导到大脑的味觉中枢，最后通过大脑的综合神经中枢系统的分析，从而产生味觉。不同的味觉产生有不同的味觉感受体，味觉感受体与呈味物质之间的作用力也不相同。

口腔内的味觉感受体主要是味蕾，其次是自由神经末梢。婴儿有 10000 个味蕾，成人有几千个，味蕾数量随年龄的增大而减少，对呈味物质的敏感性也降低。味蕾大部分分布在舌头表面的乳状突起中，尤其是舌黏膜皱褶处的乳状突起中最密集。味蕾一般由

40～150 个味觉细胞构成，大约 10～14 天更换一次。味觉细胞表面有许多味觉感受分子，不同物质能与不同的味觉感受分子结合而呈现不同的味道。人的味觉从呈味物质刺激到感受到滋味仅需 1.5～4.0 ms，比视觉 13～45 ms、听觉 1.27～21.5 ms、触觉 2.4～8.9 ms 都快。

味蕾在舌头上的分布是不均匀的，因而舌头的不同部位对味道的分辨敏感性有一定的差异，舌尖对甜、舌边前部对咸、舌边后部对酸、舌根对苦最敏感。

10.1.2　味觉的分类

不同的国家和民族由于生活习惯的不同及风味爱好的差异，对味觉的分类也有所不同，具体如下。

中国：酸、甜、苦、咸、辣

日本：酸、甜、苦、咸、辣

欧美各国：酸、甜、苦、咸、辣、金属味

印度：酸、甜、苦、咸、辣、淡、涩、不正常味

如果我们按照味觉的生理角度来进行分类，只有四种基本味觉，即酸、甜、苦、咸。它们是食物直接刺激味蕾而产生的。这四种基本味道在舌头上都有与之相应的、专一性较强的味觉感受器。

辣味是由于食物成分刺激皮肤、口腔黏膜、鼻腔黏膜和三叉神经而引起的一种痛觉。

涩味是由于食物成分刺激口腔，使蛋白质凝固的时候产生的一种收敛感觉。

化学味道通常包括单一味道和由此派生出来的各种复合味道。单一味道有酸、甜、苦、咸、鲜、涩、碱、清凉及金属味等。复合味道是由两种或两种以上单一味道所组成的新的味道，如咸鲜、酸甜、麻辣、甜辣、怪味等。

丰富多样的菜肴所呈现的味觉大多数是复合味道。单一味道可数，复合味道无穷。各种单一味道的物质以不同的比例、不同的加入次序、不同的烹饪方法混合，就能产生众多的复合味道。

10.1.3　味觉的影响因素

影响味觉的因素很多，从品尝者的角度分析，除了呈味物质的客观因素，如呈味物质的种类、浓度、食物的温度及呈味物质的相互作用，还有人的生理、心理因素。

10.1.3.1　味觉与呈味物质种类的关系

不同的物质种类具有不同的味道，如通常情况下，低聚糖类具有甜味，酸类具有酸味，盐类具有咸味，生物碱具有苦味等。

10.1.3.2　味觉与呈味物质温度的关系

呈味物质的温度对味觉的灵敏度有一定的影响。

一般随温度的升高，味觉加强，最适宜的味觉产生的温度是 10℃～40℃，尤其是

30℃最敏感，大于或小于此温度都将变得迟钝。温度对呈味物质的阈值也有明显的影响。因此，在制作冷菜时，应有意识地略微加重菜肴的味道，以弥补由于温度低而造成冷菜的口味不足。

10.1.3.3 味觉与呈味物质浓度的关系

呈味物质在适当浓度时通常会使人有愉快感，而不适当的浓度则会使人产生不愉快的感觉。浓度对不同味感的影响差别很大。一般来说，甜味在任何被感觉到的浓度下都会给人带来愉快的感受；单纯的苦味差不多总是令人不快；酸味和咸味在低浓度时使人有愉快感，在高浓度时则会使人感到不快。

10.1.3.4 味觉与呈味物质水溶性的关系

呈味物质必须有一定的水溶性才可能有一定的味感，完全不溶于水的物质是无味的，溶解度小于阈值的物质也是无味的。水溶性越高，味觉产生得越快，消失得也越快。一般呈现酸味、甜味、咸味的物质有较大的水溶性，而呈现苦味的物质的水溶性一般。

10.1.3.5 味觉与人体生理、心理的关系

人的营养状况与味觉感受性有密切关系。实验表明，如果习惯吃肉的动物长期没有肉吃，对肉的味觉感受性就会增加；在饥饿的状态下，人对甜和咸的感受性增加，而对酸和苦的感受性降低。

随着年龄的增长，人的味觉逐渐衰退。老年人由于味蕾功能减弱，对呈味物质的敏感性明显减弱，故老年人吃东西会感到没味，对调味品需求量往往过高。同等条件下，女性对味的感受程度较男性高，健康者比非健康者灵敏度高。

心理活动作用于味觉的因素最为复杂。饮食的环境、饮食的包装、饮食的价格、服务质量的优劣、饮食的实现值与期望值、情趣的高低、印象等都可能作用于人的心理，而人的心理活动直接影响到味觉的感受程度。

10.1.3.6 味的相互作用

中国菜以调味著称，要使菜肴产生鲜美的滋味，一在于烹，二在于调。调味，就是在烹制的过程中，把原料和所需的各种调味品适当配合，使其相互影响、相互作用，产生特殊的美味。

（1）对比作用。

指两种或两种以上的呈味物质，适当调配，可使某种呈味物质的味觉更加突出的现象。例如在10%的蔗糖中添加0.15%的氯化钠，会使蔗糖的甜味更加突出，在醋酸中添加一定量的氯化钠可以使酸味更加突出，在味精中添加氯化钠会使鲜味更加突出。

（2）相消作用。

指一种呈味物质能够减弱另外一种呈味物质味觉强度的现象，又称为味的拮抗作用。如在食盐、砂糖、奎宁、柠檬酸4种不同味觉的呈味物质之间，把其中任何两种呈

味物质以适当浓度混合后，会使其中任意一种比单独存在时的味觉要弱。

（3）相乘作用。

把同一味觉的两种或两种以上不同呈味物质混合在一起时，可出现使味觉猛增的现象，称为味的相乘作用。

味精与核苷酸共存时，会使鲜味成倍增强。在鲜味剂中，95 g 味精和 5 g 肌苷酸相混合，结果所呈现的鲜味相当于 600 g 味精所呈现的鲜味强度。甘草铵本身的甜度是蔗糖的 50 倍，但与蔗糖共同使用时末期甜度可达到蔗糖的 100 倍。

在制作某些炖、煨的菜肴时，要用到数种以上的原料，一般是将富含核苷酸的动物性原料（如鸡、鸭、猪骨等）和富含谷氨酸的植物性原料（如竹笋、冬笋、香菇、蘑菇、草菇等）混合在一起，这样可以大大提高菜肴的鲜味程度。用羊肉汤汆鱼片，或者将鲫鱼熬成奶汤后用来涮羊肉片，要比不用奶汤时更为鲜美。

（4）转化作用。

由于受某一种味觉的呈味物质的影响，使得另一种呈味物质原有的味觉发生改变，这种现象称为味的转化作用。例如刚吃过苦味的东西，喝一口水就觉得水是甜的；刷过牙后吃酸的东西就有苦味产生。

（5）疲劳作用。

连续地长时间地受同一呈味物质刺激，味觉器官对此味会迟钝，这种现象称为味觉的适应，即味疲劳。但此时对其他味的感受不受影响，或影响很小，甚至反应更灵敏。品尝家在鉴定时，为了防止连续品尝出现味觉适应现象，常在品尝之前用清水或清茶漱口，以免鉴定时味觉不准确。

10.1.4　几种味觉

10.1.4.1　酸味

酸味是由于酸味物质中的氢离子刺激舌黏膜产生的，因此在溶液中能解离出氢离子的化合物都具有酸味。

有机酸与无机酸相比，在相同 pH 值下其味感要大些。无机酸一般伴有苦味、涩味；有机酸因阴离子部分的基团结构不同，而有不同的风味，如柠檬酸具有令人愉快的酸味，苹果酸伴有苦味，乳酸有涩味等。

酸的味感与酸的特性如酸度、缓冲效应及其他化合物尤其糖的存在与否也有关。例如，在相同 pH 值下，几种常见酸味剂的酸味强度顺序是醋酸＞甲酸＞乳酸＞草酸＞盐酸。

酸味还受其他物质的缓冲作用影响，例如酸中加些白糖，酸味感觉就柔和，这是因为甜味使酸味减弱。酸中加入少量食盐，则酸味增强。

10.1.4.2　甜味

甜味是人们最喜爱的基本味感，它能够改善食品的可口性。

食品中的甜味物质可分为天然和合成两大类。前一种物质是从植物中提取或以天然物质为原料加工而成的，后一种物质是以化学的方法合成制得的。

10.1.4.3　苦味

食物中的天然苦味化合物，植物性的来源主要是生物碱、萜类、糖苷类等，动物性的来源主要是胆汁。

在烹调某些菜肴时，略加一些含苦味的原料或调味品，可使菜肴具有鲜香爽口的特殊风味，刺激人们的食欲，但要特别注意其用量。例如"啤酒炖仔鸡"用啤酒调味，不但可除腥增香，且风味别具一格；部分火锅中就有杏仁作调料，其苦味溶解于汤中，可解除异味，增进食欲，还可帮助消化；鲁菜中的"九转大肠"因放了适量的苦味调味品而别有风味。

带有苦味的烹饪原料，如茶叶、苦瓜等，加入菜肴中烹制调味时，仅是为增加其特殊的芳香气味，绝不为突出苦味。烹饪原料中自身的苦味，如苦瓜焖黄鱼、花茶鸡柳、龙井虾仁、龙井茶饺、苦笋炒肉丝等，也要通过一定的技术处理，使其苦味减弱，力求形成清鲜微苦的风味特色。

10.1.4.4　咸味

咸味是一种分布在人舌尖的精神感触体验，一般主要是由盐（氯化钠）给味觉带来的刺激。它是人类的基本味觉之一，在食品调味中常常占首位。

咸味对苦味有消杀作用，少量的咸味对酸味和甜味有增效作用，但多量的咸味使甜味、酸味减弱。

10.1.4.5　鲜味

鲜味成分自身具有鲜味特性，已知的鲜味成分主要为有机酸类、有机碱类、游离氨基酸及其盐类、核苷酸及其盐类、肽类等。

鲜味在烹调中有增鲜、提味及增浓复合味感的作用。但在使用时，应注意鲜味的加热时间和受热环境。例如，蚝油若长时间受热会失去鲜味，味精不宜在碱性或酸性过高的条件下使用。"醋椒鱼"等要求突出酸味、"酱汁鱼"等要求突出酱香味的菜肴，以及蒸、煮、炖等，在调味时不宜用味精提鲜，有经验的厨师在烹调时，常常用各类鲜汤来丰富菜肴的滋味。

10.1.4.6　辣味

辣味不属于食品的基本味觉，它是因一些具有辛辣味的物质对舌、口腔和鼻腔产生的刺激作用，从而使人产生辛辣、刺痛、灼热的感觉。辣味具有促进人体消化液的分泌、促进食欲的功能，是日常生活中不可缺少的调味品，同时辣味还影响食品的气味。

不同植物体内的辣味成分不同。辣椒的辣味主要是辣椒素和挥发油的作用；胡椒中最辣的化合物是胡椒碱和黑椒素，胡椒碱是主要辣味成分；新鲜生姜中的辣味以姜醇为主，不含姜酮，姜酮存在于陈姜中，是由姜烯酚转化而来的，姜烯酚的辣味最强，姜醇次之，而姜酮的辣味较缓和。

10.1.4.7　涩味

涩味是口腔组织引起的粗糙感觉和干燥感觉之和。通常是由于涩味物质与黏膜上或唾液中的蛋白质结合生成沉淀或聚合物而引起的。

食品中的涩味主要是单宁等多酚化合物引起的，其次是一些盐类（如明矾），还有一些醛类、有机酸如草酸、奎宁酸也具有涩味。有些水果（如柿子）在成熟过程中由于多酚化合物的分解、氧化、聚合等，涩味逐渐消失。茶叶中也含有多酚类物质，由于加工方法不同，各种茶叶中多酚类物质的含量各不相同。红茶经发酵后，由于多酚物质被氧化，所以涩味低于绿茶。涩味是构成红葡萄酒的一个重要因素，但是涩味又不宜太重，在生产中就要采取措施控制多酚类物质的含量。

10.1.4.8　金属味

金属味是中、西餐调味中均会使用的一种味型，在中国南方沿海地区以及北方部分高档酒楼均会用到。其广泛用于冷热菜中的卷类菜肴。主要应用于以水产、家禽、家畜、豆制品、藻类等为原料制成的卷类菜肴。其口味特点主要体现为：金属辛香，鲜咸微甘。

10.2　调味剂

10.2.1　酸味剂

酸味剂是以赋予食品酸味为主要目的的添加剂。

10.2.1.1　酸味剂的主要作用

（1）赋予酸味。

酸味给人以爽快的刺激，一般人虽多喜甜食，但是纯甜的糖果、饮料、果酱等饮食甜味平淡，食多则腻，若能以适当之酸甜比配合，可明显地改善其风味和掩盖某些不好的风味。因此，酸味剂在食品加工中被广泛应用。

（2）调节 pH 值。

酸味剂在食品中可用于控制体系的酸碱性，如在凝胶、干酪、果冻、软搪、果酱等产品中，为取得产品的最佳性状和韧度，必须正确调整 pH 值，果胶的凝结、干酪的凝固尤其如此。酸味剂降低了体系的 pH 值，可抑制许多有害微生物繁殖，抑制不良的发酵过程，并有助于酸型防腐剂的效果，减少高温灭菌时间，减少高温对食品风味的不利影响。

（3）香味辅助剂。

酸味剂在食品中可作香味辅助剂，广泛应用于调香。许多香味都得益于特定的酸味剂，如酒石酸可辅助葡萄的香味，磷酸可辅助可乐饮料的香味，苹果酸可辅助许多水果和果酱的香味。酸味剂能平衡风味，修饰蔗糖或甜味剂的甜味。

（4）螯合剂。

酸味剂在食品加工中可作螯合剂，某些金属离子如镍、铬、铜、锡等能加速氧化作用，对食品产生不良影响，如变色、腐败、营养损失等。许多酸味剂具有螯合这些金属离子的能力，酸味剂与抗氧化剂结合使用，能起到增效的作用。

（5）抑菌作用。

微生物生存需要一定的 pH 值，多数细菌为 $6.5\sim7.5$，少数可耐受到 pH 为 $4\sim3$ 的范围（酵母菌、霉菌）。因此，酸味剂可以调整酸度起防腐作用，还能增加苯甲酸、山梨酸等防腐剂的抗菌效果。

（6）稳定泡沫。

酸味剂遇碳酸盐可产生 CO_2 气体，这是化学膨松剂产生的基础，而且酸味剂的性质决定了膨松剂的反应速度。酸味剂有一定的泡沫稳定作用。

此外，食品工业中酸味剂在饮料生产中的应用是最广泛的，酸味剂在饮料中的作用如下：

（1）使饮料产生特定的酸味；

（2）改进饮料的风味与促进蔗糖的转化；

（3）通过刺激产生唾液，加强饮料的解渴效果；

（4）具有防腐作用，一般清凉饮料中添加 $0.01\%\sim0.3\%$ 的酸味剂，可使 pH 值下降，细菌难于生长。

10.2.1.2　酸味剂的分类

（1）按照其组成，可分为有机酸和无机酸两大类。

食品中天然存在的主要是有机酸，如柠檬酸、酒石酸、苹果酸、抗坏血酸、乳酸、葡萄糖酸等；无机酸有磷酸等。

（2）按照其酸味，可分为以下几类：①令人愉快的：柠檬酸、抗坏血酸、葡萄糖酸、L－苹果酸；②带有苦味的：DL－苹果酸；③带有涩味的：酒石酸、乳酸、延胡索酸、磷酸；④有刺激性气味的：乙酸；⑤有鲜味的：谷氨酸。

10.2.1.3　重要的酸味剂

（1）食醋。

食醋是我国常用的酸味调料，其成分除含 $3\%\sim5\%$ 的乙酸外，还含有少量的其他有机酸、氨基酸、糖、醇、酯等。在烹饪中除用作调味外，还可防腐败、去腥臭、刺激食欲、减少维生素 C 的损失及防止果蔬褐变等作用。

食醋的主要成分是醋酸。醋酸学名乙酸，为无色有刺激性气味的液体。酿醋主要使用大米或高粱为原料。适当的发酵可使含碳水化合物（糖、淀粉）的液体转化成酒精和二氧化碳，酒精再受某种细菌的作用与空气中的氧结合即生成醋酸和水。所以说，酿醋的过程就是使酒精进一步氧化成醋酸的过程。食醋味酸而醇厚，浓香而柔和，它是烹饪中一种必不可少的调味品。现用食醋主要有"米醋""熏醋""特醋""糖醋""酒醋""白醋"等。根据产地品种的不同，食醋中所含醋酸的量也不同，一般在 $5\%\sim8\%$ 之间，食醋的酸味强度的高低主要是其中所含醋酸量的多少所决定。例如山西老陈醋的酸味较浓，而镇江香醋的酸味酸中带柔，酸而不烈。

（2）柠檬酸。

柠檬酸，又名枸橼酸，是一种重要的有机酸，为无色晶体，无臭，有很强的酸味，易溶于水，是天然防腐剂和食品添加剂。

天然柠檬酸在自然界中分布很广，存在于柠檬、柑橘、菠萝等果实和动物的骨骼、肌肉、血液中。人工合成的柠檬酸是用砂糖、蜂蜜、淀粉、葡萄等含糖物质发酵而制得的。

柠檬酸是世界上用生物化学方法生产的产量最大的有机酸。柠檬酸及盐类是发酵行业的支柱产品之一，主要用于食品工业，如酸味剂、增溶剂、缓冲剂、抗氧化剂、除腥脱臭剂、风味增进剂、胶凝剂、调色剂等。

在食品添加剂方面，柠檬酸主要应用于碳酸饮料、果汁饮料、乳酸饮料等清凉饮料和腌制品，其需求量受季节和气候的变化而有所变化。柠檬酸约占酸味剂总消耗量的2/3。在水果罐头中添加柠檬酸可保持或改进水果的风味，提高某些酸度较低的水果罐藏时的酸度（降低 pH 值），减弱微生物的抗热性和抑制其生长，防止酸度较低的水果罐头常发生的细菌性胀罐和破坏。在糖果中加入柠檬酸作为酸味剂易于和果味协调。在凝胶食品如果酱、果冻中使用柠檬酸能有效降低果胶负电荷，从而使果胶分子间的氢键结合而凝结。在加工蔬菜罐头时，一些蔬菜呈碱性反应，用柠檬酸作 pH 调整剂，不但可以起到调味作用，还可以保持其品质。柠檬酸所具有螯合作用和调节 pH 值的特性使其在速冻食品的加工中能增加抗氧剂的性能，抑制酶活性，延长食品保存期。

（3）乳酸。

乳酸是一种羧酸，分子式是 $C_3H_6O_3$。人们喜爱的泡菜、酸菜、酸奶就是利用乳酸发酵制成的。另外，合成醋、辣酱油、酱菜的制作过程中也需要加入乳酸作为酸味料。

乳酸有很强的防腐保鲜功效，可用在果酒、饮料、肉类、糕点制作、蔬菜（橄榄、小黄瓜、珍珠洋葱）腌制以及罐头加工、粮食加工、水果的贮藏中，具有调节 pH 值、抑菌、延长保质期、调味、保持食品色泽、提高产品质量等作用。

乳酸独特的酸味可增加食物的美味，在色拉、酱油、醋等调味品中加入一定量的乳酸，可保持产品中的微生物的稳定性、安全性，同时使口味更加温和。

由于乳酸的酸味温和适中，还可作为精心调配的软饮料和果汁的首选酸味剂。在酿造啤酒时，加入适量乳酸既能调整 pH 值促进糖化，有利于酵母发酵，提高啤酒质量，又能增加啤酒风味，延长保质期。在白酒、清酒和果酒中用于调节 pH 值，防止杂菌生长，增强酸味和清爽口感。缓冲型乳酸可应用于硬糖、水果糖及其他糖果产品中，酸味适中且糖转化率低。

天然乳酸是乳制品中的固有成分，它有着乳制品的口味和良好的抗微生物作用，已广泛用于调配型酸奶奶酪、冰淇淋等食品中，成为备受青睐的乳制品酸味剂。

乳酸作为天然的酸味调节剂，在面包、蛋糕、饼干等焙烤食品中用于调味剂和抑菌剂，并能改进食品的品质、保持色泽、延长保质期。

（4）抗坏血酸。

抗坏血酸也称维生素 C，它主要来源于新鲜的蔬菜和水果中。水果中以橙类含量最多，蔬菜中以辣椒含量最多。

在烹饪时，抗坏血酸可以作为一种酸味剂，同时在切削某些蔬菜水果时，为了防止由于酶促褐变而引起的"锈色"，常常可以添加抗坏血酸以防变色，使原料保持新鲜的色泽。在肉类原料腌制时添加一定量的抗坏血酸，可以起到稳定肉色及减少有害物质产生的作用。

10.2.2 甜味剂

甜味剂是以赋予食品甜味为主要目的的食品添加剂。目前世界上使用的甜味剂约有20 种。通常甜味剂是指人工合成的甜味剂、糖醇类甜味剂和非糖天然甜味剂三大类。

10.2.2.1 甜味剂的主要作用

（1）口感。甜度是许多食品的指标之一，为使食品、饮料具有适口的感觉，需要加入一定量的甜味剂。

（2）风味的调节和增强。在糕点中一般都需要甜味；在饮料中，风味的调整就有"糖酸比"一项。甜味剂可使产品获得好的风味，又可保留新鲜的味道。

（3）风味的形成。甜味和许多食品的风味是相互补充的，许多产品的味道就是由风味物质和甜味剂的结合而产生的，所以许多食品中都加入甜味剂。

10.2.2.2 甜味剂的分类

（1）按其来源。按其来源可分为天然甜味剂和人工合成甜味剂。甘草、甜叶菊、甘茶素等是常见的天然甜味剂，糖精钠、甜蜜素、甜味素等是常见的人工合成甜味剂。

（2）按其营养价值。按其营养价值可分为营养性甜味剂和非营养性甜味剂。

（3）按其化学结构和性质。按其化学结构和性质分为糖类和非糖类甜味剂。

葡萄糖、果糖、蔗糖、麦芽糖、淀粉糖和乳糖等糖类物质，虽然也是天然甜味剂，但因长期被人们食用，且是重要的营养素，通常被视为食品原料，在中国不作为食品添加剂。

属于非糖类的甜味剂有天然甜味剂和人工合成甜味剂。天然甜味剂有甜菊糖、甘草、甘草酸二钠、甘草酸三钾和甘草酸三钠等。人工合成的甜味剂有糖精、糖精钠、环己基氨基磺酸钠等。

10.2.2.3 甜味剂的甜度

甜味是甜味剂分子刺激味蕾产生的一种复杂的物理、化学和生理过程。甜味的高低称为甜度，甜度是甜味剂的重要指标。甜度不能用物理、化学的方法定量测定，只能凭借人们的味觉进行感官判断。为了比较甜味剂的甜度，一般是选择蔗糖作为标准，其他甜味剂的甜度是与它比较而得出的相对甜度。测定相对甜度有两种方法：一种是将甜味剂配成可被感觉出甜味的最低浓度，称为极限浓度法；另一种是将甜味剂配成与蔗糖浓度相同的溶液，然后以蔗糖溶液为标准比较该甜味剂的甜度，称为相对甜度法。

甜味剂的甜度受多种因素影响，其中主要的有浓度、温度和介质。一般来说，甜味剂的浓度越高，甜度越大。但大多数甜味剂的甜味随浓度增大的程度并不相同。多数甜味剂的甜度受温度影响，通常随温度升高而降低。例如，5％的果糖溶液在 5℃时甜度为 147，18℃时为 128.5，40℃时为 100，60℃时为 79.5。介质对甜度也有影响，在水溶液中于 40℃以下，果糖的甜度高于蔗糖，在柠檬汁中两者的甜度大致相同。

10.2.2.4　常见的甜味剂

（1）甘草。

作为甜味剂的甘草是多年生豆科植物甘草的根，产于欧亚各地。甘草中的甜味成分是由甘草酸和两分子葡萄糖结合成的甘草苷。纯甘草苷的甜度为蔗糖的 250 倍，其甜味缓慢而长存，蔗糖有助于甘草苷甜味的发挥，因此使用蔗糖时加入甘草可节省蔗糖。

（2）甜叶菊。

甜叶菊是一种多年生草本植物，其叶含有较多甜度很高的物质——甜叶菊糖苷，其甜度是蔗糖的 300 倍，是一种低热值的甜味物质。

甜叶菊干叶中的主要成分为甜叶菊糖苷，其不仅甜度高、热量低，还具有一定的药理作用。甜叶菊糖苷主要有治疗糖尿病、控制血糖、降低血压、抗肿瘤、抗腹泻、提高免疫力、促进新陈代谢等作用，对控制肥胖症、调节胃酸、恢复神经疲劳有很好的功效，对心脏病、小儿龋齿等也有显著疗效，最重要的是它可消除蔗糖的副作用。联合国粮农组织、世界卫生组织食品添加剂联合专家委员会在 2008 年 6 月第 69 届会议报告中明确表明：正常人甜叶菊糖苷每日摄入量在 4 mg/kg 体重以下时对人体没有副作用。南美、东南亚等地区，甜叶菊糖苷被广泛应用于食品和药品领域。我国卫生部于 1985年批准了甜叶菊糖苷为不限量使用的天然甜味剂，又于 1990 年批准了甜叶菊糖苷为医药用的甜味剂辅料。

（3）甘茶素（甘茶叶素）。

甘茶素是从虎耳草科植物甘茶叶中提取得到的一种甜味剂。它的纯品为白色针状结晶，味甜，甜度为蔗糖的 600～800 倍。在蔗糖中加入 1％可使蔗糖甜度提高 3 倍。甘茶素熔点 105℃～110℃，对热、酸较稳定，兼有防腐、防霉作用，微溶于水。

（4）糖精钠。

糖精钠又名邻苯甲酰磺酰亚胺钠，于 1879 年发现，是最早应用的人工合成非营养型甜味剂，溶于水，在稀溶液中的甜度为蔗糖的 200～500 倍，浓度大时有苦味，在酸性条件下加热，甜味消失，并可形成苦味的邻氨基磺酰苯甲酸。因其具有热量低、不为人体吸收、可随大小便自动排出体外等特点被肥胖症、高血脂、糖尿病和龋齿等患者用作蔗糖替代品。另外也可用作电镀镍铬的增亮剂、血液循环测定剂、渗透剂等，用途相当广泛。

糖精钠是食品添加剂，对人体无营养价值。当食用较多时，会影响肠胃消化酶的正常分泌，降低小肠的吸收能力，使食欲减退。许多国家都限制了糖精钠在食品加工中的使用量。在生产经营活动中，少数企业为了片面追求产品的甜度、色泽或延长产品保质期，擅自违法过量使用糖精钠等食品添加剂，对人体健康构成了潜在的威胁。

（5）甜蜜素。

甜蜜素，其化学名称为环己基氨基磺酸钠，是食品生产中常用的添加剂，其甜度是蔗糖的 30~40 倍。

甜蜜素分子式为 $C_6H_{12}NNaO_3S$，分子量为 201.2。白色结晶或白色结晶粉末，无臭，味甜，易溶于水，难溶于乙醇，不溶于氯仿和乙醚。在酸性条件下略有分解，在碱性条件下稳定。为无营养甜味剂，浓度大于 0.4% 时带有苦味。小鼠经口半数致死剂量为 18 g/kg，1969 年因用糖精—环己基氨基磺酸钠喂养的白鼠发现患有膀胱癌，故 1970 年美国、日本相继禁止使用。在随后的继续研究中，没有发现本品有致癌作用。人口服环己基氨基磺酸钠，40% 由尿排出，60% 由粪便排出，无蓄积现象。我国《食品添加剂使用卫生标准》（GB 2760—2014）对食品加工中甜蜜素的用量进行了严格限制。

（6）甜味素。

天冬甜素（Aspartame），俗名甜味素，是由 L-天冬氨酸和 L-苯丙氨酸甲酯盐酸盐缩合而得，化学名为天冬酰苯丙氨酸甲酯，甜度为蔗糖的 180 倍。其甜味与砂糖十分相似，并有清凉感，无苦味或金属味。0.8% 的水溶液 pH 值为 4.5~6。长时间加热或高温可致破坏。在水溶液中不稳定，易分解而失去甜味，低温时和 pH 值 3~5 较稳定。用时现配或在解冻食品中使用较为理想。

甜味素于 1965 年被发现，由美国 Seark 公司开发并取得专利。1974 年，美国食品药品管理局（FDA）批准用作食品添加剂，甜味素以其无毒、低热、高甜、不致肥胖、不引起龋齿、不致心血管疾病等优点而被广为使用，并被收入《美国药典》22 版及《美国食品化学药典》（1983）。

10.2.3 苦味剂

苦味剂是一类具有苦味化合物的通称，在中草药成分中主要指除了生物碱、甙类以外具有苦味性质的物质。在自然界中有苦味的物质要比有甜味的物质多。苦味物质在调味和生理功能上都有重要意义。从味本身来说，苦味与其他味恰当组合后能起到丰富和改进食品风味的特殊作用，如广东的"苦味牛肉"、四川的"干煸苦瓜"、湖南的"干菜苦瓜炒肉丝"等地方风味菜肴，都被视为美味佳肴。

苦味的基准物质是奎宁。

10.2.3.1 苦味剂的分类

苦味剂可以分为一萜类、倍半萜类、二萜类和三萜类。此类成分除共同具有苦味外，生物活性是多方面的。例如地黄是滋阴药物，具有降低血糖和利尿的药理作用，栀子的果实中含有多种苦味成分，具有清热泻火作用；龙胆苦味素为环烯醚萜甙的代表，可作为苦味健胃剂。

（1）一萜类。此类苦味剂多是环烯醚类化合物，多以苷的形式存在。因此它们的极性较大，易溶于水和乙醇。比较常见的有存在于栀子中的栀子苷类，存在于车前子中的桃叶珊瑚苷，存在于山茱萸中的马钱素、獐芽苷等。

（2）倍半萜类。此类苦味剂有三类：一类是印防已毒素及其类似物，多存在于印防已科的植物中，我国马桑科植物马桑中含有的马桑毒内酯、杜延、马桑宁、马桑亭即属于此类化合物；一类是奥类倍半萜苦味剂类；还有一类是大环倍半萜苦味剂类。

（3）二萜类。此类苦味剂苦味较小，多存在于高等植物中，如银杏、一枝黄花、夏至草、黄独、苏木等。

（4）三萜类。此类苦味剂包括存在于吴茱萸、白鲜皮、枳实、黄柏中的柠檬苦味剂类似物；存在于臭椿与鸦胆子中的苦木苦味剂类；存在于葫芦科植物药西瓜、甜瓜、雪胆等中的四环三萜衍生物。

10.2.3.2 常见的苦味剂

（1）生物碱。

生物碱是存在于自然界（主要为植物，但有的也存在于动物）中的一类含氮的碱性有机化合物，有似碱的性质，所以过去又称为赝碱。大多数有复杂的环状结构，氮素多包含在环内，有显著的生物活性，是中草药中重要的有效成分之一。具有光学活性。有些不含碱性而来源于植物的含氮有机化合物，有明显的生物活性，故仍包括在生物碱的范围内。而有些来源于天然的含氮有机化合物，如某些维生素、氨基酸、肽类，习惯上又不属于"生物碱"，大多有苦味。

（2）糖苷。

糖苷亦称甙，一般是指单糖的半缩醛羟基与醇或酚的羟基反应，失水而形成的缩醛式衍生物。糖苷是有机化合物的一类，一般都为白色结晶。

糖苷广泛分布于植物的根、茎、叶、花和果实中。大多是带色晶体，能溶于水。一般味苦，有些有剧毒。水解时生成糖和其他物质。例如苦杏仁苷（amygdalin）$C_{20}H_{27}NO_{11}$ 水解的最终产物是葡萄糖 $C_6H_{12}O_6$、苯甲醛 C_6H_5CHO 和氢氰酸 HCN。糖苷可用作药物。很多中药的有效成分就是糖苷，例如柴胡、桔梗、远志等。

在蔬菜中，也有苦味带毒的糖苷，特别是如苦杏仁苷这类生氰苷类，它们能产生剧毒的氢氰酸，在加工中应充分处理。

（3）氨基酸、肽。

一部分氨基酸如亮氨酸、异亮氨酸、苯丙氨酸、酪氨酸、色氨酸、组氨酸、赖氨酸和精氨酸等都有苦味。因此，水解蛋白质和发酵成熟的干酪常有明显的令人厌恶的苦味。

（4）胆汁酸。

胆汁是一种色浓而味极苦的有色液体。胆汁酸是胆汁的重要成分，在脂肪代谢中起着重要作用。它由动物肝脏分泌后储藏在胆囊中，颜色从金黄色到深绿色不等，这主要取决于胆色素的种类和浓度。

10.2.4 咸味剂

咸味是一种非常重要的基本味。它在调味中的作用是举足轻重的，人们常称咸味是"百味之王"，是调制各种复合味的基础。然而，具有咸味的并不只限于食盐（NaCl）

一种，其他一些化合物如氯化钾、氯化铵、溴化钠、溴化锂、碘化钠、碘化锂、苹果酸钠等也都具备咸味的性质，但这些化合物除了呈现咸味，还多少带有其他味，只有食盐的咸味最为纯正。

10.2.4.1　咸味的影响因素

咸味是中性盐呈现出的味感特征。

（1）由解离后的离子决定。盐类的味是由解离后的离子决定的，盐在水溶液中解离出的阳离子（正离子）和阴离子（负离子）都影响咸味的形成。中性盐 MA 中的 M 属于定位基，主要是碱金属和铵离子，其次是碱土金属离子，它们易被味觉感受器中蛋白质的羟基和磷酸基吸附而呈现出咸味。

（2）与正负离子的相对质量有关。在中性盐中，盐的正负离子的相对质量越大，越有增加苦味的趋势。

（3）与正负离子的半径有关。半径都小的盐有咸味，半径都大的盐有苦味。

（4）与粒子的价态有关。从一价离子的理化性质来看，凡是离子半径小、极化率低、水和度高，并且由硬酸硬碱生成的盐都是咸味的，与之相反的盐则是苦味的。

（5）与味觉神经对各种阴离子感应能力和有机阴离子的碳链长短有关。有机离子的碳链越长，感应越小。例如，氯化钠＞甲酸钠＞丙酸钠＞酪酸钠。

10.2.4.2　咸味剂的作用

（1）在肉品加工中食盐具有调味、防腐保鲜、提高保水性和黏着性等重要作用。但食盐能加强脂肪酶的作用和脂肪的氧化，因此，腌肉的脂肪较易氧化变质。

（2）咸味剂在方便面汤料中是最基本的味，在汤料中盐的用量最大，但含量是不一定的，主要看其在汤液中的含量，一般入口最感舒服的食盐水溶液的浓度是 0.8％～1.2％（不同地区有所不同）。在食品中添加 15％的食盐能抑制细菌的繁殖，因此调味酱包除考虑口感，有良好的包装和储存条件外，还要考虑抑制细菌的作用。此外，还必须考虑咸味和其他味的相互关系：如食盐液中添加蔗糖，咸味减少；添加少量醋酸而咸味增加；咸味因谷氨酸等化学调味料而被抑制等。

（3）食盐作为调味剂，能改善饲料的适口性，增强食欲，帮助营养物质的消化吸收，提高饲料利用率。在猪饲料中的添加量为 0.25％～0.35％，过量会引起食盐中毒。牙膏中常用的咸味剂有普通食盐、海盐、湖盐。

（4）咸味剂是人类生活中不可缺少的物质，其主要成分是氯化钠，是人体内钠离子和氯离子的主要来源，也有维持人体正常生理功能，调节血液渗透压，刺激唾液分泌，参与胃酸形成，促进消化酶活动的作用。无盐饮食会导致头晕、恶心、食欲减退、四肢无力、血压下降、心律不齐，人体生长发育会受限，易患感冒发烧、脱发、便秘等症，严重影响健康。但过多摄入食盐会导致心血管病、高血压及其他疾病，原因是一旦人体摄取的钠、钾、钙、镁等离子处于极不平衡的状态，会导致人体功能病变。

10.2.5　鲜味剂（增味剂）

鲜味剂又称风味增强剂，是一类可以增强食品鲜味的化合物。根据化学成分的不同，可将食品鲜味剂分为氨基酸类、核苷酸类、有机酸类、复合鲜味剂等。鲜味剂对蔬菜、肉、禽、乳类、水产类乃至酒类都起着良好的增味作用。

10.2.5.1　鲜味剂的种类

（1）氨基酸类。例如：L-谷氨酸钠、L-丙氨酸、L-天门冬氨酸钠、甘氨酸等。

（2）核苷酸类。例如：肌苷酸二钠、鸟苷酸二钠等。

（3）有机酸类。琥珀酸二钠是目前我国许可使用的有机酸鲜味剂，其呈味阈值为0.03%。作为食品中的强力鲜味剂，普遍存在于传统发酵产品清酒、酱油、酱中。如与食盐、谷氨酸钠或其他有机酸合用，其鲜味更强。

（4）复合鲜味剂。复合鲜味剂可以增强食品的鲜美味道，呈味力强，能增强食品的营养成分，可抑制食品中的不良风味。

10.2.5.2　影响鲜味剂增味效果的因素

（1）高温。加热对鲜味剂有显著影响，但不同鲜味剂对热的敏感程度差异较大。在通常情况下，氨基酸类鲜味剂稳定性较差，易分解。因此，应在较低温度下使用氨基酸类鲜味剂。核苷酸类鲜味剂、水解蛋白、酵母抽提物较耐高温。

（2）pH 值。绝大多数鲜味剂在 pH 值 5.5～7.0 时鲜味最强，当 pH 值小于 4.0 时鲜味较小，当 pH 值大于 8.5 时，鲜味消失。但酵母味素在低 pH 值情况下保持溶解的状态，不产生浑浊，会使鲜味更柔和。

（3）食盐。所有鲜味剂都只有在含有食盐的情况下才能显示出鲜味。这是因为鲜味剂溶于水后电离出阴离子和阳离子。阴离子虽然有一定鲜味，但如果不与钠离子结合，其鲜味就不明显。只有在定量的钠离子包围阴离子的情况下，才能显示其特有的鲜味。这里定量的钠离子仅靠鲜味剂中电离出来的钠离子是不够的，必须靠食盐来供给。一般来说，鲜味剂的添加量与食盐的添加量成反比。

（4）鲜味剂之间的相互影响。鲜味剂之间存在显著的协同增效效应。这种协同增效不是简单的叠加效应，而是相乘的增效。在食品加工或家庭的食物烹饪过程中，并不单独使用核苷酸类调味品，一般是与谷氨酸钠配合使用，有较强的增鲜作用。市场上的强力味精等产品就是以谷氨酸钠和 IMP、GMP、水解蛋白、酵母抽提物复配，从而增强其鲜味强度。

（5）其他物质。在通常情况下，氨基酸类鲜味剂对大多数食品比较稳定，但核苷酸类鲜味剂（IMP、GMP、I+G）对生鲜动植物食品中的磷酸酯酶极其敏感，易导致生物降解而失去鲜味。这些酶类在 80℃ 温度下会失去活性，因此在使用核苷酸类鲜味剂时，应先将生鲜动植物食品加热至 85℃，将酶钝化后再加入。有些条件下，鲜味剂会与其他物质发生化学反应，可能对其使用效果产生影响。例如，谷氨酸在 Zn^{2+} 存在的条件下会发生反应生成难溶解的盐类，从而影响使用效果。

10.2.5.3 重要的鲜味剂

（1）谷氨酸及其钠盐。

谷氨酸钠盐，俗名味精，又名味粉、味之素、麸氨酸钠，是一种鲜味剂。通常为白色结晶或粉末，无臭，对光稳定。能刺激味蕾，增加食品特别是肉类和蔬菜的鲜味，常添加于汤料和肉制品中。对人体的直接营养价值较小，但其提供的谷氨酸可与血氨结合起到解毒作用，在临床上用于对肝昏迷患者的治疗。谷氨酸有两个酸性基团，谷氨酸的单钠盐才有鲜味。一般用量条件下不存在毒性问题。

味精的鲜度极高，溶解于 3000 倍的水中仍能辨出，但其鲜味只有与食盐并存时才能显出。所以在无食盐的菜肴里（如甜菜）不宜放味精。使用味精时还应注意温度、用量等。最宜溶解的温度是 70℃～90℃。若长时间在温度过高的条件下，味精会变成焦谷氨酸钠，不但失去鲜味，且有轻微毒素产生。另外，谷氨酸一钠是一种两性分子，在碱性溶液中会转变成毫无鲜味的碱性化合物——谷氨酸二钠，并具有不良气味。当溶液呈酸性时，则不易溶解，并对酸味具有一定的抑制作用。因此当菜品处于偏酸性或偏碱性环境时，不宜使用味精（如糖醋味型的菜肴）。在原料鲜味极好（如干贝、火腿等）或用高级清汤制成的菜肴中（如清汤燕菜）不宜或应少放味精。

试验表明，味精的浓度与鲜味之间有一个峰值。浓度不足，鲜味不强；浓度过量，味感不佳。由此可见，味精不是加得越多鲜味就越强。虽然味精本身对人体无害，但过量食用会妨碍体内氨基酸的平衡，甚至会出现过敏现象。因此，味精的使用量应视各人对味精的适应性和食品种类而定，不是越多越好，更不宜汤味不美味精凑。

谷氨酸最早由德国的雷特豪于 1846 年在小麦的面筋中首次分离获得；1908 年日本的池田菊苗从海带中分离出谷氨酸，并发现谷氨酸的钠盐具有鲜味；1909 年日本开始生产以谷氨酸一钠为主要成分的"味之素"，并出售。由于曾经有过食用味精不安全的报道，至今仍有不少人对食用味精的安全性存有质疑。实际上，世界上许多国家的科学家对食用味精是否安全进行过深入研究，找到了许多食用味精有益于人体健康的证据，只是由于宣传不够，至今仍有许多人对味精缺乏正确的认识。

（2）核苷酸类鲜味剂。

核苷酸是一类由嘌呤碱或嘧啶碱、核糖或脱氧核糖以及磷酸三种物质组成的化合物，又称核甙酸。

在供食用的动物肉中，鲜味核苷酸主要是由肌肉中的 ATP 降解产生的，植物体内含量较少，所以肉类食物的味道一般比植物类食物鲜美。

核苷酸单独存在时鲜味并不太强，当在味精中掺入少量核苷酸时，鲜味倍增，效能胜过单独使用任何一种，因此，核苷酸还是一种很好的助鲜剂，与味精以不同比例混合可制成具有特殊风味的强力味精、特鲜味精。

（3）琥珀酸及其钠盐。

琥珀酸及其钠盐是无色至白色结晶或结晶性粉末，易溶于水，不溶于酒精。琥珀酸及其钠盐均有鲜味。它在鸟、兽、禽、乌贼等动物中存在，以贝类中含量最多。由微生物发酵的食品如酱油、酱、黄酒等中也有少量存在。

　　琥珀酸的特点是在食盐存在的情况下，其溶解度减小。因此，在烹制贝类海鲜等菜肴时，应先等贝类中的琥珀酸慢慢溶解进入汤汁，后期再加入食盐。

思考与练习

1. 从生理角度出发，简述味道的分类。
2. 举例说明味道的相互作用。
3. 说明粗盐发苦的原因。
4. 味精在烹饪过程中应注意什么？请说明原因。
5. 举例说明将某些动物性原料与植物性原料一起炖煨其味特鲜的道理。

第 11 章　食品安全管理

学习目标：
1. 了解食品安全管理的目的和意义。
2. 掌握食品安全管理相关法律、规定。

11.1　食品安全管理概述

关于食品安全管理，学术界尚没有科学的定义。本书参考管理的定义和相关文献及资料，总结概括食品安全管理的定义为：食品安全管理是指政府及食品相关部门在食品市场中，动员和运用有效资源，采取计划、组织、领导和控制等方式，对食品、食品添加剂和食品原材料的采购，食品生产、流通、销售及食品消费等过程进行有效的协调及整合，以达到确保食品市场内活动健康有序地开展，保证实现公众生命财产安全和社会利益目标的活动过程。

11.1.1　食品安全管理的含义

食品安全管理的这一定义包含了以下 4 层含义。

第一，食品安全管理的主体是政府食品安全管理的相关部门，主要有国家食品药品监督管理局，农业部、卫生部、国家质检总局、国家工商总局、商务部、环境保护部等机关部门。国务院设立食品安全委员会。

第二，食品安全管理的客体是与食品有关的各个环节，包括食品生产和加工，食品流通和餐饮服务，食品添加剂的生产经营，用于食品的包装材料、容器、洗涤剂、消毒剂和用于食品生产经营的工具、设备的生产经营，食品生产经营者使用食品添加剂、食品相关产品，对食品、食品添加剂和食品相关产品的安全管理，从而保证实现公众生命财产安全和社会利益目标。其受益对象是全社会。

第三，食品安全管理的内容集中概括为提高生活质量，保证社会公共利益。这就决定了食品安全管理是永久性存在的，而且随着社会发展会经常进行调整。

第四，食品安全管理只能是通过对食品安全的一系列活动的调节控制，使食品市场表现出有序、有效、可控制的特点，以确保公众的人身财产安全及社会的稳定，促进社会经济发展。

国家政府部门非常重视食品安全的管理，希望食品加工企业自身严加管控，确保消费者利益及健康。

11.1.2　各国食品安全管理现状

11.1.2.1　英国

英国是较早重视食品安全并制定相关法律的国家之一，其体系完善，法律责任严格，监管职责明确，措施具体，形成了立法与监管齐下的管理体系。比如，英国从1984 年开始分别制定了《食品法》《食品安全法》《食品标准法》和《食品卫生法》等，同时还出台许多专门规定，如《甜品规定》《食品标签规定》《肉类制品规定》《饲料卫生规定》和《食品添加剂规定》等。这些法律法规涵盖所有食品类别，涉及从农田到餐桌整条食物链的各个环节。

在英国，责任主体违法，不仅要承担对受害者的民事赔偿责任，还要根据违法程度和具体情况承受相应的行政处罚乃至刑事制裁。例如，根据《食品安全法》，一般违法行为根据具体情节处以 5000 英镑的罚款或 3 个月以内的监禁；销售不符合质量标准要求的食品或提供食品致人健康损害的，处以最高 2 万英镑的罚款或 6 个月监禁；违法情节和造成后果十分严重的，对违法者最高处以无上限罚款或两年监禁。

在英国，食品安全监管由联邦政府、地方主管当局以及多个组织共同承担。例如，食品安全质量由卫生部等机构负责；肉类的安全、屠宰场的卫生及巡查由肉类卫生服务局管理；而超市、餐馆及食品零售店的检查则由地方管理当局管辖。

为强化监管，英国政府于 1997 年成立了食品标准局。该局是不隶属于任何政府部门的独立监督机构，负责食品安全总体事务和制定各种标准，实行卫生大臣负责制，每年向国会提交年度报告。食品标准局还设立了特别工作组，由该局首席执行官挂帅，加强对食品链各环节的监控。

英国法律授权监管机关可对食品的生产、加工和销售场所进行检查，并规定检查人员有权检查、复制和扣押有关记录，取样分析。食品卫生官员经常对餐馆、外卖店、超市、食品批发市场进行不定期检查。在英国，屠宰场是重点监控场所，为保障食品的安全，政府对各屠宰场实行全程监督；大型肉制品和水产品批发市场也是检查重点，食品卫生检查官员每天在这些场所进行仔细的抽样检查，确保出售的商品来源渠道合法并符合卫生标准。

在英国食品安全监管方面，一个重要特征是执行食品追溯和召回制度。食品追溯制度是为了实现对食品从农田到餐桌整个过程的有效控制、保证食品质量安全而实施的对食品质量的全程监控制度。监管机关如发现食品存在问题，可以通过电脑记录很快查到食品的来源。一旦发生重大食品安全事故，地方主管部门可立即调查并确定可能受事故影响的范围、对健康造成危害的程度，通知公众并紧急收回已流通的食品，同时将有关资料送交国家卫生部，以便在全国范围内统筹安排工作，控制事态，最大限度地保护消费者权益。

为追查食物中毒事件，英国政府还建立了食品危害报警系统、食物中毒通知系统、化验所汇报系统和流行病学通信及咨询网络系统。严格的法律和系统的监管有效地控制了有害食品在英国市场流通，消费者权益在相当程度上得到了保护。

11.1.2.2　法国

在法国，保障食品安全的两个重点工作是打击舞弊行为和畜牧业监督，与之相应的两个新部门近几年也应运而生。其中，直接由法国农业部管辖的食品总局主要负责保证动植物及其产品的卫生安全、监督质量体系管理等。竞争、消费和打击舞弊总局则要负责检查包括食品标签、添加剂在内的各项指标。法国农民也已经意识到，消费者越来越关注食品安全乃至食品产地和生产过程的卫生标准以及对环境的影响。为了使产品增强竞争力，法国农业部给农民制定了一系列政策，鼓励农民发展理性农业便是其中之一。所谓理性农业，是指通盘考虑生产者经济利益、消费者需求和环境保护的具有竞争力的农业。其目的是保障农民收入、提高农产品质量和有利于环境保护。法国媒体认为，这种农业可持续发展形式具有强大的生命力，同时还大大提高了食品安全性。

在销售环节，实现信息透明是保证食品安全的重要措施。除了每种商品都要标明生产日期、保质期、成分等必需内容，法国法律还规定，凡是涉及转基因的食品，不论是种植时使用了转基因种子，还是加工时使用了转基因添加剂等，都须在标签上标明。此外，法国规定，食品中所有的添加剂必须详细列出。由于疯牛病的影响，从 2000 年 9 月 1 日起，欧盟各国对出售的肉类实施一种专门的标签系统，要求标签上必须标明批号、屠宰所在国家和屠宰场许可号、加工所在国家和加工车间号。从 2002 年 1 月开始，又增加了动物出生国和饲养国两项内容。有了标准，重在执行。新华社巴黎分社附近有一家叫作卡西诺的超市，每天晚上 8 点多，超市工作人员都会把第二天将要过期的食品类商品扔到垃圾桶内，包括蔬菜、水果、肉类、禽蛋等。他们判断食品是否过期的唯一标准就是看标签上的保质期，一旦店内有过期食品被检查部门发现，其结果就是商店关门。位于巴黎郊区的兰吉斯超级食品批发市场是欧洲最大的食品批发集散地，也是巴黎市的"菜篮子"，这里的商品品种丰富、价格便宜。为了保证食品质量，法国农业部设有专门人员，每天 24 小时不断抽查各种产品。

1996 年英国发现了疯牛病；2000 年初，法国发现一些肉类食品中含有致命的李斯特杆菌；2001 年，英国暴发口蹄疫。一味追求利润最大化导致欧盟区域内频现食品安全危机，这使得消费者在选择食品时更加谨慎，也促使食品安全问题愈发受到重视。

11.1.2.3　德国

一直以来，德国政府实行的食品安全监管以及食品企业自查和报告制度，成为德国保护消费者健康的决定性机制。

德国的食品监督归各州负责，州政府相关部门制订监管方案，由各市县食品监督官员和兽医官员负责执行。联邦消费者保护和食品安全局（BVL）负责协调与指导工作。在德国，那些在食品、日用品和美容化妆用品领域从事生产、加工和销售的企业，都要定期接受各地区机构的检查。

食品生产企业都要在当地食品监督部门登记注册，并被归入风险列表中。监管部门按照风险的高低确定各企业抽查样品的数量。每年各州实验室要对大约 40 万个样本进行检验，检验内容包括样本成分、病菌类型及数量等。

食品往往离不开各种添加剂，添加剂直接关系到食品安全与否。在德国，添加剂只有在被证明安全可靠并且技术上有必要时，才能获得使用许可证明。德国《添加剂许可法规》对允许使用哪些添加剂、使用量、可以在哪些产品中使用都有具体规定。食品生产商必须在食品标签上将所使用的添加剂一一列出。

德国食品生产、加工和销售企业有义务自行记录所用原料的质量，进货渠道和销售对象等信息也都必须有记录为证。根据这些记录，一旦发生食品安全问题，可以在很短时间内查明问题出在哪里。

消费者自身加强保护意识也非常重要。例如，一旦发现食品企业存在卫生标准不合格或者食品标签有误，可以通知当地食品监管部门。如果买回家的食品在规定的保质期内出现变质现象，也可以向食品监管部门举报。联邦消费者保护部开设有"我们吃什么"网站，提供多种有关食品安全的信息，帮助消费者加强自我保护能力。

值得一提的是，欧盟范围内已经初步形成了统一、有效的食品安全防范机制，即欧盟食品和饲料快速警报系统。德国新的《食品和饲料法典》和《添加剂许可法规》的一大特点就是与欧盟法律法规接轨。

如果某个州的食品监管部门确定某种食品或动物饲料对人体健康有害，将报告BVL。该机构对汇总来的报告的完整性和正确性加以分析，并报告欧盟委员会。报告涉及产品种类、原产地、销售渠道、危险性以及采取的措施等内容。如果报告来自其他欧盟成员国，BVL 将从欧盟委员会接到报告，并继续传递给各州。如果 BVL 接到的报告中包含对人体健康危害程度不明的信息，它将首先请求联邦风险评估机构进行毒理学分析，根据鉴定结果再决定是否在快速警告系统中继续传递这一信息。

通过信息交流，BVL 可以及时发现风险。一旦确认某种食品有害健康，将由生产商、进口商或者州食品监管部门通过新闻公报等形式向公众发出警告，并尽早中止有害食品的流通。

11.1.2.4　美国

美国的食品安全监管体系遵循以下指导原则：只允许安全健康的食品上市；食品安全的监管决策必须有科学基础；政府承担执法责任；制造商、分销商、进口商和其他企业必须遵守法规，否则将受到处罚；监管程序透明化，便于公众了解。

美国整个食品安全监管体系分为联邦、州和地区三个层次。以联邦为例，负责食品安全的机构主要有卫生与公众服务部下属的食品和药物管理局以及疾病控制和预防中心，农业部下属的食品安全及检验局和动植物卫生检验局，以及环境保护局。

三级监管机构的许多部门都聘用流行病学专家、微生物学专家和食品科研专家等人员，采取专业人员进驻食品加工厂、饲养场等方式，从原料采集、生产、流通、销售和售后等各个环节进行全方位监管，构成覆盖全国的立体监管网络。

与之相配套的是涵盖食品产业各环节的食品安全法律及产业标准，既有类似《联邦食品、药品和化妆品法》这样的综合性法律，也有《食品添加剂修正案》这样的具体法规。

一旦被查出食品安全有问题，食品供应商和销售商将面临严厉的处罚和数目惊人的巨额罚款。美国特别重视学生午餐等重要食品的安全性，通常由联邦政府直接控制，一旦发现问题，有关部门可以当场扣留这些食品。百密一疏，万一食品安全出现问题，召回制度就会发挥作用。

值得一提的是，民间的消费者保护团体也是食品安全监管的重要力量。比如 2006 年 6 月，一个名为"公众利益科学中心"的团体就起诉肯德基使用反式脂肪含量高的烹调油。

在网络普及的美国，通过互联网发布食品安全信息十分普遍。联邦政府专门设立了一个"政府食品安全信息门户网站"。通过该网站，人们可以链接到与食品安全相关的各个站点，查找到准确、权威并更新及时的信息。

11.1.2.5　俄罗斯

在保障食品安全方面，俄罗斯并不缺少相关法律文件和技术标准。《食品安全法》《消费者权益保护法》、各种政府决议及地方规定都对此有详尽而明确的要求。然而，现实生活中俄罗斯食品安全问题仍不时突显，其中关键不在于无法可依，而在于有法不依、执法不严。

在俄罗斯，食品安全保障工作过去一直由国家卫生防疫部门、兽医部门、质检部门及消费者权益保护机构共同负责。但俗话说"三个和尚没水吃"，监管机构太多也带来职责划分不清、推卸责任甚至相互扯皮的弊端，最终使食品安全管理工作无法落到实处。

这一局面在 2004 年开始得到改观。当年 3 月，俄罗斯总统普京为理顺食品安全管理机制，命令对相关行政管理机构进行调整，在俄罗斯卫生和社会发展部下设立联邦消费者权益和公民平安保护监督局，将俄罗斯境内食品贸易、质量监督及消费者权益保护工作交由该局集中负责。

新机构的成立对于集中行政资源、监控食品质量和安全起到了积极作用。其职责范围包括：检查食品制造和销售场所的卫生防疫情况，对进口食品进行登记备案，在新食品上市前进行食品安全鉴定，对市场所售食品进行安全及营养方面的鉴定和科学研究，以及制止有损消费者权益的行为等。该局在全俄各联邦主体设有分局，负责当地的食品安全检查和监控工作。

11.1.3　我国食品安全管理

为了保证我国的食品安全，目前建立了一系列制度。

11.1.3.1　进货索证索票制度

（1）严格审验供货商（包括销售商或者直接供货的生产者）的许可证和食品合格的证明文件。

（2）对购入的食品，索取并仔细查验供货商的营业执照、生产许可证或者流通许可证、标注通过有关质量认证食品的相关质量认证证书、进口食品的有效商检证明、国家规定应当经过检验检疫食品的检验检疫合格证明。上述相关证明文件应当在有效期内首次购入该种食品时索验。

（3）购入食品时，索取供货商出具的正式销售发票；或者按照国家相关规定索取有供货商盖章或者签名的销售凭证，并留具真实地址和联系方式；销售凭证应当记明食品名称、规格、数量、单价、金额、销货日期等内容。

（4）索取和查验的营业执照（身份证明）、生产许可证、流通许可证、质量认证证书、商检证明、检验检疫合格证明、质量检验合格报告和销售发票（凭证）应当按供货商名称或者食品种类整理建档备查，相关档案应当妥善保管，保管期限自该种食品购入之日起不少于 2 年。

11.1.3.2 食品进货查验记录制度

（1）每次购入食品，如实记录食品的名称、规格、数量、生产批号、保质期、供货者名称及联系方式、进货日期等内容。

（2）采取账簿登记、单据粘贴建档等多种方式建立进货台账。食品进货台账应当妥善保存，保存期限自该种食品购入之日起不少于 2 年。

（3）食品安全管理人员定期查阅进货台账和检查食品的保存与质量状况，对即将到保质期的食品，应当在进货台账中作出醒目标注，并将食品集中陈列或者向消费者作出醒目提示；对超过保质期或者腐败、变质、质量不合格等食品，应当立即停止销售，撤下柜台销毁或者报告工商行政管理机关依法处理，食品的处理情况应当在进货台账中如实记录。

11.1.3.3 库房管理制度

（1）食品与非食品应分库存放，不得与洗化用品、日杂用品等混放。

（2）食品仓库实行专用并设有防鼠、防蝇、防潮、防霉、通风的设施及措施，并运转正常。

（3）食品应分类，分架，隔墙隔地存放。各类食品有明显标志，有异味或易吸潮的食品应密封保存或分库存放，易腐食品要及时冷藏、冷冻保存。

（4）贮存散装食品的，应在散装食品的容器、外包装上标明食品的名称、生产日期、保质期、生产经营者名称及联系方式等内容。

（5）建立仓库进出库专人验收登记制度，做到勤进勤出，先进先出，定期清仓检查，防止食品过期、变质、霉变、生虫，及时清理不符合食品安全要求的食品。

（6）食品仓库应经常开窗通风，定期清扫，保持干燥和整洁。

（7）工作人员应穿戴整洁的工作衣帽，保持个人卫生。

11.1.3.4 食品销售卫生制度

（1）食品销售工作人员必须穿戴整洁的工作衣帽，洗手消毒后上岗，销售过程中禁止挠头、咳嗽，打喷嚏用纸巾捂口。

（2）销售直接入口的食品必须有完整的包装或防尘容器盛放，使用无毒、清洁的售货工具。

（3）食品销售应有专柜，要有防尘、防蝇、防污染设施。

（4）销售的预包装及散装食品应标明厂名、厂址、品名、生产日期和保存期限（或保质期）等。

11.1.3.5　食品展示卫生制度

（1）展示食品的货架必须在展示食品前进行清洁消毒。

（2）展示食品必须生、熟分离，避免食品交叉污染。

（3）展示直接入口食品必须使用无毒、清洁的容器，保持食品新鲜卫生，不得超出保质期。

（4）展示柜的玻璃、销售用具、架子、灯罩、价格牌不得直接接触食品，展示的食品不得直接散放在货架上。

（5）展示食品的销售人员必须持有有效健康证明上岗，穿戴整洁的工作衣帽。

11.1.3.6　从业人员健康检查制度

（1）食品经营人员必须每年进行健康检查，取得健康证明后方可参加工作，不得超期使用健康证明。

（2）食品安全管理人员负责组织本单位从业人员的健康检查工作，建立从业人员卫生档案。

（3）患有痢疾、伤寒、病毒性肝炎等消化道传染病的人员，以及患有活动性肺结核、化脓性或者渗出性皮肤病等有碍食品安全的疾病的人员，不得从事接触直接入口食品的工作。

11.1.3.7　从业人员食品安全知识培训制度

（1）认真制定培训计划，定期组织管理人员、从业人员参加食品安全知识、职业道德和法律、法规的培训以及操作技能培训。

（2）新参加工作的人员包括实习工、实习生必须经过培训、考试合格后方可上岗。

（3）建立从业人员食品安全知识培训档案，将培训时间、培训内容、考核结果记录归档，以备查验。

11.1.3.8　食品用具清洗消毒制度

（1）食品用具、容器、包装材料应当安全、无害，保持清洁，防止食品污染，并符合保证食品安全所需的温度等特殊要求。

（2）食品用具要定期清洗、消毒。

（3）食品用具要有专人保管，不混用、乱用。

（4）食品冷藏、冷冻工具应定期保洁、洗刷、消毒，专人负责、专人管理。

（5）食品用具清洗、消毒应定期检查、不定期抽查，对不符合食品安全标准要求的用具及时更换。

11.1.3.9　卫生检查制度

（1）制订定期或不定期卫生检查计划，将全面检查与抽查、问查相结合，主要检查各项制度的贯彻落实情况。

（2）卫生管理人员负责各项卫生管理制度的落实，每天在营业后检查一次卫生，检查各岗是否有违反制度的情况，发现问题，及时指导改进，并做好卫生检查记录备查。每周1～2次全面现场检查，对发现的问题及时反馈，并提出限期改进意见，做好检查记录。

11.2　食品相关法律法规

《中华人民共和国食品安全法》

2009 年 2 月 28 日第十一届全国人民代表大会常务委员会第七次会议通过，2015 年 4 月 24 日第十二届全国人民代表大会常务委员会第十四次会议修订，根据 2018 年 12 月 29 日第十三届全国人民代表大会常务委员会第七次会议《关于修改〈中华人民共和国产品质量法〉等五部法律的决定》第一次修正，根据 2021 年 4 月 29 日第十三届全国人民代表大会常务委员会第二十八次会议《关于修改〈中华人民共和国道路交通安全法〉等八部法律的决定》第二次修正。

第一章　总　则

第一条　为了保证食品安全，保障公众身体健康和生命安全，制定本法。

第二条　在中华人民共和国境内从事下列活动，应当遵守本法：

（一）食品生产和加工（以下称食品生产），食品销售和餐饮服务（以下称食品经营）；

（二）食品添加剂的生产经营；

（三）用于食品的包装材料、容器、洗涤剂、消毒剂和用于食品生产经营的工具、设备（以下称食品相关产品）的生产经营；

（四）食品生产经营者使用食品添加剂、食品相关产品；

（五）食品的贮存和运输；

（六）对食品、食品添加剂、食品相关产品的安全管理。

供食用的源于农业的初级产品（以下称食用农产品）的质量安全管理，遵守《中华人民共和国农产品质量安全法》的规定。但是，食用农产品的市场销售、有关质量安全标准的制定、有关安全信息的公布和本法对农业投入品作出规定的，应当遵守本法的规定。

第三条　食品安全工作实行预防为主、风险管理、全程控制、社会共治，建立科学、严格的监督管理制度。

第四条 食品生产经营者对其生产经营食品的安全负责。

食品生产经营者应当依照法律、法规和食品安全标准从事生产经营活动，保证食品安全，诚信自律，对社会和公众负责，接受社会监督，承担社会责任。

第五条 国务院设立食品安全委员会，其职责由国务院规定。

国务院食品安全监督管理部门依照本法和国务院规定的职责，对食品生产经营活动实施监督管理。

国务院卫生行政部门依照本法和国务院规定的职责，组织开展食品安全风险监测和风险评估，会同国务院食品安全监督管理部门制定并公布食品安全国家标准。

国务院其他有关部门依照本法和国务院规定的职责，承担有关食品安全工作。

第六条 县级以上地方人民政府对本行政区域的食品安全监督管理工作负责，统一领导、组织、协调本行政区域的食品安全监督管理工作以及食品安全突发事件应对工作，建立健全食品安全全程监督管理工作机制和信息共享机制。

县级以上地方人民政府依照本法和国务院的规定，确定本级食品安全监督管理、卫生行政部门和其他有关部门的职责。有关部门在各自职责范围内负责本行政区域的食品安全监督管理工作。

县级人民政府食品安全监督管理部门可以在乡镇或者特定区域设立派出机构。

第七条 县级以上地方人民政府实行食品安全监督管理责任制。上级人民政府负责对下一级人民政府的食品安全监督管理工作进行评议、考核。县级以上地方人民政府负责对本级食品安全监督管理部门和其他有关部门的食品安全监督管理工作进行评议、考核。

第八条 县级以上人民政府应当将食品安全工作纳入本级国民经济和社会发展规划，将食品安全工作经费列入本级政府财政预算，加强食品安全监督管理能力建设，为食品安全工作提供保障。

县级以上人民政府食品安全监督管理部门和其他有关部门应当加强沟通、密切配合，按照各自职责分工，依法行使职权，承担责任。

第九条 食品行业协会应当加强行业自律，按照章程建立健全行业规范和奖惩机制，提供食品安全信息、技术等服务，引导和督促食品生产经营者依法生产经营，推动行业诚信建设，宣传、普及食品安全知识。

消费者协会和其他消费者组织对违反本法规定，损害消费者合法权益的行为，依法进行社会监督。

第十条 各级人民政府应当加强食品安全的宣传教育，普及食品安全知识，鼓励社会组织、基层群众性自治组织、食品生产经营者开展食品安全法律、法规以及食品安全标准和知识的普及工作，倡导健康的饮食方式，增强消费者食品安全意识和自我保护能力。

新闻媒体应当开展食品安全法律、法规以及食品安全标准和知识的公益宣传，并对食品安全违法行为进行舆论监督。有关食品安全的宣传报道应当真实、公正。

第十一条 国家鼓励和支持开展与食品安全有关的基础研究、应用研究，鼓励和支持食品生产经营者为提高食品安全水平采用先进技术和先进管理规范。

国家对农药的使用实行严格的管理制度，加快淘汰剧毒、高毒、高残留农药，推动替代产品的研发和应用，鼓励使用高效低毒低残留农药。

第十二条　任何组织或者个人有权举报食品安全违法行为，依法向有关部门了解食品安全信息，对食品安全监督管理工作提出意见和建议。

第十三条　对在食品安全工作中做出突出贡献的单位和个人，按照国家有关规定给予表彰、奖励。

第二章　食品安全风险监测和评估

第十四条　国家建立食品安全风险监测制度，对食源性疾病、食品污染以及食品中的有害因素进行监测。

国务院卫生行政部门会同国务院食品安全监督管理等部门，制订、实施国家食品安全风险监测计划。

国务院食品安全监督管理部门和其他有关部门获知有关食品安全风险信息后，应当立即核实并向国务院卫生行政部门通报。对有关部门通报的食品安全风险信息以及医疗机构报告的食源性疾病等有关疾病信息，国务院卫生行政部门应当会同国务院有关部门分析研究，认为必要的，及时调整国家食品安全风险监测计划。

省、自治区、直辖市人民政府卫生行政部门会同同级食品安全监督管理等部门，根据国家食品安全风险监测计划，结合本行政区域的具体情况，制订、调整本行政区域的食品安全风险监测方案，报国务院卫生行政部门备案并实施。

第十五条　承担食品安全风险监测工作的技术机构应当根据食品安全风险监测计划和监测方案开展监测工作，保证监测数据真实、准确，并按照食品安全风险监测计划和监测方案的要求报送监测数据和分析结果。

食品安全风险监测工作人员有权进入相关食用农产品种植养殖、食品生产经营场所采集样品、收集相关数据。采集样品应当按照市场价格支付费用。

第十六条　食品安全风险监测结果表明可能存在食品安全隐患的，县级以上人民政府卫生行政部门应当及时将相关信息通报同级食品安全监督管理等部门，并报告本级人民政府和上级人民政府卫生行政部门。食品安全监督管理等部门应当组织开展进一步调查。

第十七条　国家建立食品安全风险评估制度，运用科学方法，根据食品安全风险监测信息、科学数据以及有关信息，对食品、食品添加剂、食品相关产品中生物性、化学性和物理性危害因素进行风险评估。

国务院卫生行政部门负责组织食品安全风险评估工作，成立由医学、农业、食品、营养、生物、环境等方面的专家组成的食品安全风险评估专家委员会进行食品安全风险评估。食品安全风险评估结果由国务院卫生行政部门公布。

对农药、肥料、兽药、饲料和饲料添加剂等的安全性评估，应当有食品安全风险评估专家委员会的专家参加。

食品安全风险评估不得向生产经营者收取费用，采集样品应当按照市场价格支付费用。

第十八条 有下列情形之一的，应当进行食品安全风险评估：

（一）通过食品安全风险监测或者接到举报发现食品、食品添加剂、食品相关产品可能存在安全隐患的；

（二）为制定或者修订食品安全国家标准提供科学依据需要进行风险评估的；

（三）为确定监督管理的重点领域、重点品种需要进行风险评估的；

（四）发现新的可能危害食品安全因素的；

（五）需要判断某一因素是否构成食品安全隐患的；

（六）国务院卫生行政部门认为需要进行风险评估的其他情形。

第十九条 国务院食品安全监督管理、农业行政等部门在监督管理工作中发现需要进行食品安全风险评估的，应当向国务院卫生行政部门提出食品安全风险评估的建议，并提供风险来源、相关检验数据和结论等信息、资料。属于本法第十八条规定情形的，国务院卫生行政部门应当及时进行食品安全风险评估，并向国务院有关部门通报评估结果。

第二十条 省级以上人民政府卫生行政、农业行政部门应当及时相互通报食品、食用农产品安全风险监测信息。

国务院卫生行政、农业行政部门应当及时相互通报食品、食用农产品安全风险评估结果等信息。

第二十一条 食品安全风险评估结果是制定、修订食品安全标准和实施食品安全监督管理的科学依据。

经食品安全风险评估，得出食品、食品添加剂、食品相关产品不安全结论的，国务院食品安全监督管理等部门应当依据各自职责立即向社会公告，告知消费者停止食用或者使用，并采取相应措施，确保该食品、食品添加剂、食品相关产品停止生产经营；需要制定、修订相关食品安全国家标准的，国务院卫生行政部门应当会同国务院食品安全监督管理部门立即制定、修订。

第二十二条 国务院食品安全监督管理部门应当会同国务院有关部门，根据食品安全风险评估结果、食品安全监督管理信息，对食品安全状况进行综合分析。对经综合分析表明可能具有较高程度安全风险的食品，国务院食品安全监督管理部门应当及时提出食品安全风险警示，并向社会公布。

第二十三条 县级以上人民政府食品安全监督管理部门和其他有关部门、食品安全风险评估专家委员会及其技术机构，应当按照科学、客观、及时、公开的原则，组织食品生产经营者、食品检验机构、认证机构、食品行业协会、消费者协会以及新闻媒体等，就食品安全风险评估信息和食品安全监督管理信息进行交流沟通。

第三章 食品安全标准

第二十四条 制定食品安全标准，应当以保障公众身体健康为宗旨，做到科学合理、安全可靠。

第二十五条 食品安全标准是强制执行的标准。除食品安全标准外，不得制定其他食品强制性标准。

第二十六条 食品安全标准应当包括下列内容：

（一）食品、食品添加剂、食品相关产品中的致病性微生物，农药残留、兽药残留、生物毒素、重金属等污染物质以及其他危害人体健康物质的限量规定；

（二）食品添加剂的品种、使用范围、用量；

（三）专供婴幼儿和其他特定人群的主辅食品的营养成分要求；

（四）对与卫生、营养等食品安全要求有关的标签、标志、说明书的要求；

（五）食品生产经营过程的卫生要求；

（六）与食品安全有关的质量要求；

（七）与食品安全有关的食品检验方法与规程；

（八）其他需要制定为食品安全标准的内容。

第二十七条　食品安全国家标准由国务院卫生行政部门会同国务院食品安全监督管理部门制定、公布，国务院标准化行政部门提供国家标准编号。

食品中农药残留、兽药残留的限量规定及其检验方法与规程由国务院卫生行政部门、国务院农业行政部门会同国务院食品安全监督管理部门制定。

屠宰畜、禽的检验规程由国务院农业行政部门会同国务院卫生行政部门制定。

第二十八条　制定食品安全国家标准，应当依据食品安全风险评估结果并充分考虑食用农产品安全风险评估结果，参照相关的国际标准和国际食品安全风险评估结果，并将食品安全国家标准草案向社会公布，广泛听取食品生产经营者、消费者、有关部门等方面的意见。

食品安全国家标准应当经国务院卫生行政部门组织的食品安全国家标准审评委员会审查通过。食品安全国家标准审评委员会由医学、农业、食品、营养、生物、环境等方面的专家以及国务院有关部门、食品行业协会、消费者协会的代表组成，对食品安全国家标准草案的科学性和实用性等进行审查。

第二十九条　对地方特色食品，没有食品安全国家标准的，省、自治区、直辖市人民政府卫生行政部门可以制定并公布食品安全地方标准，报国务院卫生行政部门备案。食品安全国家标准制定后，该地方标准即行废止。

第三十条　国家鼓励食品生产企业制定严于食品安全国家标准或者地方标准的企业标准，在本企业适用，并报省、自治区、直辖市人民政府卫生行政部门备案。

第三十一条　省级以上人民政府卫生行政部门应当在其网站上公布制定和备案的食品安全国家标准、地方标准和企业标准，供公众免费查阅、下载。

对食品安全标准执行过程中的问题，县级以上人民政府卫生行政部门应当会同有关部门及时给予指导、解答。

第三十二条　省级以上人民政府卫生行政部门应当会同同级食品安全监督管理、农业行政等部门，分别对食品安全国家标准和地方标准的执行情况进行跟踪评价，并根据评价结果及时修订食品安全标准。

省级以上人民政府食品安全监督管理、农业行政等部门应当对食品安全标准执行中存在的问题进行收集、汇总，并及时向同级卫生行政部门通报。

食品生产经营者、食品行业协会发现食品安全标准在执行中存在问题的，应当立即向卫生行政部门报告。

第四章　食品生产经营

第一节　一般规定

第三十三条　食品生产经营应当符合食品安全标准，并符合下列要求：

（一）具有与生产经营的食品品种、数量相适应的食品原料处理和食品加工、包装、贮存等场所，保持该场所环境整洁，并与有毒、有害场所以及其他污染源保持规定的距离；

（二）具有与生产经营的食品品种、数量相适应的生产经营设备或者设施，有相应的消毒、更衣、盥洗、采光、照明、通风、防腐、防尘、防蝇、防鼠、防虫、洗涤以及处理废水、存放垃圾和废弃物的设备或者设施；

（三）有专职或者兼职的食品安全专业技术人员、食品安全管理人员和保证食品安全的规章制度；

（四）具有合理的设备布局和工艺流程，防止待加工食品与直接入口食品、原料与成品交叉污染，避免食品接触有毒物、不洁物；

（五）餐具、饮具和盛放直接入口食品的容器，使用前应当洗净、消毒，炊具、用具用后应当洗净，保持清洁；

（六）贮存、运输和装卸食品的容器、工具和设备应当安全、无害，保持清洁，防止食品污染，并符合保证食品安全所需的温度、湿度等特殊要求，不得将食品与有毒、有害物品一同贮存、运输；

（七）直接入口的食品应当使用无毒、清洁的包装材料、餐具、饮具和容器；

（八）食品生产经营人员应当保持个人卫生，生产经营食品时，应当将手洗净，穿戴清洁的工作衣、帽等；销售无包装的直接入口食品时，应当使用无毒、清洁的容器、售货工具和设备；

（九）用水应当符合国家规定的生活饮用水卫生标准；

（十）使用的洗涤剂、消毒剂应当对人体安全、无害；

（十一）法律、法规规定的其他要求。

非食品生产经营者从事食品贮存、运输和装卸的，应当符合前款第六项的规定。

第三十四条　禁止生产经营下列食品、食品添加剂、食品相关产品：

（一）用非食品原料生产的食品或者添加食品添加剂以外的化学物质和其他可能危害人体健康物质的食品，或者用回收食品作为原料生产的食品；

（二）致病性微生物，农药残留、兽药残留、生物毒素、重金属等污染物质以及其他危害人体健康的物质含量超过食品安全标准限量的食品、食品添加剂、食品相关产品；

（三）用超过保质期的食品原料、食品添加剂生产的食品、食品添加剂；

（四）超范围、超限量使用食品添加剂的食品；

（五）营养成分不符合食品安全标准的专供婴幼儿和其他特定人群的主辅食品；

（六）腐败变质、油脂酸败、霉变生虫、污秽不洁、混有异物、掺假掺杂或者感官性状异常的食品、食品添加剂；

（七）病死、毒死或者死因不明的禽、畜、兽、水产动物肉类及其制品；

（八）未按规定进行检疫或者检疫不合格的肉类，或者未经检验或者检验不合格的肉类制品；

（九）被包装材料、容器、运输工具等污染的食品、食品添加剂；

（十）标注虚假生产日期、保质期或者超过保质期的食品、食品添加剂；

（十一）无标签的预包装食品、食品添加剂；

（十二）国家为防病等特殊需要明令禁止生产经营的食品；

（十三）其他不符合法律、法规或者食品安全标准的食品、食品添加剂、食品相关产品。

第三十五条　国家对食品生产经营实行许可制度。从事食品生产、食品销售、餐饮服务，应当依法取得许可。但是，销售食用农产品和仅销售预包装食品的，不需要取得许可。仅销售预包装食品的，应当报所在地县级以上地方人民政府食品安全监督管理部门备案。

县级以上地方人民政府食品安全监督管理部门应当依照《中华人民共和国行政许可法》的规定，审核申请人提交的本法第三十三条第一款第一项至第四项规定要求的相关资料，必要时对申请人的生产经营场所进行现场核查；对符合规定条件的，准予许可；对不符合规定条件的，不予许可并书面说明理由。

第三十六条　食品生产加工小作坊和食品摊贩等从事食品生产经营活动，应当符合本法规定的与其生产经营规模、条件相适应的食品安全要求，保证所生产经营的食品卫生、无毒、无害，食品安全监督管理部门应当对其加强监督管理。

县级以上地方人民政府应当对食品生产加工小作坊、食品摊贩等进行综合治理，加强服务和统一规划，改善其生产经营环境，鼓励和支持其改进生产经营条件，进入集中交易市场、店铺等固定场所经营，或者在指定的临时经营区域、时段经营。

食品生产加工小作坊和食品摊贩等的具体管理办法由省、自治区、直辖市制定。

第三十七条　利用新的食品原料生产食品，或者生产食品添加剂新品种、食品相关产品新品种，应当向国务院卫生行政部门提交相关产品的安全性评估材料。国务院卫生行政部门应当自收到申请之日起六十日内组织审查；对符合食品安全要求的，准予许可并公布；对不符合食品安全要求的，不予许可并书面说明理由。

第三十八条　生产经营的食品中不得添加药品，但是可以添加按照传统既是食品又是中药材的物质。按照传统既是食品又是中药材的物质目录由国务院卫生行政部门会同国务院食品安全监督管理部门制定、公布。

第三十九条　国家对食品添加剂生产实行许可制度。从事食品添加剂生产，应当具有与所生产食品添加剂品种相适应的场所、生产设备或者设施、专业技术人员和管理制度，并依照本法第三十五条第二款规定的程序，取得食品添加剂生产许可。

生产食品添加剂应当符合法律、法规和食品安全国家标准。

第四十条　食品添加剂应当在技术上确有必要且经过风险评估证明安全可靠，方可列入允许使用的范围；有关食品安全国家标准应当根据技术必要性和食品安全风险评估结果及时修订。

食品生产经营者应当按照食品安全国家标准使用食品添加剂。

第四十一条 生产食品相关产品应当符合法律、法规和食品安全国家标准。对直接接触食品的包装材料等具有较高风险的食品相关产品，按照国家有关工业产品生产许可证管理的规定实施生产许可。食品安全监督管理部门应当加强对食品相关产品生产活动的监督管理。

第四十二条 国家建立食品安全全程追溯制度。

食品生产经营者应当依照本法的规定，建立食品安全追溯体系，保证食品可追溯。国家鼓励食品生产经营者采用信息化手段采集、留存生产经营信息，建立食品安全追溯体系。

国务院食品安全监督管理部门会同国务院农业行政等有关部门建立食品安全全程追溯协作机制。

第四十三条 地方各级人民政府应当采取措施鼓励食品规模化生产和连锁经营、配送。

国家鼓励食品生产经营企业参加食品安全责任保险。

第二节 生产经营过程控制

第四十四条 食品生产经营企业应当建立健全食品安全管理制度，对职工进行食品安全知识培训，加强食品检验工作，依法从事生产经营活动。

食品生产经营企业的主要负责人应当落实企业食品安全管理制度，对本企业的食品安全工作全面负责。

食品生产经营企业应当配备食品安全管理人员，加强对其培训和考核。经考核不具备食品安全管理能力的，不得上岗。食品安全监督管理部门应当对企业食品安全管理人员随机进行监督抽查考核并公布考核情况。监督抽查考核不得收取费用。

第四十五条 食品生产经营者应当建立并执行从业人员健康管理制度。患有国务院卫生行政部门规定的有碍食品安全疾病的人员，不得从事接触直接入口食品的工作。

从事接触直接入口食品工作的食品生产经营人员应当每年进行健康检查，取得健康证明后方可上岗工作。

第四十六条 食品生产企业应当就下列事项制定并实施控制要求，保证所生产的食品符合食品安全标准：

（一）原料采购、原料验收、投料等原料控制；

（二）生产工序、设备、贮存、包装等生产关键环节控制；

（三）原料检验、半成品检验、成品出厂检验等检验控制；

（四）运输和交付控制。

第四十七条 食品生产经营者应当建立食品安全自查制度，定期对食品安全状况进行检查评价。生产经营条件发生变化，不再符合食品安全要求的，食品生产经营者应当立即采取整改措施；有发生食品安全事故潜在风险的，应当立即停止食品生产经营活动，并向所在地县级人民政府食品安全监督管理部门报告。

第四十八条 国家鼓励食品生产经营企业符合良好生产规范要求，实施危害分析与关键控制点体系，提高食品安全管理水平。

对通过良好生产规范、危害分析与关键控制点体系认证的食品生产经营企业，认证机构应当依法实施跟踪调查；对不再符合认证要求的企业，应当依法撤销认证，及时向县级以上人民政府食品安全监督管理部门通报，并向社会公布。认证机构实施跟踪调查不得收取费用。

第四十九条　食用农产品生产者应当按照食品安全标准和国家有关规定使用农药、肥料、兽药、饲料和饲料添加剂等农业投入品，严格执行农业投入品使用安全间隔期或者休药期的规定，不得使用国家明令禁止的农业投入品。禁止将剧毒、高毒农药用于蔬菜、瓜果、茶叶和中草药材等国家规定的农作物。

食用农产品的生产企业和农民专业合作经济组织应当建立农业投入品使用记录制度。

县级以上人民政府农业行政部门应当加强对农业投入品使用的监督管理和指导，建立健全农业投入品安全使用制度。

第五十条　食品生产者采购食品原料、食品添加剂、食品相关产品，应当查验供货者的许可证和产品合格证明；对无法提供合格证明的食品原料，应当按照食品安全标准进行检验；不得采购或者使用不符合食品安全标准的食品原料、食品添加剂、食品相关产品。

食品生产企业应当建立食品原料、食品添加剂、食品相关产品进货查验记录制度，如实记录食品原料、食品添加剂、食品相关产品的名称、规格、数量、生产日期或者生产批号、保质期、进货日期以及供货者名称、地址、联系方式等内容，并保存相关凭证。记录和凭证保存期限不得少于产品保质期满后六个月；没有明确保质期的，保存期限不得少于两年。

第五十一条　食品生产企业应当建立食品出厂检验记录制度，查验出厂食品的检验合格证和安全状况，如实记录食品的名称、规格、数量、生产日期或者生产批号、保质期、检验合格证号、销售日期以及购货者名称、地址、联系方式等内容，并保存相关凭证。记录和凭证保存期限应当符合本法第五十条第二款的规定。

第五十二条　食品、食品添加剂、食品相关产品的生产者，应当按照食品安全标准对所生产的食品、食品添加剂、食品相关产品进行检验，检验合格后方可出厂或者销售。

第五十三条　食品经营者采购食品，应当查验供货者的许可证和食品出厂检验合格证或者其他合格证明（以下称合格证明文件）。

食品经营企业应当建立食品进货查验记录制度，如实记录食品的名称、规格、数量、生产日期或者生产批号、保质期、进货日期以及供货者名称、地址、联系方式等内容，并保存相关凭证。记录和凭证保存期限应当符合本法第五十条第二款的规定。

实行统一配送经营方式的食品经营企业，可以由企业总部统一查验供货者的许可证和食品合格证明文件，进行食品进货查验记录。

从事食品批发业务的经营企业应当建立食品销售记录制度，如实记录批发食品的名称、规格、数量、生产日期或者生产批号、保质期、销售日期以及购货者名称、地址、联系方式等内容，并保存相关凭证。记录和凭证保存期限应当符合本法第五十条第二款的规定。

第五十四条　食品经营者应当按照保证食品安全的要求贮存食品，定期检查库存食品，及时清理变质或者超过保质期的食品。

食品经营者贮存散装食品，应当在贮存位置标明食品的名称、生产日期或者生产批号、保质期、生产者名称及联系方式等内容。

第五十五条　餐饮服务提供者应当制定并实施原料控制要求，不得采购不符合食品安全标准的食品原料。倡导餐饮服务提供者公开加工过程，公示食品原料及其来源等信息。

餐饮服务提供者在加工过程中应当检查待加工的食品及原料，发现有本法第三十四条第六项规定情形的，不得加工或者使用。

第五十六条　餐饮服务提供者应当定期维护食品加工、贮存、陈列等设施、设备；定期清洗、校验保温设施及冷藏、冷冻设施。

餐饮服务提供者应当按照要求对餐具、饮具进行清洗消毒，不得使用未经清洗消毒的餐具、饮具；餐饮服务提供者委托清洗消毒餐具、饮具的，应当委托符合本法规定条件的餐具、饮具集中消毒服务单位。

第五十七条　学校、托幼机构、养老机构、建筑工地等集中用餐单位的食堂应当严格遵守法律、法规和食品安全标准；从供餐单位订餐的，应当从取得食品生产经营许可的企业订购，并按照要求对订购的食品进行查验。供餐单位应当严格遵守法律、法规和食品安全标准，当餐加工，确保食品安全。

学校、托幼机构、养老机构、建筑工地等集中用餐单位的主管部门应当加强对集中用餐单位的食品安全教育和日常管理，降低食品安全风险，及时消除食品安全隐患。

第五十八条　餐具、饮具集中消毒服务单位应当具备相应的作业场所、清洗消毒设备或者设施，用水和使用的洗涤剂、消毒剂应当符合相关食品安全国家标准和其他国家标准、卫生规范。

餐具、饮具集中消毒服务单位应当对消毒餐具、饮具进行逐批检验，检验合格后方可出厂，并应当随附消毒合格证明。消毒后的餐具、饮具应当在独立包装上标注单位名称、地址、联系方式、消毒日期以及使用期限等内容。

第五十九条　食品添加剂生产者应当建立食品添加剂出厂检验记录制度，查验出厂产品的检验合格证和安全状况，如实记录食品添加剂的名称、规格、数量、生产日期或者生产批号、保质期、检验合格证号、销售日期以及购货者名称、地址、联系方式等相关内容，并保存相关凭证。记录和凭证保存期限应当符合本法第五十条第二款的规定。

第六十条　食品添加剂经营者采购食品添加剂，应当依法查验供货者的许可证和产品合格证明文件，如实记录食品添加剂的名称、规格、数量、生产日期或者生产批号、保质期、进货日期以及供货者名称、地址、联系方式等内容，并保存相关凭证。记录和凭证保存期限应当符合本法第五十条第二款的规定。

第六十一条　集中交易市场的开办者、柜台出租者和展销会举办者，应当依法审查入场食品经营者的许可证，明确其食品安全管理责任，定期对其经营环境和条件进行检查，发现其有违反本法规定行为的，应当及时制止并立即报告所在地县级人民政府食品安全监督管理部门。

第六十二条　网络食品交易第三方平台提供者应当对入网食品经营者进行实名登记，明确其食品安全管理责任；依法应当取得许可证的，还应当审查其许可证。

网络食品交易第三方平台提供者发现入网食品经营者有违反本法规定行为的，应当及时制止并立即报告所在地县级人民政府食品安全监督管理部门；发现严重违法行为的，应当立即停止提供网络交易平台服务。

第六十三条　国家建立食品召回制度。食品生产者发现其生产的食品不符合食品安全标准或者有证据证明可能危害人体健康的，应当立即停止生产，召回已经上市销售的食品，通知相关生产经营者和消费者，并记录召回和通知情况。

食品经营者发现其经营的食品有前款规定情形的，应当立即停止经营，通知相关生产经营者和消费者，并记录停止经营和通知情况。食品生产者认为应当召回的，应当立即召回。由于食品经营者的原因造成其经营的食品有前款规定情形的，食品经营者应当召回。

食品生产经营者应当对召回的食品采取无害化处理、销毁等措施，防止其再次流入市场。但是，对因标签、标志或者说明书不符合食品安全标准而被召回的食品，食品生产者在采取补救措施且能保证食品安全的情况下可以继续销售；销售时应当向消费者明示补救措施。

食品生产经营者应当将食品召回和处理情况向所在地县级人民政府食品安全监督管理部门报告；需要对召回的食品进行无害化处理、销毁的，应当提前报告时间、地点。食品安全监督管理部门认为必要的，可以实施现场监督。

食品生产经营者未依照本条规定召回或者停止经营的，县级以上人民政府食品安全监督管理部门可以责令其召回或者停止经营。

第六十四条　食用农产品批发市场应当配备检验设备和检验人员或者委托符合本法规定的食品检验机构，对进入该批发市场销售的食用农产品进行抽样检验；发现不符合食品安全标准的，应当要求销售者立即停止销售，并向食品安全监督管理部门报告。

第六十五条　食用农产品销售者应当建立食用农产品进货查验记录制度，如实记录食用农产品的名称、数量、进货日期以及供货者名称、地址、联系方式等内容，并保存相关凭证。记录和凭证保存期限不得少于六个月。

第六十六条　进入市场销售的食用农产品在包装、保鲜、贮存、运输中使用保鲜剂、防腐剂等食品添加剂和包装材料等食品相关产品，应当符合食品安全国家标准。

第三节　标签、说明书和广告

第六十七条　预包装食品的包装上应当有标签。标签应当标明下列事项：

（一）名称、规格、净含量、生产日期；

（二）成分或者配料表；

（三）生产者的名称、地址、联系方式；

（四）保质期；

（五）产品标准代号；

（六）贮存条件；

（七）所使用的食品添加剂在国家标准中的通用名称；

（八）生产许可证编号；

（九）法律、法规或者食品安全标准规定应当标明的其他事项。

专供婴幼儿和其他特定人群的主辅食品，其标签还应当标明主要营养成分及其含量。

食品安全国家标准对标签标注事项另有规定的，从其规定。

第六十八条 食品经营者销售散装食品，应当在散装食品的容器、外包装上标明食品的名称、生产日期或者生产批号、保质期以及生产经营者名称、地址、联系方式等内容。

第六十九条 生产经营转基因食品应当按照规定显著标示。

第七十条 食品添加剂应当有标签、说明书和包装。标签、说明书应当载明本法第六十七条第一款第一项至第六项、第八项、第九项规定的事项，以及食品添加剂的使用范围、用量、使用方法，并在标签上载明"食品添加剂"字样。

第七十一条 食品和食品添加剂的标签、说明书，不得含有虚假内容，不得涉及疾病预防、治疗功能。生产经营者对其提供的标签、说明书的内容负责。

食品和食品添加剂的标签、说明书应当清楚、明显，生产日期、保质期等事项应当显著标注，容易辨识。

食品和食品添加剂与其标签、说明书的内容不符的，不得上市销售。

第七十二条 食品经营者应当按照食品标签标示的警示标志、警示说明或者注意事项的要求销售食品。

第七十三条 食品广告的内容应当真实合法，不得含有虚假内容，不得涉及疾病预防、治疗功能。食品生产经营者对食品广告内容的真实性、合法性负责。

县级以上人民政府食品安全监督管理部门和其他有关部门以及食品检验机构、食品行业协会不得以广告或者其他形式向消费者推荐食品。消费者组织不得以收取费用或者其他牟取利益的方式向消费者推荐食品。

第四节 特殊食品

第七十四条 国家对保健食品、特殊医学用途配方食品和婴幼儿配方食品等特殊食品实行严格监督管理。

第七十五条 保健食品声称保健功能，应当具有科学依据，不得对人体产生急性、亚急性或者慢性危害。

保健食品原料目录和允许保健食品声称的保健功能目录，由国务院食品安全监督管理部门会同国务院卫生行政部门、国家中医药管理部门制定、调整并公布。

保健食品原料目录应当包括原料名称、用量及其对应的功效；列入保健食品原料目录的原料只能用于保健食品生产，不得用于其他食品生产。

第七十六条 使用保健食品原料目录以外原料的保健食品和首次进口的保健食品应当经国务院食品安全监督管理部门注册。但是，首次进口的保健食品中属于补充维生素、矿物质等营养物质的，应当报国务院食品安全监督管理部门备案。其他保健食品应当报省、自治区、直辖市人民政府食品安全监督管理部门备案。

进口的保健食品应当是出口国（地区）主管部门准许上市销售的产品。

第七十七条　依法应当注册的保健食品，注册时应当提交保健食品的研发报告、产品配方、生产工艺、安全性和保健功能评价、标签、说明书等材料及样品，并提供相关证明文件。国务院食品安全监督管理部门经组织技术审评，对符合安全和功能声称要求的，准予注册；对不符合要求的，不予注册并书面说明理由。对使用保健食品原料目录以外原料的保健食品作出准予注册决定的，应当及时将该原料纳入保健食品原料目录。

依法应当备案的保健食品，备案时应当提交产品配方、生产工艺、标签、说明书以及表明产品安全性和保健功能的材料。

第七十八条　保健食品的标签、说明书不得涉及疾病预防、治疗功能，内容应当真实，与注册或者备案的内容相一致，载明适宜人群、不适宜人群、功效成分或者标志性成分及其含量等，并声明"本品不能代替药物"。保健食品的功能和成分应当与标签、说明书相一致。

第七十九条　保健食品广告除应当符合本法第七十三条第一款的规定外，还应当声明"本品不能代替药物"；其内容应当经生产企业所在地省、自治区、直辖市人民政府食品安全监督管理部门审查批准，取得保健食品广告批准文件。省、自治区、直辖市人民政府食品安全监督管理部门应当公布并及时更新已经批准的保健食品广告目录以及批准的广告内容。

第八十条　特殊医学用途配方食品应当经国务院食品安全监督管理部门注册。注册时，应当提交产品配方、生产工艺、标签、说明书以及表明产品安全性、营养充足性和特殊医学用途临床效果的材料。

特殊医学用途配方食品广告适用《中华人民共和国广告法》和其他法律、行政法规关于药品广告管理的规定。

第八十一条　婴幼儿配方食品生产企业应当实施从原料进厂到成品出厂的全过程质量控制，对出厂的婴幼儿配方食品实施逐批检验，保证食品安全。

生产婴幼儿配方食品使用的生鲜乳、辅料等食品原料、食品添加剂等，应当符合法律、行政法规的规定和食品安全国家标准，保证婴幼儿生长发育所需的营养成分。

婴幼儿配方食品生产企业应当将食品原料、食品添加剂、产品配方及标签等事项向省、自治区、直辖市人民政府食品安全监督管理部门备案。

婴幼儿配方乳粉的产品配方应当经国务院食品安全监督管理部门注册。注册时，应当提交配方研发报告和其他表明配方科学性、安全性的材料。

不得以分装方式生产婴幼儿配方乳粉，同一企业不得用同一配方生产不同品牌的婴幼儿配方乳粉。

第八十二条　保健食品、特殊医学用途配方食品、婴幼儿配方乳粉的注册人或者备案人应当对其提交材料的真实性负责。

省级以上人民政府食品安全监督管理部门应当及时公布注册或者备案的保健食品、特殊医学用途配方食品、婴幼儿配方乳粉目录，并对注册或者备案中获知的企业商业秘密予以保密。

保健食品、特殊医学用途配方食品、婴幼儿配方乳粉生产企业应当按照注册或者备案的产品配方、生产工艺等技术要求组织生产。

第八十三条　生产保健食品，特殊医学用途配方食品、婴幼儿配方食品和其他专供特定人群的主辅食品的企业，应当按照良好生产规范的要求建立与所生产食品相适应的生产质量管理体系，定期对该体系的运行情况进行自查，保证其有效运行，并向所在地县级人民政府食品安全监督管理部门提交自查报告。

第五章　食品检验

第八十四条　食品检验机构按照国家有关认证认可的规定取得资质认定后，方可从事食品检验活动。但是，法律另有规定的除外。

食品检验机构的资质认定条件和检验规范，由国务院食品安全监督管理部门规定。

符合本法规定的食品检验机构出具的检验报告具有同等效力。

县级以上人民政府应当整合食品检验资源，实现资源共享。

第八十五条　食品检验由食品检验机构指定的检验人独立进行。

检验人应当依照有关法律、法规的规定，并按照食品安全标准和检验规范对食品进行检验，尊重科学，恪守职业道德，保证出具的检验数据和结论客观、公正，不得出具虚假检验报告。

第八十六条　食品检验实行食品检验机构与检验人负责制。食品检验报告应当加盖食品检验机构公章，并有检验人的签名或者盖章。食品检验机构和检验人对出具的食品检验报告负责。

第八十七条　县级以上人民政府食品安全监督管理部门应当对食品进行定期或者不定期的抽样检验，并依据有关规定公布检验结果，不得免检。进行抽样检验，应当购买抽取的样品，委托符合本法规定的食品检验机构进行检验，并支付相关费用；不得向食品生产经营者收取检验费和其他费用。

第八十八条　对依照本法规定实施的检验结论有异议的，食品生产经营者可以自收到检验结论之日起七个工作日内向实施抽样检验的食品安全监督管理部门或者其上一级食品安全监督管理部门提出复检申请，由受理复检申请的食品安全监督管理部门在公布的复检机构名录中随机确定复检机构进行复检。复检机构出具的复检结论为最终检验结论。复检机构与初检机构不得为同一机构。复检机构名录由国务院认证认可监督管理、食品安全监督管理、卫生行政、农业行政等部门共同公布。

采用国家规定的快速检测方法对食用农产品进行抽查检测，被抽查人对检测结果有异议的，可以自收到检测结果时起四小时内申请复检。复检不得采用快速检测方法。

第八十九条　食品生产企业可以自行对所生产的食品进行检验，也可以委托符合本法规定的食品检验机构进行检验。

食品行业协会和消费者协会等组织、消费者需要委托食品检验机构对食品进行检验的，应当委托符合本法规定的食品检验机构进行。

第九十条　食品添加剂的检验，适用本法有关食品检验的规定。

第六章　食品进出口

第九十一条　国家出入境检验检疫部门对进出口食品安全实施监督管理。

第九十二条　进口的食品、食品添加剂、食品相关产品应当符合我国食品安全国家标准。

进口的食品、食品添加剂应当经出入境检验检疫机构依照进出口商品检验相关法律、行政法规的规定检验合格。

进口的食品、食品添加剂应当按照国家出入境检验检疫部门的要求随附合格证明材料。

第九十三条　进口尚无食品安全国家标准的食品，由境外出口商、境外生产企业或者其委托的进口商向国务院卫生行政部门提交所执行的相关国家（地区）标准或者国际标准。国务院卫生行政部门对相关标准进行审查，认为符合食品安全要求的，决定暂予适用，并及时制定相应的食品安全国家标准。进口利用新的食品原料生产的食品或者进口食品添加剂新品种、食品相关产品新品种，依照本法第三十七条的规定办理。

出入境检验检疫机构按照国务院卫生行政部门的要求，对前款规定的食品、食品添加剂、食品相关产品进行检验。检验结果应当公开。

第九十四条　境外出口商、境外生产企业应当保证向我国出口的食品、食品添加剂、食品相关产品符合本法以及我国其他有关法律、行政法规的规定和食品安全国家标准的要求，并对标签、说明书的内容负责。

进口商应当建立境外出口商、境外生产企业审核制度，重点审核前款规定的内容；审核不合格的，不得进口。

发现进口食品不符合我国食品安全国家标准或者有证据证明可能危害人体健康的，进口商应当立即停止进口，并依照本法第六十三条的规定召回。

第九十五条　境外发生的食品安全事件可能对我国境内造成影响，或者在进口食品、食品添加剂、食品相关产品中发现严重食品安全问题的，国家出入境检验检疫部门应当及时采取风险预警或者控制措施，并向国务院食品安全监督管理、卫生行政、农业行政部门通报。接到通报的部门应当及时采取相应措施。

县级以上人民政府食品安全监督管理部门对国内市场上销售的进口食品、食品添加剂实施监督管理。发现存在严重食品安全问题的，国务院食品安全监督管理部门应当及时向国家出入境检验检疫部门通报。国家出入境检验检疫部门应当及时采取相应措施。

第九十六条　向我国境内出口食品的境外出口商或者代理商、进口食品的进口商应当向国家出入境检验检疫部门备案。向我国境内出口食品的境外食品生产企业应当经国家出入境检验检疫部门注册。已经注册的境外食品生产企业提供虚假材料，或者因其自身的原因致使进口食品发生重大食品安全事故的，国家出入境检验检疫部门应当撤销注册并公告。

国家出入境检验检疫部门应当定期公布已经备案的境外出口商、代理商、进口商和已经注册的境外食品生产企业名单。

第九十七条　进口的预包装食品、食品添加剂应当有中文标签；依法应当有说明书的，还应当有中文说明书。标签、说明书应当符合本法以及我国其他有关法律、行政法规的规定和食品安全国家标准的要求，并载明食品的原产地以及境内代理商的名称、地址、联系方式。预包装食品没有中文标签、中文说明书或者标签、说明书不符合本条规定的，不得进口。

第九十八条　进口商应当建立食品、食品添加剂进口和销售记录制度，如实记录食品、食品添加剂的名称、规格、数量、生产日期、生产或者进口批号、保质期、境外出口商和购货者名称、地址及联系方式、交货日期等内容，并保存相关凭证。记录和凭证保存期限应当符合本法第五十条第二款的规定。

第九十九条　出口食品生产企业应当保证其出口食品符合进口国（地区）的标准或者合同要求。

出口食品生产企业和出口食品原料种植、养殖场应当向国家出入境检验检疫部门备案。

第一百条　国家出入境检验检疫部门应当收集、汇总下列进出口食品安全信息，并及时通报相关部门、机构和企业：

（一）出入境检验检疫机构对进出口食品实施检验检疫发现的食品安全信息；

（二）食品行业协会和消费者协会等组织、消费者反映的进口食品安全信息；

（三）国际组织、境外政府机构发布的风险预警信息及其他食品安全信息，以及境外食品行业协会等组织、消费者反映的食品安全信息；

（四）其他食品安全信息。

国家出入境检验检疫部门应当对进出口食品的进口商、出口商和出口食品生产企业实施信用管理，建立信用记录，并依法向社会公布。对有不良记录的进口商、出口商和出口食品生产企业，应当加强对其进出口食品的检验检疫。

第一百零一条　国家出入境检验检疫部门可以对向我国境内出口食品的国家（地区）的食品安全管理体系和食品安全状况进行评估和审查，并根据评估和审查结果，确定相应检验检疫要求。

第七章　食品安全事故处置

第一百零二条　国务院组织制定国家食品安全事故应急预案。

县级以上地方人民政府应当根据有关法律、法规的规定和上级人民政府的食品安全事故应急预案以及本行政区域的实际情况，制定本行政区域的食品安全事故应急预案，并报上一级人民政府备案。

食品安全事故应急预案应当对食品安全事故分级、事故处置组织指挥体系与职责、预防预警机制、处置程序、应急保障措施等作出规定。

食品生产经营企业应当制订食品安全事故处置方案，定期检查本企业各项食品安全防范措施的落实情况，及时消除事故隐患。

第一百零三条　发生食品安全事故的单位应当立即采取措施，防止事故扩大。事故单位和接收病人进行治疗的单位应当及时向事故发生地县级人民政府食品安全监督管理、卫生行政部门报告。

县级以上人民政府农业行政等部门在日常监督管理中发现食品安全事故或者接到事故举报，应当立即向同级食品安全监督管理部门通报。

发生食品安全事故，接到报告的县级人民政府食品安全监督管理部门应当按照应急预案的规定向本级人民政府和上级人民政府食品安全监督管理部门报告。县级人民政府和上级人民政府食品安全监督管理部门应当按照应急预案的规定上报。

任何单位和个人不得对食品安全事故隐瞒、谎报、缓报，不得隐匿、伪造、毁灭有关证据。

第一百零四条　医疗机构发现其接收的病人属于食源性疾病病人或者疑似病人的，应当按照规定及时将相关信息向所在地县级人民政府卫生行政部门报告。县级人民政府卫生行政部门认为与食品安全有关的，应当及时通报同级食品安全监督管理部门。

县级以上人民政府卫生行政部门在调查处理传染病或者其他突发公共卫生事件中发现与食品安全相关的信息，应当及时通报同级食品安全监督管理部门。

第一百零五条　县级以上人民政府食品安全监督管理部门接到食品安全事故的报告后，应当立即会同同级卫生行政、农业行政等部门进行调查处理，并采取下列措施，防止或者减轻社会危害：

（一）开展应急救援工作，组织救治因食品安全事故导致人身伤害的人员；

（二）封存可能导致食品安全事故的食品及其原料，并立即进行检验；对确认属于被污染的食品及其原料，责令食品生产经营者依照本法第六十三条的规定召回或者停止经营；

（三）封存被污染的食品相关产品，并责令进行清洗消毒；

（四）做好信息发布工作，依法对食品安全事故及其处理情况进行发布，并对可能产生的危害加以解释、说明。

发生食品安全事故需要启动应急预案的，县级以上人民政府应当立即成立事故处置指挥机构，启动应急预案，依照前款和应急预案的规定进行处置。

发生食品安全事故，县级以上疾病预防控制机构应当对事故现场进行卫生处理，并对与事故有关的因素开展流行病学调查，有关部门应当予以协助。县级以上疾病预防控制机构应当向同级食品安全监督管理、卫生行政部门提交流行病学调查报告。

第一百零六条　发生食品安全事故，设区的市级以上人民政府食品安全监督管理部门应当立即会同有关部门进行事故责任调查，督促有关部门履行职责，向本级人民政府和上一级人民政府食品安全监督管理部门提出事故责任调查处理报告。

涉及两个以上省、自治区、直辖市的重大食品安全事故由国务院食品安全监督管理部门依照前款规定组织事故责任调查。

第一百零七条　调查食品安全事故，应当坚持实事求是、尊重科学的原则，及时、准确查清事故性质和原因，认定事故责任，提出整改措施。

调查食品安全事故，除了查明事故单位的责任，还应当查明有关监督管理部门、食品检验机构、认证机构及其工作人员的责任。

第一百零八条　食品安全事故调查部门有权向有关单位和个人了解与事故有关的情况，并要求提供相关资料和样品。有关单位和个人应当予以配合，按照要求提供相关资料和样品，不得拒绝。

任何单位和个人不得阻挠、干涉食品安全事故的调查处理。

第八章　监督管理

第一百零九条　县级以上人民政府食品安全监督管理部门根据食品安全风险监测、风险评估结果和食品安全状况等，确定监督管理的重点、方式和频次，实施风险分级管理。

县级以上地方人民政府组织本级食品安全监督管理、农业行政等部门制定本行政区域的食品安全年度监督管理计划，向社会公布并组织实施。

食品安全年度监督管理计划应当将下列事项作为监督管理的重点：

（一）专供婴幼儿和其他特定人群的主辅食品；

（二）保健食品生产过程中的添加行为和按照注册或者备案的技术要求组织生产的情况，保健食品标签、说明书以及宣传材料中有关功能宣传的情况；

（三）发生食品安全事故风险较高的食品生产经营者；

（四）食品安全风险监测结果表明可能存在食品安全隐患的事项。

第一百一十条　县级以上人民政府食品安全监督管理部门履行食品安全监督管理职责，有权采取下列措施，对生产经营者遵守本法的情况进行监督检查：

（一）进入生产经营场所实施现场检查；

（二）对生产经营的食品、食品添加剂、食品相关产品进行抽样检验；

（三）查阅、复制有关合同、票据、账簿以及其他有关资料；

（四）查封、扣押有证据证明不符合食品安全标准或者有证据证明存在安全隐患以及用于违法生产经营的食品、食品添加剂、食品相关产品；

（五）查封违法从事生产经营活动的场所。

第一百一十一条　对食品安全风险评估结果证明食品存在安全隐患，需要制定、修订食品安全标准的，在制定、修订食品安全标准前，国务院卫生行政部门应当及时会同国务院有关部门规定食品中有害物质的临时限量值和临时检验方法，作为生产经营和监督管理的依据。

第一百一十二条　县级以上人民政府食品安全监督管理部门在食品安全监督管理工作中可以采用国家规定的快速检测方法对食品进行抽查检测。

对抽查检测结果表明可能不符合食品安全标准的食品，应当依照本法第八十七条的规定进行检验。抽查检测结果确定有关食品不符合食品安全标准的，可以作为行政处罚的依据。

第一百一十三条　县级以上人民政府食品安全监督管理部门应当建立食品生产经营者食品安全信用档案，记录许可颁发、日常监督检查结果、违法行为查处等情况，依法向社会公布并实时更新；对有不良信用记录的食品生产经营者增加监督检查频次，对违法行为情节严重的食品生产经营者，可以通报投资主管部门、证券监督管理机构和有关的金融机构。

第一百一十四条　食品生产经营过程中存在食品安全隐患，未及时采取措施消除的，县级以上人民政府食品安全监督管理部门可以对食品生产经营者的法定代表人或者主要负责人进行责任约谈。食品生产经营者应当立即采取措施，进行整改，消除隐患。

责任约谈情况和整改情况应当纳入食品生产经营者食品安全信用档案。

第一百一十五条　县级以上人民政府食品安全监督管理等部门应当公布本部门的电子邮件地址或者电话，接受咨询、投诉、举报。接到咨询、投诉、举报，对属于本部门职责的，应当受理并在法定期限内及时答复、核实、处理；对不属于本部门职责的，应当移交有权处理的部门并书面通知咨询、投诉、举报人。有权处理的部门应当在法定期限内及时处理，不得推诿。对查证属实的举报，给予举报人奖励。

有关部门应当对举报人的信息予以保密，保护举报人的合法权益。举报人举报所在企业的，该企业不得以解除、变更劳动合同或者其他方式对举报人进行打击报复。

第一百一十六条　县级以上人民政府食品安全监督管理等部门应当加强对执法人员食品安全法律、法规、标准和专业知识与执法能力等的培训，并组织考核。不具备相应知识和能力的，不得从事食品安全执法工作。

食品生产经营者、食品行业协会、消费者协会等发现食品安全执法人员在执法过程中有违反法律、法规规定的行为以及不规范执法行为的，可以向本级或者上级人民政府食品安全监督管理等部门或者监察机关投诉、举报。接到投诉、举报的部门或者机关应当进行核实，并将经核实的情况向食品安全执法人员所在部门通报；涉嫌违法违纪的，按照本法和有关规定处理。

第一百一十七条　县级以上人民政府食品安全监督管理等部门未及时发现食品安全系统性风险，未及时消除监督管理区域内的食品安全隐患的，本级人民政府可以对其主要负责人进行责任约谈。

地方人民政府未履行食品安全职责，未及时消除区域性重大食品安全隐患的，上级人民政府可以对其主要负责人进行责任约谈。

被约谈的食品安全监督管理等部门、地方人民政府应当立即采取措施，对食品安全监督管理工作进行整改。

责任约谈情况和整改情况应当纳入地方人民政府和有关部门食品安全监督管理工作评议、考核记录。

第一百一十八条　国家建立统一的食品安全信息平台，实行食品安全信息统一公布制度。国家食品安全总体情况、食品安全风险警示信息、重大食品安全事故及其调查处理信息和国务院确定需要统一公布的其他信息由国务院食品安全监督管理部门统一公布。食品安全风险警示信息和重大食品安全事故及其调查处理信息的影响限于特定区域的，也可以由有关省、自治区、直辖市人民政府食品安全监督管理部门公布。未经授权不得发布上述信息。

县级以上人民政府食品安全监督管理、农业行政部门依据各自职责公布食品安全日常监督管理信息。

公布食品安全信息，应当做到准确、及时，并进行必要的解释说明，避免误导消费者和社会舆论。

第一百一十九条　县级以上地方人民政府食品安全监督管理、卫生行政、农业行政部门获知本法规定需要统一公布的信息，应当向上级主管部门报告，由上级主管部门立即报告国务院食品安全监督管理部门；必要时，可以直接向国务院食品安全监督管理部门报告。

县级以上人民政府食品安全监督管理、卫生行政、农业行政部门应当相互通报获知的食品安全信息。

第一百二十条　任何单位和个人不得编造、散布虚假食品安全信息。

县级以上人民政府食品安全监督管理部门发现可能误导消费者和社会舆论的食品安全信息，应当立即组织有关部门、专业机构、相关食品生产经营者等进行核实、分析，并及时公布结果。

第一百二十一条　县级以上人民政府食品安全监督管理等部门发现涉嫌食品安全犯罪的，应当按照有关规定及时将案件移送公安机关。对移送的案件，公安机关应当及时审查；认为有犯罪事实需要追究刑事责任的，应当立案侦查。

公安机关在食品安全犯罪案件侦查过程中认为没有犯罪事实，或者犯罪事实显著轻微，不需要追究刑事责任，但依法应当追究行政责任的，应当及时将案件移送食品安全监督管理等部门和监察机关，有关部门应当依法处理。

公安机关商请食品安全监督管理、生态环境等部门提供检验结论、认定意见以及对涉案物品进行无害化处理等协助的，有关部门应当及时提供，予以协助。

第九章　法律责任

第一百二十二条　违反本法规定，未取得食品生产经营许可从事食品生产经营活动，或者未取得食品添加剂生产许可从事食品添加剂生产活动的，由县级以上人民政府食品安全监督管理部门没收违法所得和违法生产经营的食品、食品添加剂以及用于违法生产经营的工具、设备、原料等物品；违法生产经营的食品、食品添加剂货值金额不足一万元的，并处五万元以上十万元以下罚款；货值金额一万元以上的，并处货值金额十倍以上二十倍以下罚款。

明知从事前款规定的违法行为，仍为其提供生产经营场所或者其他条件的，由县级以上人民政府食品安全监督管理部门责令停止违法行为，没收违法所得，并处五万元以上十万元以下罚款；使消费者的合法权益受到损害的，应当与食品、食品添加剂生产经营者承担连带责任。

第一百二十三条　违反本法规定，有下列情形之一，尚不构成犯罪的，由县级以上人民政府食品安全监督管理部门没收违法所得和违法生产经营的食品，并可以没收用于违法生产经营的工具、设备、原料等物品；违法生产经营的食品货值金额不足一万元的，并处十万元以上十五万元以下罚款；货值金额一万元以上的，并处货值金额十五倍以上三十倍以下罚款；情节严重的，吊销许可证，并可以由公安机关对其直接负责的主管人员和其他直接责任人员处五日以上十五日以下拘留：

（一）用非食品原料生产食品、在食品中添加食品添加剂以外的化学物质和其他可能危害人体健康的物质，或者用回收食品作为原料生产食品，或者经营上述食品；

（二）生产经营营养成分不符合食品安全标准的专供婴幼儿和其他特定人群的主辅食品；

（三）经营病死、毒死或者死因不明的禽、畜、兽、水产动物肉类，或者生产经营其制品；

（四）经营未按规定进行检疫或者检疫不合格的肉类，或者生产经营未经检验或者检验不合格的肉类制品；

（五）生产经营国家为防病等特殊需要明令禁止生产经营的食品；

（六）生产经营添加药品的食品。

明知从事前款规定的违法行为，仍为其提供生产经营场所或者其他条件的，由县级以上人民政府食品安全监督管理部门责令停止违法行为，没收违法所得，并处十万元以上二十万元以下罚款；使消费者的合法权益受到损害的，应当与食品生产经营者承担连带责任。

违法使用剧毒、高毒农药的，除依照有关法律、法规规定给予处罚外，可以由公安机关依照第一款规定给予拘留。

第一百二十四条　违反本法规定，有下列情形之一，尚不构成犯罪的，由县级以上人民政府食品安全监督管理部门没收违法所得和违法生产经营的食品、食品添加剂，并可以没收用于违法生产经营的工具、设备、原料等物品；违法生产经营的食品、食品添加剂货值金额不足一万元的，并处五万元以上十万元以下罚款；货值金额一万元以上的，并处货值金额十倍以上二十倍以下罚款；情节严重的，吊销许可证：

（一）生产经营致病性微生物，农药残留、兽药残留、生物毒素、重金属等污染物质以及其他危害人体健康的物质含量超过食品安全标准限量的食品、食品添加剂；

（二）用超过保质期的食品原料、食品添加剂生产食品、食品添加剂，或者经营上述食品、食品添加剂；

（三）生产经营超范围、超限量使用食品添加剂的食品；

（四）生产经营腐败变质、油脂酸败、霉变生虫、污秽不洁、混有异物、掺假掺杂或者感官性状异常的食品、食品添加剂；

（五）生产经营标注虚假生产日期、保质期或者超过保质期的食品、食品添加剂；

（六）生产经营未按规定注册的保健食品、特殊医学用途配方食品、婴幼儿配方乳粉，或者未按注册的产品配方、生产工艺等技术要求组织生产；

（七）以分装方式生产婴幼儿配方乳粉，或者同一企业以同一配方生产不同品牌的婴幼儿配方乳粉；

（八）利用新的食品原料生产食品，或者生产食品添加剂新品种，未通过安全性评估；

（九）食品生产经营者在食品安全监督管理部门责令其召回或者停止经营后，仍拒不召回或者停止经营。

除前款和本法第一百二十三条、第一百二十五条规定的情形外，生产经营不符合法律、法规或者食品安全标准的食品、食品添加剂的，依照前款规定给予处罚。

生产食品相关产品新品种，未通过安全性评估，或者生产不符合食品安全标准的食品相关产品的，由县级以上人民政府食品安全监督管理部门依照第一款规定给予处罚。

第一百二十五条　违反本法规定，有下列情形之一的，由县级以上人民政府食品安全监督管理部门没收违法所得和违法生产经营的食品、食品添加剂，并可以没收用于违法生产经营的工具、设备、原料等物品；违法生产经营的食品、食品添加剂货值金额不足一万元的，并处五千元以上五万元以下罚款；货值金额一万元以上的，并处货值金额五倍以上十倍以下罚款；情节严重的，责令停产停业，直至吊销许可证：

（一）生产经营被包装材料、容器、运输工具等污染的食品、食品添加剂；

（二）生产经营无标签的预包装食品、食品添加剂或者标签、说明书不符合本法规定的食品、食品添加剂；

（三）生产经营转基因食品未按规定进行标示；

（四）食品生产经营者采购或者使用不符合食品安全标准的食品原料、食品添加剂、食品相关产品。

生产经营的食品、食品添加剂的标签、说明书存在瑕疵但不影响食品安全且不会对消费者造成误导的，由县级以上人民政府食品安全监督管理部门责令改正；拒不改正的，处二千元以下罚款。

第一百二十六条　违反本法规定，有下列情形之一的，由县级以上人民政府食品安全监督管理部门责令改正，给予警告；拒不改正的，处五千元以上五万元以下罚款；情节严重的，责令停产停业，直至吊销许可证：

（一）食品、食品添加剂生产者未按规定对采购的食品原料和生产的食品、食品添加剂进行检验；

（二）食品生产经营企业未按规定建立食品安全管理制度，或者未按规定配备或者培训、考核食品安全管理人员；

（三）食品、食品添加剂生产经营者进货时未查验许可证和相关证明文件，或者未按规定建立并遵守进货查验记录、出厂检验记录和销售记录制度；

（四）食品生产经营企业未制订食品安全事故处置方案；

（五）餐具、饮具和盛放直接入口食品的容器，使用前未经洗净、消毒或者清洗消毒不合格，或者餐饮服务设施、设备未按规定定期维护、清洗、校验；

（六）食品生产经营者安排未取得健康证明或者患有国务院卫生行政部门规定的有碍食品安全疾病的人员从事接触直接入口食品的工作；

（七）食品经营者未按规定要求销售食品；

（八）保健食品生产企业未按规定向食品安全监督管理部门备案，或者未按备案的产品配方、生产工艺等技术要求组织生产；

（九）婴幼儿配方食品生产企业未将食品原料、食品添加剂、产品配方、标签等向食品安全监督管理部门备案；

（十）特殊食品生产企业未按规定建立生产质量管理体系并有效运行，或者未定期提交自查报告；

（十一）食品生产经营者未定期对食品安全状况进行检查评价，或者生产经营条件发生变化，未按规定处理；

（十二）学校、托幼机构、养老机构、建筑工地等集中用餐单位未按规定履行食品安全管理责任；

（十三）食品生产企业、餐饮服务提供者未按规定制定、实施生产经营过程控制要求。

餐具、饮具集中消毒服务单位违反本法规定用水，使用洗涤剂、消毒剂，或者出厂的餐具、饮具未按规定检验合格并随附消毒合格证明，或者未按规定在独立包装上标注相关内容的，由县级以上人民政府卫生行政部门依照前款规定给予处罚。

食品相关产品生产者未按规定对生产的食品相关产品进行检验的，由县级以上人民政府食品安全监督管理部门依照第一款规定给予处罚。

食用农产品销售者违反本法第六十五条规定的，由县级以上人民政府食品安全监督管理部门依照第一款规定给予处罚。

第一百二十七条 对食品生产加工小作坊、食品摊贩等的违法行为的处罚，依照省、自治区、直辖市制定的具体管理办法执行。

第一百二十八条 违反本法规定，事故单位在发生食品安全事故后未进行处置、报告的，由有关主管部门按照各自职责分工责令改正，给予警告；隐匿、伪造、毁灭有关证据的，责令停产停业，没收违法所得，并处十万元以上五十万元以下罚款；造成严重后果的，吊销许可证。

第一百二十九条 违反本法规定，有下列情形之一的，由出入境检验检疫机构依照本法第一百二十四条的规定给予处罚：

（一）提供虚假材料，进口不符合我国食品安全国家标准的食品、食品添加剂、食品相关产品；

（二）进口尚无食品安全国家标准的食品，未提交所执行的标准并经国务院卫生行政部门审查，或者进口利用新的食品原料生产的食品或者进口食品添加剂新品种、食品相关产品新品种，未通过安全性评估；

（三）未遵守本法的规定出口食品；

（四）进口商在有关主管部门责令其依照本法规定召回进口的食品后，仍拒不召回。

违反本法规定，进口商未建立并遵守食品、食品添加剂进口和销售记录制度、境外出口商或者生产企业审核制度的，由出入境检验检疫机构依照本法第一百二十六条的规定给予处罚。

第一百三十条 违反本法规定，集中交易市场的开办者、柜台出租者、展销会的举办者允许未依法取得许可的食品经营者进入市场销售食品，或者未履行检查、报告等义务的，由县级以上人民政府食品安全监督管理部门责令改正，没收违法所得，并处五万元以上二十万元以下罚款；造成严重后果的，责令停业，直至由原发证部门吊销许可证；使消费者的合法权益受到损害的，应当与食品经营者承担连带责任。

食用农产品批发市场违反本法第六十四条规定的，依照前款规定承担责任。

第一百三十一条 违反本法规定，网络食品交易第三方平台提供者未对入网食品经营者进行实名登记、审查许可证，或者未履行报告、停止提供网络交易平台服务等义务的，由县级以上人民政府食品安全监督管理部门责令改正，没收违法所得，并处五万元以上二十万元以下罚款；造成严重后果的，责令停业，直至由原发证部门吊销许可证；使消费者的合法权益受到损害的，应当与食品经营者承担连带责任。

消费者通过网络食品交易第三方平台购买食品，其合法权益受到损害的，可以向入网食品经营者或者食品生产者要求赔偿。网络食品交易第三方平台提供者不能提供入网食品经营者的真实名称、地址和有效联系方式的，由网络食品交易第三方平台提供者赔偿。网络食品交易第三方平台提供者赔偿后，有权向入网食品经营者或者食品生产者追偿。网络食品交易第三方平台提供者作出更有利于消费者承诺的，应当履行其承诺。

第一百三十二条　违反本法规定，未按要求进行食品贮存、运输和装卸的，由县级以上人民政府食品安全监督管理等部门按照各自职责分工责令改正，给予警告；拒不改正的，责令停产停业，并处一万元以上五万元以下罚款；情节严重的，吊销许可证。

第一百三十三条　违反本法规定，拒绝、阻挠、干涉有关部门、机构及其工作人员依法开展食品安全监督检查、事故调查处理、风险监测和风险评估的，由有关主管部门按照各自职责分工责令停产停业，并处二千元以上五万元以下罚款；情节严重的，吊销许可证；构成违反治安管理行为的，由公安机关依法给予治安管理处罚。

违反本法规定，对举报人以解除、变更劳动合同或者其他方式打击报复的，应当依照有关法律的规定承担责任。

第一百三十四条　食品生产经营者在一年内累计三次因违反本法规定受到责令停产停业、吊销许可证以外处罚的，由食品安全监督管理部门责令停产停业，直至吊销许可证。

第一百三十五条　被吊销许可证的食品生产经营者及其法定代表人、直接负责的主管人员和其他直接责任人员自处罚决定作出之日起五年内不得申请食品生产经营许可，或者从事食品生产经营管理工作、担任食品生产经营企业食品安全管理人员。

因食品安全犯罪被判处有期徒刑以上刑罚的，终身不得从事食品生产经营管理工作，也不得担任食品生产经营企业食品安全管理人员。

食品生产经营者聘用人员违反前两款规定的，由县级以上人民政府食品安全监督管理部门吊销许可证。

第一百三十六条　食品经营者履行了本法规定的进货查验等义务，有充分证据证明其不知道所采购的食品不符合食品安全标准，并能如实说明其进货来源的，可以免予处罚，但应当依法没收其不符合食品安全标准的食品；造成人身、财产或者其他损害的，依法承担赔偿责任。

第一百三十七条　违反本法规定，承担食品安全风险监测、风险评估工作的技术机构、技术人员提供虚假监测、评估信息的，依法对技术机构直接负责的主管人员和技术人员给予撤职、开除处分；有执业资格的，由授予其资格的主管部门吊销执业证书。

第一百三十八条　违反本法规定，食品检验机构、食品检验人员出具虚假检验报告的，由授予其资质的主管部门或者机构撤销该食品检验机构的检验资质，没收所收取的检验费用，并处检验费用五倍以上十倍以下罚款，检验费用不足一万元的，并处五万元以上十万元以下罚款；依法对食品检验机构直接负责的主管人员和食品检验人员给予撤职或者开除处分；导致发生重大食品安全事故的，对直接负责的主管人员和食品检验人员给予开除处分。

违反本法规定，受到开除处分的食品检验机构人员，自处分决定作出之日起十年内不得从事食品检验工作；因食品安全违法行为受到刑事处罚或者因出具虚假检验报告导致发生重大食品安全事故受到开除处分的食品检验机构人员，终身不得从事食品检验工作。食品检验机构聘用不得从事食品检验工作的人员的，由授予其资质的主管部门或者机构撤销该食品检验机构的检验资质。

食品检验机构出具虚假检验报告，使消费者的合法权益受到损害的，应当与食品生产经营者承担连带责任。

第一百三十九条　违反本法规定，认证机构出具虚假认证结论，由认证认可监督管理部门没收所收取的认证费用，并处认证费用五倍以上十倍以下罚款，认证费用不足一万元的，并处五万元以上十万元以下罚款；情节严重的，责令停业，直至撤销认证机构批准文件，并向社会公布；对直接负责的主管人员和负有直接责任的认证人员，撤销其执业资格。

认证机构出具虚假认证结论，使消费者的合法权益受到损害的，应当与食品生产经营者承担连带责任。

第一百四十条　违反本法规定，在广告中对食品作虚假宣传，欺骗消费者，或者发布未取得批准文件、广告内容与批准文件不一致的保健食品广告的，依照《中华人民共和国广告法》的规定给予处罚。

广告经营者、发布者设计、制作、发布虚假食品广告，使消费者的合法权益受到损害的，应当与食品生产经营者承担连带责任。

社会团体或者其他组织、个人在虚假广告或者其他虚假宣传中向消费者推荐食品，使消费者的合法权益受到损害的，应当与食品生产经营者承担连带责任。

违反本法规定，食品安全监督管理等部门、食品检验机构、食品行业协会以广告或者其他形式向消费者推荐食品，消费者组织以收取费用或者其他牟取利益的方式向消费者推荐食品的，由有关主管部门没收违法所得，依法对直接负责的主管人员和其他直接责任人员给予记大过、降级或者撤职处分；情节严重的，给予开除处分。

对食品作虚假宣传且情节严重的，由省级以上人民政府食品安全监督管理部门决定暂停销售该食品，并向社会公布；仍然销售该食品的，由县级以上人民政府食品安全监督管理部门没收违法所得和违法销售的食品，并处二万元以上五万元以下罚款。

第一百四十一条　违反本法规定，编造、散布虚假食品安全信息，构成违反治安管理行为的，由公安机关依法给予治安管理处罚。

媒体编造、散布虚假食品安全信息的，由有关主管部门依法给予处罚，并对直接负责的主管人员和其他直接责任人员给予处分；使公民、法人或者其他组织的合法权益受到损害的，依法承担消除影响、恢复名誉、赔偿损失、赔礼道歉等民事责任。

第一百四十二条　违反本法规定，县级以上地方人民政府有下列行为之一的，对直接负责的主管人员和其他直接责任人员给予记大过处分；情节较重的，给予降级或者撤职处分；情节严重的，给予开除处分；造成严重后果的，其主要负责人还应当引咎辞职：

（一）对发生在本行政区域内的食品安全事故，未及时组织协调有关部门开展有效处置，造成不良影响或者损失；

（二）对本行政区域内涉及多环节的区域性食品安全问题，未及时组织整治，造成不良影响或者损失；

（三）隐瞒、谎报、缓报食品安全事故；

（四）本行政区域内发生特别重大食品安全事故，或者连续发生重大食品安全事故。

第一百四十三条　违反本法规定，县级以上地方人民政府有下列行为之一的，对直接负责的主管人员和其他直接责任人员给予警告、记过或者记大过处分；造成严重后果的，给予降级或者撤职处分：

（一）未确定有关部门的食品安全监督管理职责，未建立健全食品安全全程监督管理工作机制和信息共享机制，未落实食品安全监督管理责任制；

（二）未制定本行政区域的食品安全事故应急预案，或者发生食品安全事故后未按规定立即成立事故处置指挥机构、启动应急预案。

第一百四十四条　违反本法规定，县级以上人民政府食品安全监督管理、卫生行政、农业行政等部门有下列行为之一的，对直接负责的主管人员和其他直接责任人员给予记大过处分；情节较重的，给予降级或者撤职处分；情节严重的，给予开除处分；造成严重后果的，其主要负责人还应当引咎辞职：

（一）隐瞒、谎报、缓报食品安全事故；

（二）未按规定查处食品安全事故，或者接到食品安全事故报告未及时处理，造成事故扩大或者蔓延；

（三）经食品安全风险评估得出食品、食品添加剂、食品相关产品不安全结论后，未及时采取相应措施，造成食品安全事故或者不良社会影响；

（四）对不符合条件的申请人准予许可，或者超越法定职权准予许可；

（五）不履行食品安全监督管理职责，导致发生食品安全事故。

第一百四十五条　违反本法规定，县级以上人民政府食品安全监督管理、卫生行政、农业行政等部门有下列行为之一，造成不良后果的，对直接负责的主管人员和其他直接责任人员给予警告、记过或者记大过处分；情节较重的，给予降级或者撤职处分；情节严重的，给予开除处分：

（一）在获知有关食品安全信息后，未按规定向上级主管部门和本级人民政府报告，或者未按规定相互通报；

（二）未按规定公布食品安全信息；

（三）不履行法定职责，对查处食品安全违法行为不配合，或者滥用职权、玩忽职守、徇私舞弊。

第一百四十六条　食品安全监督管理等部门在履行食品安全监督管理职责过程中，违法实施检查、强制等执法措施，给生产经营者造成损失的，应当依法予以赔偿，对直接负责的主管人员和其他直接责任人员依法给予处分。

第一百四十七条　违反本法规定，造成人身、财产或者其他损害的，依法承担赔偿责任。生产经营者财产不足以同时承担民事赔偿责任和缴纳罚款、罚金时，先承担民事赔偿责任。

第一百四十八条　消费者因不符合食品安全标准的食品受到损害的，可以向经营者要求赔偿损失，也可以向生产者要求赔偿损失。接到消费者赔偿要求的生产经营者，应当实行首负责任制,先行赔付,不得推诿;属于生产者责任的,经营者赔偿后有权向生产者追偿;属于经营者责任的,生产者赔偿后有权向经营者追偿。

生产不符合食品安全标准的食品或者经营明知是不符合食品安全标准的食品,消费者除要求赔偿损失外,还可以向生产者或者经营者要求支付价款十倍或者损失三倍的赔偿金;增加赔偿的金额不足一千元的,为一千元。但是,食品的标签、说明书存在不影响食品安全且不会对消费者造成误导的瑕疵的除外。

第一百四十九条　违反本法规定,构成犯罪的,依法追究刑事责任。

第十章　附　则

第一百五十条　本法下列用语的含义:

食品,指各种供人食用或者饮用的成品和原料以及按照传统既是食品又是中药材的物品,但是不包括以治疗为目的的物品。

食品安全,指食品无毒、无害,符合应当有的营养要求,对人体健康不造成任何急性、亚急性或者慢性危害。

预包装食品,指预先定量包装或者制作在包装材料、容器中的食品。

食品添加剂,指为改善食品品质和色、香、味以及为防腐、保鲜和加工工艺的需要而加入食品中的人工合成或者天然物质,包括营养强化剂。

用于食品的包装材料和容器,指包装、盛放食品或者食品添加剂用的纸、竹、木、金属、搪瓷、陶瓷、塑料、橡胶、天然纤维、化学纤维、玻璃等制品和直接接触食品或者食品添加剂的涂料。

用于食品生产经营的工具、设备,指在食品或者食品添加剂生产、销售、使用过程中直接接触食品或者食品添加剂的机械、管道、传送带、容器、用具、餐具等。

用于食品的洗涤剂、消毒剂,指直接用于洗涤或者消毒食品、餐具、饮具以及直接接触食品的工具、设备或者食品包装材料和容器的物质。

食品保质期,指食品在标明的贮存条件下保持品质的期限。

食源性疾病,指食品中致病因素进入人体引起的感染性、中毒性等疾病,包括食物中毒。

食品安全事故,指食源性疾病、食品污染等源于食品,对人体健康有危害或者可能有危害的事故。

第一百五十一条　转基因食品和食盐的食品安全管理,本法未作规定的,适用其他法律、行政法规的规定。

第一百五十二条　铁路、民航运营中食品安全的管理办法由国务院食品安全监督管理部门会同国务院有关部门依照本法制定。

保健食品的具体管理办法由国务院食品安全监督管理部门依照本法制定。

食品相关产品生产活动的具体管理办法由国务院食品安全监督管理部门依照本法制定。

国境口岸食品的监督管理由出入境检验检疫机构依照本法以及有关法律、行政法规的规定实施。

军队专用食品和自供食品的食品安全管理办法由中央军事委员会依照本法制定。

第一百五十三条　国务院根据实际需要，可以对食品安全监督管理体制作出调整。

第一百五十四条　本法自 2015 年 10 月 1 日起施行。

《中华人民共和国农产品质量安全法》

《中华人民共和国农产品质量安全法》是为保障农产品质量安全，维护公众健康，促进农业和农村经济发展，制定的法律。

本法由中华人民共和国第十届全国人民代表大会常务委员会第二十一次会议于 2006 年 4 月 29 日通过，自 2006 年 11 月 1 日起施行。

2021 年 9 月 1 日，李克强主持召开国务院常务会议，通过《中华人民共和国农产品质量安全法（修订草案）》。

第一章　总　则

第一条　为保障农产品质量安全，维护公众健康，促进农业和农村经济发展，制定本法。

第二条　本法所称农产品，是指来源于农业的初级产品，即在农业活动中获得的植物、动物、微生物及其产品。

本法所称农产品质量安全，是指农产品质量符合保障人的健康、安全的要求。

第三条　县级以上人民政府农业行政主管部门负责农产品质量安全的监督管理工作；县级以上人民政府有关部门按照职责分工，负责农产品质量安全的有关工作。

第四条　县级以上人民政府应当将农产品质量安全管理工作纳入本级国民经济和社会发展规划，并安排农产品质量安全经费，用于开展农产品质量安全工作。

第五条　县级以上地方人民政府统一领导、协调本行政区域内的农产品质量安全工作，并采取措施，建立健全农产品质量安全服务体系，提高农产品质量安全水平。

第六条　国务院农业行政主管部门应当设立由有关方面专家组成的农产品质量安全风险评估专家委员会，对可能影响农产品质量安全的潜在危害进行风险分析和评估。

国务院农业行政主管部门应当根据农产品质量安全风险评估结果采取相应的管理措施，并将农产品质量安全风险评估结果及时通报国务院有关部门。

第七条　国务院农业行政主管部门和省、自治区、直辖市人民政府农业行政主管部门应当按照职责权限，发布有关农产品质量安全状况信息。

第八条　国家引导、推广农产品标准化生产，鼓励和支持生产优质农产品，禁止生产、销售不符合国家规定的农产品质量安全标准的农产品。

第九条　国家支持农产品质量安全科学技术研究，推行科学的质量安全管理方法，推广先进安全的生产技术。

第十条　各级人民政府及有关部门应当加强农产品质量安全知识的宣传，提高公众的农产品质量安全意识，引导农产品生产者、销售者加强质量安全管理，保障农产品消费安全。

第二章　农产品质量安全标准

第十一条　国家建立健全农产品质量安全标准体系。农产品质量安全标准是强制性的技术规范。

农产品质量安全标准的制定和发布，依照有关法律、行政法规的规定执行。

第十二条　制定农产品质量安全标准应当充分考虑农产品质量安全风险评估结果，并听取农产品生产者、销售者和消费者的意见，保障消费安全。

第十三条　农产品质量安全标准应当根据科学技术发展水平以及农产品质量安全的需要，及时修订。

第十四条　农产品质量安全标准由农业行政主管部门会商有关部门组织实施。

第三章　农产品产地

第十五条　县级以上地方人民政府农业行政主管部门按照保障农产品质量安全的要求，根据农产品品种特性和生产区域大气、土壤、水体中有毒有害物质状况等因素，认为不适宜特定农产品生产的，提出禁止生产的区域，报本级人民政府批准后公布。具体办法由国务院农业行政主管部门会商国务院生态环境主管部门制定。

农产品禁止生产区域的调整，依照前款规定的程序办理。

第十六条　县级以上人民政府应当采取措施，加强农产品基地建设，改善农产品的生产条件。

县级以上人民政府农业行政主管部门应当采取措施，推进保障农产品质量安全的标准化生产综合示范区、示范农场、养殖小区和无规定动植物疫病区的建设。

第十七条　禁止在有毒有害物质超过规定标准的区域生产、捕捞、采集食用农产品和建立农产品生产基地。

第十八条　禁止违反法律、法规的规定向农产品产地排放或者倾倒废水、废气、固体废物或者其他有毒有害物质。

农业生产用水和用作肥料的固体废物，应当符合国家规定的标准。

第十九条　农产品生产者应当合理使用化肥、农药、兽药、农用薄膜等化工产品，防止对农产品产地造成污染。

第四章　农产品生产

第二十条　国务院农业行政主管部门和省、自治区、直辖市人民政府农业行政主管部门应当制定保障农产品质量安全的生产技术要求和操作规程。县级以上人民政府农业行政主管部门应当加强对农产品生产的指导。

第二十一条　对可能影响农产品质量安全的农药、兽药、饲料和饲料添加剂、肥料、兽医器械，依照有关法律、行政法规的规定实行许可制度。

国务院农业行政主管部门和省、自治区、直辖市人民政府农业行政主管部门应当定期对可能危及农产品质量安全的农药、兽药、饲料和饲料添加剂、肥料等农业投入品进行监督抽查，并公布抽查结果。

第二十二条　县级以上人民政府农业行政主管部门应当加强对农业投入品使用的管理和指导，建立健全农业投入品的安全使用制度。

第二十三条　农业科研教育机构和农业技术推广机构应当加强对农产品生产者质量安全知识和技能的培训。

第二十四条　农产品生产企业和农民专业合作经济组织应当建立农产品生产记录，如实记载下列事项：

（一）使用农业投入品的名称、来源、用法、用量和使用、停用的日期；

（二）动物疫病、植物病虫草害的发生和防治情况；

（三）收获、屠宰或者捕捞的日期。

农产品生产记录应当保存二年。禁止伪造农产品生产记录。

国家鼓励其他农产品生产者建立农产品生产记录。

第二十五条　农产品生产者应当按照法律、行政法规和国务院农业行政主管部门的规定，合理使用农业投入品，严格执行农业投入品使用安全间隔期或者休药期的规定，防止危及农产品质量安全。

禁止在农产品生产过程中使用国家明令禁止使用的农业投入品。

第二十六条　农产品生产企业和农民专业合作经济组织，应当自行或者委托检测机构对农产品质量安全状况进行检测；经检测不符合农产品质量安全标准的农产品，不得销售。

第二十七条　农民专业合作经济组织和农产品行业协会对其成员应当及时提供生产技术服务，建立农产品质量安全管理制度，健全农产品质量安全控制体系，加强自律管理。

第五章　农产品包装和标识

第二十八条　农产品生产企业、农民专业合作经济组织以及从事农产品收购的单位或者个人销售的农产品，按照规定应当包装或者附加标识的，须经包装或者附加标识后方可销售。包装物或者标识上应当按照规定标明产品的品名、产地、生产者、生产日期、保质期、产品质量等级等内容；使用添加剂的，还应当按照规定标明添加剂的名称。具体办法由国务院农业行政主管部门制定。

第二十九条　农产品在包装、保鲜、贮存、运输中所使用的保鲜剂、防腐剂、添加剂等材料，应当符合国家有关强制性的技术规范。

第三十条　属于农业转基因生物的农产品，应当按照农业转基因生物安全管理的有关规定进行标识。

第三十一条　依法需要实施检疫的动植物及其产品，应当附具检疫合格标志、检疫合格证明。

第三十二条　销售的农产品必须符合农产品质量安全标准，生产者可以申请使用无公害农产品标志。农产品质量符合国家规定的有关优质农产品标准的，生产者可以申请使用相应的农产品质量标志。

禁止冒用前款规定的农产品质量标志。

第六章　监督检查

第三十三条　有下列情形之一的农产品，不得销售：

（一）含有国家禁止使用的农药、兽药或者其他化学物质的；

（二）农药、兽药等化学物质残留或者含有的重金属等有毒有害物质不符合农产品质量安全标准的；

（三）含有的致病性寄生虫、微生物或者生物毒素不符合农产品质量安全标准的；

（四）使用的保鲜剂、防腐剂、添加剂等材料不符合国家有关强制性的技术规范的；

（五）其他不符合农产品质量安全标准的。

第三十四条　国家建立农产品质量安全监测制度。县级以上人民政府农业行政主管部门应当按照保障农产品质量安全的要求，制定并组织实施农产品质量安全监测计划，对生产中或者市场上销售的农产品进行监督抽查。监督抽查结果由国务院农业行政主管部门或者省、自治区、直辖市人民政府农业行政主管部门按照权限予以公布。

监督抽查检测应当委托符合本法第三十五条规定条件的农产品质量安全检测机构进行，不得向被抽查人收取费用，抽取的样品不得超过国务院农业行政主管部门规定的数量。上级农业行政主管部门监督抽查的农产品，下级农业行政主管部门不得另行重复抽查。

第三十五条　农产品质量安全检测应当充分利用现有的符合条件的检测机构。

从事农产品质量安全检测的机构，必须具备相应的检测条件和能力，由省级以上人民政府农业行政主管部门或者其授权的部门考核合格。具体办法由国务院农业行政主管部门制定。

农产品质量安全检测机构应当依法经计量认证合格。

第三十六条　农产品生产者、销售者对监督抽查检测结果有异议的，可以自收到检测结果之日起五日内，向组织实施农产品质量安全监督抽查的农业行政主管部门或者其上级农业行政主管部门申请复检。

采用国务院农业行政主管部门会同有关部门认定的快速检测方法进行农产品质量安全监督抽查检测，被抽查人对检测结果有异议的，可以自收到检测结果时起四小时内申请复检。复检不得采用快速检测方法。

因检测结果错误给当事人造成损害的，依法承担赔偿责任。

第三十七条　农产品批发市场应当设立或者委托农产品质量安全检测机构，对进场销售的农产品质量安全状况进行抽查检测；发现不符合农产品质量安全标准的，应当要求销售者立即停止销售，并向农业行政主管部门报告。

农产品销售企业对其销售的农产品，应当建立健全进货检查验收制度；经查验不符合农产品质量安全标准的，不得销售。

第三十八条　国家鼓励单位和个人对农产品质量安全进行社会监督。任何单位和个人都有权对违反本法的行为进行检举、揭发和控告。有关部门收到相关的检举、揭发和控告后，应当及时处理。

第三十九条　县级以上人民政府农业行政主管部门在农产品质量安全监督检查中，

可以对生产、销售的农产品进行现场检查，调查了解农产品质量安全的有关情况，查阅、复制与农产品质量安全有关的记录和其他资料；对经检测不符合农产品质量安全标准的农产品，有权查封、扣押。

第四十条　发生农产品质量安全事故时，有关单位和个人应当采取控制措施，及时向所在地乡级人民政府和县级人民政府农业行政主管部门报告；收到报告的机关应当及时处理并报上一级人民政府和有关部门。发生重大农产品质量安全事故时，农业行政主管部门应当及时通报同级市场监督管理部门。

第四十一条　县级以上人民政府农业行政主管部门在农产品质量安全监督管理中，发现有本法第三十三条所列情形之一的农产品，应当按照农产品质量安全责任追究制度的要求，查明责任人，依法予以处理或者提出处理建议。

第四十二条　进口的农产品必须按照国家规定的农产品质量安全标准进行检验；尚未制定有关农产品质量安全标准的，应当依法及时制定，未制定之前，可以参照国家有关部门指定的国外有关标准进行检验。

第七章　法律责任

第四十三条　农产品质量安全监督管理人员不依法履行监督职责，或者滥用职权的，依法给予行政处分。

第四十四条　农产品质量安全检测机构伪造检测结果的，责令改正，没收违法所得，并处五万元以上十万元以下罚款，对直接负责的主管人员和其他直接责任人员处一万元以上五万元以下罚款；情节严重的，撤销其检测资格；造成损害的，依法承担赔偿责任。

农产品质量安全检测机构出具检测结果不实，造成损害的，依法承担赔偿责任；造成重大损害的，并撤销其检测资格。

第四十五条　违反法律、法规规定，向农产品产地排放或者倾倒废水、废气、固体废物或者其他有毒有害物质的，依照有关环境保护法律、法规的规定处罚；造成损害的，依法承担赔偿责任。

第四十六条　使用农业投入品违反法律、行政法规和国务院农业行政主管部门的规定的，依照有关法律、行政法规的规定处罚。

第四十七条　农产品生产企业、农民专业合作经济组织未建立或者未按照规定保存农产品生产记录的，或者伪造农产品生产记录的，责令限期改正；逾期不改正的，可以处二千元以下罚款。

第四十八条　违反本法第二十八条规定，销售的农产品未按照规定进行包装、标识的，责令限期改正；逾期不改正的，可以处二千元以下罚款。

第四十九条　有本法第三十三条第四项规定情形，使用的保鲜剂、防腐剂、添加剂等材料不符合国家有关强制性的技术规范的，责令停止销售，对被污染的农产品进行无害化处理，对不能进行无害化处理的予以监督销毁；没收违法所得，并处二千元以上二万元以下罚款。

第五十条　农产品生产企业、农民专业合作经济组织销售的农产品有本法第三十三条第一项至第三项或者第五项所列情形之一的，责令停止销售，追回已经销售的农产品，对违法销售的农产品进行无害化处理或者予以监督销毁；没收违法所得，并处二千元以上二万元以下罚款。

农产品销售企业销售的农产品有前款所列情形的，依照前款规定处理、处罚。

农产品批发市场中销售的农产品有第一款所列情形的，对违法销售的农产品依照第一款规定处理，对农产品销售者依照第一款规定处罚。

农产品批发市场违反本法第三十七条第一款规定的，责令改正，处二千元以上二万元以下罚款。

第五十一条　违反本法第三十二条规定，冒用农产品质量标志的，责令改正，没收违法所得，并处二千元以上二万元以下罚款。

第五十二条　本法第四十四条，第四十七条至第四十九条，第五十条第一款、第四款和第五十一条规定的处理、处罚，由县级以上人民政府农业行政主管部门决定；第五十条第二款、第三款规定的处理、处罚，由市场监督管理部门决定。

法律对行政处罚及处罚机关有其他规定的，从其规定。但是，对同一违法行为不得重复处罚。

第五十三条　违反本法规定，构成犯罪的，依法追究刑事责任。

第五十四条　生产、销售本法第三十三条所列农产品，给消费者造成损害的，依法承担赔偿责任。

农产品批发市场中销售的农产品有前款规定情形的，消费者可以向农产品批发市场要求赔偿；属于生产者、销售者责任的，农产品批发市场有权追偿。消费者也可以直接向农产品生产者、销售者要求赔偿。

第八章　附　则

第五十五条　生猪屠宰的管理按照国家有关规定执行。

第五十六条　本法自 2006 年 11 月 1 日起施行。

《中华人民共和国食品安全法实施条例》

2009 年 7 月 20 日中华人民共和国国务院令第 557 号公布，根据 2016 年 2 月 6 日《国务院关于修改部分行政法规的决定》修订，2019 年 3 月 26 日国务院第 42 次常务会议修订通过。

第一章　总　则

第一条　根据《中华人民共和国食品安全法》（以下简称食品安全法），制定本条例。

第二条　食品生产经营者应当依照法律、法规和食品安全标准从事生产经营活动，建立健全食品安全管理制度，采取有效措施预防和控制食品安全风险，保证食品安全。

第三条　国务院食品安全委员会负责分析食品安全形势，研究部署、统筹指导食品安全工作，提出食品安全监督管理的重大政策措施，督促落实食品安全监督管理责任。县级以上地方人民政府食品安全委员会按照本级人民政府规定的职责开展工作。

第四条　县级以上人民政府建立统一权威的食品安全监督管理体制，加强食品安全监督管理能力建设。

县级以上人民政府食品安全监督管理部门和其他有关部门应当依法履行职责，加强协调配合，做好食品安全监督管理工作。

乡镇人民政府和街道办事处应当支持、协助县级人民政府食品安全监督管理部门及其派出机构依法开展食品安全监督管理工作。

第五条　国家将食品安全知识纳入国民素质教育内容，普及食品安全科学常识和法律知识，提高全社会的食品安全意识。

第二章　食品安全风险监测和评估

第六条　县级以上人民政府卫生行政部门会同同级食品安全监督管理等部门建立食品安全风险监测会商机制，汇总、分析风险监测数据，研判食品安全风险，形成食品安全风险监测分析报告，报本级人民政府；县级以上地方人民政府卫生行政部门还应当将食品安全风险监测分析报告同时报上一级人民政府卫生行政部门。食品安全风险监测会商的具体办法由国务院卫生行政部门会同国务院食品安全监督管理等部门制定。

第七条　食品安全风险监测结果表明存在食品安全隐患，食品安全监督管理等部门经进一步调查确认有必要通知相关食品生产经营者的，应当及时通知。

接到通知的食品生产经营者应当立即进行自查，发现食品不符合食品安全标准或者有证据证明可能危害人体健康的，应当依照食品安全法第六十三条的规定停止生产、经营，实施食品召回，并报告相关情况。

第八条　国务院卫生行政、食品安全监督管理等部门发现需要对农药、肥料、兽药、饲料和饲料添加剂等进行安全性评估的，应当向国务院农业行政部门提出安全性评估建议。国务院农业行政部门应当及时组织评估，并向国务院有关部门通报评估结果。

第九条　国务院食品安全监督管理部门和其他有关部门建立食品安全风险信息交流机制，明确食品安全风险信息交流的内容、程序和要求。

第三章　食品安全标准

第十条　国务院卫生行政部门会同国务院食品安全监督管理、农业行政等部门制定食品安全国家标准规划及其年度实施计划。国务院卫生行政部门应当在其网站上公布食品安全国家标准规划及其年度实施计划的草案，公开征求意见。

第十一条　省、自治区、直辖市人民政府卫生行政部门依照食品安全法第二十九条的规定制定食品安全地方标准，应当公开征求意见。省、自治区、直辖市人民政府卫生行政部门应当自食品安全地方标准公布之日起 30 个工作日内，将地方标准报国务院卫生行政部门备案。国务院卫生行政部门发现备案的食品安全地方标准违反法律、法规或者食品安全国家标准的，应当及时予以纠正。

食品安全地方标准依法废止的，省、自治区、直辖市人民政府卫生行政部门应当及时在其网站上公布废止情况。

第十二条 保健食品、特殊医学用途配方食品、婴幼儿配方食品等特殊食品不属于地方特色食品,不得对其制定食品安全地方标准。

第十三条 食品安全标准公布后,食品生产经营者可以在食品安全标准规定的实施日期之前实施并公开提前实施情况。

第十四条 食品生产企业不得制定低于食品安全国家标准或者地方标准要求的企业标准。食品生产企业制定食品安全指标严于食品安全国家标准或者地方标准的企业标准的,应当报省、自治区、直辖市人民政府卫生行政部门备案。

食品生产企业制定企业标准的,应当公开,供公众免费查阅。

第四章 食品生产经营

第十五条 食品生产经营许可的有效期为 5 年。

食品生产经营者的生产经营条件发生变化,不再符合食品生产经营要求的,食品生产经营者应当立即采取整改措施;需要重新办理许可手续的,应当依法办理。

第十六条 国务院卫生行政部门应当及时公布新的食品原料、食品添加剂新品种和食品相关产品新品种目录以及所适用的食品安全国家标准。

对按照传统既是食品又是中药材的物质目录,国务院卫生行政部门会同国务院食品安全监督管理部门应当及时更新。

第十七条 国务院食品安全监督管理部门会同国务院农业行政等有关部门明确食品安全全程追溯基本要求,指导食品生产经营者通过信息化手段建立、完善食品安全追溯体系。

食品安全监督管理等部门应当将婴幼儿配方食品等针对特定人群的食品以及其他食品安全风险较高或者销售量大的食品的追溯体系建设作为监督检查的重点。

第十八条 食品生产经营者应当建立食品安全追溯体系,依照食品安全法的规定如实记录并保存进货查验、出厂检验、食品销售等信息,保证食品可追溯。

第十九条 食品生产经营企业的主要负责人对本企业的食品安全工作全面负责,建立并落实本企业的食品安全责任制,加强供货者管理、进货查验和出厂检验、生产经营过程控制、食品安全自查等工作。食品生产经营企业的食品安全管理人员应当协助企业主要负责人做好食品安全管理工作。

第二十条 食品生产经营企业应当加强对食品安全管理人员的培训和考核。食品安全管理人员应当掌握与其岗位相适应的食品安全法律、法规、标准和专业知识,具备食品安全管理能力。食品安全监督管理部门应当对企业食品安全管理人员进行随机监督抽查考核。考核指南由国务院食品安全监督管理部门制定、公布。

第二十一条 食品、食品添加剂生产经营者委托生产食品、食品添加剂的,应当委托取得食品生产许可、食品添加剂生产许可的生产者生产,并对其生产行为进行监督,对委托生产的食品、食品添加剂的安全负责。受托方应当依照法律、法规、食品安全标准以及合同约定进行生产,对生产行为负责,并接受委托方的监督。

第二十二条 食品生产经营者不得在食品生产、加工场所贮存依照本条例第六十三条规定制定的名录中的物质。

第二十三条　对食品进行辐照加工，应当遵守食品安全国家标准，并按照食品安全国家标准的要求对辐照加工食品进行检验和标注。

第二十四条　贮存、运输对温度、湿度等有特殊要求的食品，应当具备保温、冷藏或者冷冻等设备设施，并保持有效运行。

第二十五条　食品生产经营者委托贮存、运输食品的，应当对受托方的食品安全保障能力进行审核，并监督受托方按照保证食品安全的要求贮存、运输食品。受托方应当保证食品贮存、运输条件符合食品安全的要求，加强食品贮存、运输过程管理。

接受食品生产经营者委托贮存、运输食品的，应当如实记录委托方和收货方的名称、地址、联系方式等内容。记录保存期限不得少于贮存、运输结束后 2 年。

非食品生产经营者从事对温度、湿度等有特殊要求的食品贮存业务的，应当自取得营业执照之日起 30 个工作日内向所在地县级人民政府食品安全监督管理部门备案。

第二十六条　餐饮服务提供者委托餐具饮具集中消毒服务单位提供清洗消毒服务的，应当查验、留存餐具饮具集中消毒服务单位的营业执照复印件和消毒合格证明。保存期限不得少于消毒餐具饮具使用期限到期后 6 个月。

第二十七条　餐具饮具集中消毒服务单位应当建立餐具饮具出厂检验记录制度，如实记录出厂餐具饮具的数量、消毒日期和批号、使用期限、出厂日期以及委托方名称、地址、联系方式等内容。出厂检验记录保存期限不得少于消毒餐具饮具使用期限到期后 6 个月。消毒后的餐具饮具应当在独立包装上标注单位名称、地址、联系方式、消毒日期和批号以及使用期限等内容。

第二十八条　学校、托幼机构、养老机构、建筑工地等集中用餐单位的食堂应当执行原料控制、餐具饮具清洗消毒、食品留样等制度，并依照食品安全法第四十七条的规定定期开展食堂食品安全自查。

承包经营集中用餐单位食堂的，应当依法取得食品经营许可，并对食堂的食品安全负责。集中用餐单位应当督促承包方落实食品安全管理制度，承担管理责任。

第二十九条　食品生产经营者应当对变质、超过保质期或者回收的食品进行显著标示或者单独存放在有明确标志的场所，及时采取无害化处理、销毁等措施并如实记录。

食品安全法所称回收食品，是指已经售出，因违反法律、法规、食品安全标准或者超过保质期等原因，被召回或者退回的食品，不包括依照食品安全法第六十三条第三款的规定可以继续销售的食品。

第三十条　县级以上地方人民政府根据需要建设必要的食品无害化处理和销毁设施。食品生产经营者可以按照规定使用政府建设的设施对食品进行无害化处理或者予以销毁。

第三十一条　食品集中交易市场的开办者、食品展销会的举办者应当在市场开业或者展销会举办前向所在地县级人民政府食品安全监督管理部门报告。

第三十二条　网络食品交易第三方平台提供者应当妥善保存入网食品经营者的登记信息和交易信息。县级以上人民政府食品安全监督管理部门开展食品安全监督检查、食品安全案件调查处理、食品安全事故处置确需了解有关信息的，经其负责人批准，可以要求网络食品交易第三方平台提供者提供，网络食品交易第三方平台提供者应当按照要求提供。县级以上人民政府食品安全监督管理部门及其工作人员对网络食品交易第三方平台提供者提供的信息依法负有保密义务。

第三十三条　生产经营转基因食品应当显著标示，标示办法由国务院食品安全监督管理部门会同国务院农业行政部门制定。

第三十四条　禁止利用包括会议、讲座、健康咨询在内的任何方式对食品进行虚假宣传。食品安全监督管理部门发现虚假宣传行为的，应当依法及时处理。

第三十五条　保健食品生产工艺有原料提取、纯化等前处理工序的，生产企业应当具备相应的原料前处理能力。

第三十六条　特殊医学用途配方食品生产企业应当按照食品安全国家标准规定的检验项目对出厂产品实施逐批检验。

特殊医学用途配方食品中的特定全营养配方食品应当通过医疗机构或者药品零售企业向消费者销售。医疗机构、药品零售企业销售特定全营养配方食品的，不需要取得食品经营许可，但是应当遵守食品安全法和本条例关于食品销售的规定。

第三十七条　特殊医学用途配方食品中的特定全营养配方食品广告按照处方药广告管理，其他类别的特殊医学用途配方食品广告按照非处方药广告管理。

第三十八条　对保健食品之外的其他食品，不得声称具有保健功能。

对添加食品安全国家标准规定的选择性添加物质的婴幼儿配方食品，不得以选择性添加物质命名。

第三十九条　特殊食品的标签、说明书内容应当与注册或者备案的标签、说明书一致。销售特殊食品，应当核对食品标签、说明书内容是否与注册或者备案的标签、说明书一致，不一致的不得销售。省级以上人民政府食品安全监督管理部门应当在其网站上公布注册或者备案的特殊食品的标签、说明书。

特殊食品不得与普通食品或者药品混放销售。

第五章　食品检验

第四十条　对食品进行抽样检验，应当按照食品安全标准、注册或者备案的特殊食品的产品技术要求以及国家有关规定确定的检验项目和检验方法进行。

第四十一条　对可能掺杂掺假的食品，按照现有食品安全标准规定的检验项目和检验方法以及依照食品安全法第一百一十一条和本条例第六十三条规定制定的检验项目和检验方法无法检验的，国务院食品安全监督管理部门可以制定补充检验项目和检验方法，用于对食品的抽样检验、食品安全案件调查处理和食品安全事故处置。

第四十二条　依照食品安全法第八十八条的规定申请复检的，申请人应当向复检机构先行支付复检费用。复检结论表明食品不合格的，复检费用由复检申请人承担；复检结论表明食品合格的，复检费用由实施抽样检验的食品安全监督管理部门承担。

复检机构无正当理由不得拒绝承担复检任务。

第四十三条　任何单位和个人不得发布未依法取得资质认定的食品检验机构出具的食品检验信息，不得利用上述检验信息对食品、食品生产经营者进行等级评定，欺骗、误导消费者。

第六章 食品进出口

第四十四条 进口商进口食品、食品添加剂，应当按照规定向出入境检验检疫机构报检，如实申报产品相关信息，并随附法律、行政法规规定的合格证明材料。

第四十五条 进口食品运达口岸后，应当存放在出入境检验检疫机构指定或者认可的场所；需要移动的，应当按照出入境检验检疫机构的要求采取必要的安全防护措施。大宗散装进口食品应当在卸货口岸进行检验。

第四十六条 国家出入境检验检疫部门根据风险管理需要，可以对部分食品实行指定口岸进口。

第四十七条 国务院卫生行政部门依照食品安全法第九十三条的规定对境外出口商、境外生产企业或者其委托的进口商提交的相关国家（地区）标准或者国际标准进行审查，认为符合食品安全要求的，决定暂予适用并予以公布；暂予适用的标准公布前，不得进口尚无食品安全国家标准的食品。

食品安全国家标准中通用标准已经涵盖的食品不属于食品安全法第九十三条规定的尚无食品安全国家标准的食品。

第四十八条 进口商应当建立境外出口商、境外生产企业审核制度，重点审核境外出口商、境外生产企业制定和执行食品安全风险控制措施的情况以及向我国出口的食品是否符合食品安全法、本条例和其他有关法律、行政法规的规定以及食品安全国家标准的要求。

第四十九条 进口商依照食品安全法第九十四条第三款的规定召回进口食品的，应当将食品召回和处理情况向所在地县级人民政府食品安全监督管理部门和所在地出入境检验检疫机构报告。

第五十条 国家出入境检验检疫部门发现已经注册的境外食品生产企业不再符合注册要求的，应当责令其在规定期限内整改，整改期间暂停进口其生产的食品；经整改仍不符合注册要求的，国家出入境检验检疫部门应当撤销境外食品生产企业注册并公告。

第五十一条 对通过我国良好生产规范、危害分析与关键控制点体系认证的境外生产企业，认证机构应当依法实施跟踪调查。对不再符合认证要求的企业，认证机构应当依法撤销认证并向社会公布。

第五十二条 境外发生的食品安全事件可能对我国境内造成影响，或者在进口食品、食品添加剂、食品相关产品中发现严重食品安全问题的，国家出入境检验检疫部门应当及时进行风险预警，并可以对相关的食品、食品添加剂、食品相关产品采取下列控制措施：

（一）退货或者销毁处理；

（二）有条件地限制进口；

（三）暂停或者禁止进口。

第五十三条 出口食品、食品添加剂的生产企业应当保证其出口食品、食品添加剂符合进口国（地区）的标准或者合同要求；我国缔结或者参加的国际条约、协定有要求的，还应当符合国际条约、协定的要求。

第七章　　食品安全事故处置

第五十四条　食品安全事故按照国家食品安全事故应急预案实行分级管理。县级以上人民政府食品安全监督管理部门会同同级有关部门负责食品安全事故调查处理。

县级以上人民政府应当根据实际情况及时修改、完善食品安全事故应急预案。

第五十五条　县级以上人民政府应当完善食品安全事故应急管理机制，改善应急装备，做好应急物资储备和应急队伍建设，加强应急培训、演练。

第五十六条　发生食品安全事故的单位应当对导致或者可能导致食品安全事故的食品及原料、工具、设备、设施等，立即采取封存等控制措施。

第五十七条　县级以上人民政府食品安全监督管理部门接到食品安全事故报告后，应当立即会同同级卫生行政、农业行政等部门依照食品安全法第一百零五条的规定进行调查处理。食品安全监督管理部门应当对事故单位封存的食品及原料、工具、设备、设施等予以保护，需要封存而事故单位尚未封存的应当直接封存或者责令事故单位立即封存，并通知疾病预防控制机构对与事故有关的因素开展流行病学调查。

疾病预防控制机构应当在调查结束后向同级食品安全监督管理、卫生行政部门同时提交流行病学调查报告。

任何单位和个人不得拒绝、阻挠疾病预防控制机构开展流行病学调查。有关部门应当对疾病预防控制机构开展流行病学调查予以协助。

第五十八条　国务院食品安全监督管理部门会同国务院卫生行政、农业行政等部门定期对全国食品安全事故情况进行分析，完善食品安全监督管理措施，预防和减少事故的发生。

第八章　　监督管理

第五十九条　设区的市级以上人民政府食品安全监督管理部门根据监督管理工作需要，可以对由下级人民政府食品安全监督管理部门负责日常监督管理的食品生产经营者实施随机监督检查，也可以组织下级人民政府食品安全监督管理部门对食品生产经营者实施异地监督检查。

设区的市级以上人民政府食品安全监督管理部门认为必要的，可以直接调查处理下级人民政府食品安全监督管理部门管辖的食品安全违法案件，也可以指定其他下级人民政府食品安全监督管理部门调查处理。

第六十条　国家建立食品安全检查员制度，依托现有资源加强职业化检查员队伍建设，强化考核培训，提高检查员专业化水平。

第六十一条　县级以上人民政府食品安全监督管理部门依照食品安全法第一百一十条的规定实施查封、扣押措施，查封、扣押的期限不得超过 30 日；情况复杂的，经实施查封、扣押措施的食品安全监督管理部门负责人批准，可以延长，延长期限不得超过 45 日。

第六十二条　网络食品交易第三方平台多次出现入网食品经营者违法经营或者入网食品经营者的违法经营行为造成严重后果的，县级以上人民政府食品安全监督管理部门可以对网络食品交易第三方平台提供者的法定代表人或者主要负责人进行责任约谈。

第六十三条　国务院食品安全监督管理部门会同国务院卫生行政等部门根据食源性疾病信息、食品安全风险监测信息和监督管理信息等，对发现的添加或者可能添加到食品中的非食品用化学物质和其他可能危害人体健康的物质，制定名录及检测方法并予以公布。

第六十四条　县级以上地方人民政府卫生行政部门应当对餐具饮具集中消毒服务单位进行监督检查，发现不符合法律、法规、国家相关标准以及相关卫生规范等要求的，应当及时调查处理。监督检查的结果应当向社会公布。

第六十五条　国家实行食品安全违法行为举报奖励制度，对查证属实的举报，给予举报人奖励。举报人举报所在企业食品安全重大违法犯罪行为的，应当加大奖励力度。有关部门应当对举报人的信息予以保密，保护举报人的合法权益。食品安全违法行为举报奖励办法由国务院食品安全监督管理部门会同国务院财政等有关部门制定。

食品安全违法行为举报奖励资金纳入各级人民政府预算。

第六十六条　国务院食品安全监督管理部门应当会同国务院有关部门建立守信联合激励和失信联合惩戒机制，结合食品生产经营者信用档案，建立严重违法生产经营者黑名单制度，将食品安全信用状况与准入、融资、信贷、征信等相衔接，及时向社会公布。

第九章　法律责任

第六十七条　有下列情形之一的，属于食品安全法第一百二十三条至第一百二十六条、第一百三十二条以及本条例第七十二条、第七十三条规定的情节严重情形：

（一）违法行为涉及的产品货值金额 2 万元以上或者违法行为持续时间 3 个月以上；

（二）造成食源性疾病并出现死亡病例，或者造成 30 人以上食源性疾病但未出现死亡病例；

（三）故意提供虚假信息或者隐瞒真实情况；

（四）拒绝、逃避监督检查；

（五）因违反食品安全法律、法规受到行政处罚后 1 年内又实施同一性质的食品安全违法行为，或者因违反食品安全法律、法规受到刑事处罚后又实施食品安全违法行为；

（六）其他情节严重的情形。

对情节严重的违法行为处以罚款时，应当依法从重从严。

第六十八条　有下列情形之一的，依照食品安全法第一百二十五条第一款、本条例第七十五条的规定给予处罚：

（一）在食品生产、加工场所贮存依照本条例第六十三条规定制定的名录中的物质；

（二）生产经营的保健食品之外的食品的标签、说明书声称具有保健功能；

（三）以食品安全国家标准规定的选择性添加物质命名婴幼儿配方食品；

（四）生产经营的特殊食品的标签、说明书内容与注册或者备案的标签、说明书不一致。

第六十九条　有下列情形之一的，依照食品安全法第一百二十六条第一款、本条例第七十五条的规定给予处罚：

（一）接受食品生产经营者委托贮存、运输食品，未按照规定记录保存信息；

（二）餐饮服务提供者未查验、留存餐具饮具集中消毒服务单位的营业执照复印件和消毒合格证明；

（三）食品生产经营者未按照规定对变质、超过保质期或者回收的食品进行标示或者存放，或者未及时对上述食品采取无害化处理、销毁等措施并如实记录；

（四）医疗机构和药品零售企业之外的单位或者个人向消费者销售特殊医学用途配方食品中的特定全营养配方食品；

（五）将特殊食品与普通食品或者药品混放销售。

第七十条　除食品安全法第一百二十五条第一款、第一百二十六条规定的情形外，食品生产经营者的生产经营行为不符合食品安全法第三十三条第一款第五项、第七项至第十项的规定，或者不符合有关食品生产经营过程要求的食品安全国家标准的，依照食品安全法第一百二十六条第一款、本条例第七十五条的规定给予处罚。

第七十一条　餐具饮具集中消毒服务单位未按照规定建立并遵守出厂检验记录制度的，由县级以上人民政府卫生行政部门依照食品安全法第一百二十六条第一款、本条例第七十五条的规定给予处罚。

第七十二条　从事对温度、湿度等有特殊要求的食品贮存业务的非食品生产经营者，食品集中交易市场的开办者、食品展销会的举办者，未按照规定备案或者报告的，由县级以上人民政府食品安全监督管理部门责令改正，给予警告；拒不改正的，处 1 万元以上 5 万元以下罚款；情节严重的，责令停产停业，并处 5 万元以上 20 万元以下罚款。

第七十三条　利用会议、讲座、健康咨询等方式对食品进行虚假宣传的，由县级以上人民政府食品安全监督管理部门责令消除影响，有违法所得的，没收违法所得；情节严重的，依照食品安全法第一百四十条第五款的规定进行处罚；属于单位违法的，还应当依照本条例第七十五条的规定对单位的法定代表人、主要负责人、直接负责的主管人员和其他直接责任人员给予处罚。

第七十四条　食品生产经营者生产经营的食品符合食品安全标准但不符合食品所标注的企业标准规定的食品安全指标的，由县级以上人民政府食品安全监督管理部门给予警告，并责令食品经营者停止经营该食品，责令食品生产企业改正；拒不停止经营或者改正的，没收不符合企业标准规定的食品安全指标的食品，货值金额不足 1 万元的，并处 1 万元以上 5 万元以下罚款，货值金额 1 万元以上的，并处货值金额 5 倍以上 10 倍以下罚款。

第七十五条　食品生产经营企业等单位有食品安全法规定的违法情形，除依照食品安全法的规定给予处罚外，有下列情形之一的，对单位的法定代表人、主要负责人、直接负责的主管人员和其他直接责任人员处以其上一年度从本单位取得收入的 1 倍以上 10 倍以下罚款：

（一）故意实施违法行为；

（二）违法行为性质恶劣；

（三）违法行为造成严重后果。

属于食品安全法第一百二十五条第二款规定情形的，不适用前款规定。

第七十六条 食品生产经营者依照食品安全法第六十三条第一款、第二款的规定停止生产、经营，实施食品召回，或者采取其他有效措施减轻或者消除食品安全风险，未造成危害后果的，可以从轻或者减轻处罚。

第七十七条 县级以上地方人民政府食品安全监督管理等部门对有食品安全法第一百二十三条规定的违法情形且情节严重，可能需要行政拘留的，应当及时将案件及有关材料移送同级公安机关。公安机关认为需要补充材料的，食品安全监督管理等部门应当及时提供。公安机关经审查认为不符合行政拘留条件的，应当及时将案件及有关材料退回移送的食品安全监督管理等部门。

第七十八条 公安机关对发现的食品安全违法行为，经审查没有犯罪事实或者立案侦查后认为不需要追究刑事责任，但依法应当予以行政拘留的，应当及时作出行政拘留的处罚决定；不需要予以行政拘留但依法应当追究其他行政责任的，应当及时将案件及有关材料移送同级食品安全监督管理等部门。

第七十九条 复检机构无正当理由拒绝承担复检任务的，由县级以上人民政府食品安全监督管理部门给予警告，无正当理由 1 年内 2 次拒绝承担复检任务的，由国务院有关部门撤销其复检机构资质并向社会公布。

第八十条 发布未依法取得资质认定的食品检验机构出具的食品检验信息，或者利用上述检验信息对食品、食品生产经营者进行等级评定，欺骗、误导消费者的，由县级以上人民政府食品安全监督管理部门责令改正，有违法所得的，没收违法所得，并处 10 万元以上 50 万元以下罚款；拒不改正的，处 50 万元以上 100 万元以下罚款；构成违反治安管理行为的，由公安机关依法给予治安管理处罚。

第八十一条 食品安全监督管理部门依照食品安全法、本条例对违法单位或者个人处以 30 万元以上罚款的，由设区的市级以上人民政府食品安全监督管理部门决定。罚款具体处罚权限由国务院食品安全监督管理部门规定。

第八十二条 阻碍食品安全监督管理等部门工作人员依法执行职务，构成违反治安管理行为的，由公安机关依法给予治安管理处罚。

第八十三条 县级以上人民政府食品安全监督管理等部门发现单位或者个人违反食品安全法第一百二十条第一款规定，编造、散布虚假食品安全信息，涉嫌构成违反治安管理行为的，应当将相关情况通报同级公安机关。

第八十四条 县级以上人民政府食品安全监督管理部门及其工作人员违法向他人提供网络食品交易第三方平台提供者提供的信息的，依照食品安全法第一百四十五条的规定给予处分。

第八十五条 违反本条例规定，构成犯罪的，依法追究刑事责任。

第十章 附 则

第八十六条 本条例自 2019 年 12 月 1 日起施行。

《国务院关于加强食品等产品安全监督管理的特别规定》

《国务院关于加强食品等产品安全监督管理的特别规定》已经 2007 年 7 月 25 日国务院第 186 次常务会议通过。

第一条 为了加强食品等产品安全监督管理，进一步明确生产经营者、监督管理部门和地方人民政府的责任，加强各监督管理部门的协调、配合，保障人体健康和生命安全，制定本规定。

第二条 本规定所称产品除食品外，还包括食用农产品、药品等与人体健康和生命安全有关的产品。

对产品安全监督管理，法律有规定的，适用法律规定；法律没有规定或者规定不明确的，适用本规定。

第三条 生产经营者应当对其生产、销售的产品安全负责，不得生产、销售不符合法定要求的产品。

依照法律、行政法规规定生产、销售产品需要取得许可证照或者需要经过认证的，应当按照法定条件、要求从事生产经营活动。不按照法定条件、要求从事生产经营活动或者生产、销售不符合法定要求产品的，由农业、卫生、质检、商务、工商、药品等监督管理部门依据各自职责，没收违法所得、产品和用于违法生产的工具、设备、原材料等物品，货值金额不足 5000 元的，并处 5 万元罚款；货值金额 5000 元以上不足 1 万元的，并处 10 万元罚款；货值金额 1 万元以上的，并处货值金额 10 倍以上 20 倍以下的罚款；造成严重后果的，由原发证部门吊销许可证照；构成非法经营罪或者生产、销售伪劣商品罪等犯罪的，依法追究刑事责任。

生产经营者不再符合法定条件、要求，继续从事生产经营活动的，由原发证部门吊销许可证照，并在当地主要媒体上公告被吊销许可证照的生产经营者名单；构成非法经营罪或者生产、销售伪劣商品罪等犯罪的，依法追究刑事责任。

依法应当取得许可证照而未取得许可证照从事生产经营活动的，由农业、卫生、质检、商务、工商、药品等监督管理部门依据各自职责，没收违法所得、产品和用于违法生产的工具、设备、原材料等物品，货值金额不足 1 万元的，并处 10 万元罚款；货值金额 1 万元以上的，并处货值金额 10 倍以上 20 倍以下的罚款；构成非法经营罪的，依法追究刑事责任。

有关行业协会应当加强行业自律，监督生产经营者的生产经营活动；加强公众健康知识的普及、宣传，引导消费者选择合法生产经营者生产、销售的产品以及有合法标识的产品。

第四条 生产者生产产品所使用的原料、辅料、添加剂、农业投入品，应当符合法律、行政法规的规定和国家强制性标准。

违反前款规定，违法使用原料、辅料、添加剂、农业投入品的，由农业、卫生、质检、商务、药品等监督管理部门依据各自职责没收违法所得，货值金额不足 5000 元的，并处 2 万元罚款；货值金额 5000 元以上不足 1 万元的，并处 5 万元罚款；货值金额

1万元以上的，并处货值金额5倍以上10倍以下的罚款；造成严重后果的，由原发证部门吊销许可证照；构成生产、销售伪劣商品罪的，依法追究刑事责任。

第五条　销售者必须建立并执行进货检查验收制度，审验供货商的经营资格，验明产品合格证明和产品标识，并建立产品进货台账，如实记录产品名称、规格、数量、供货商及其联系方式、进货时间等内容。从事产品批发业务的销售企业应当建立产品销售台账，如实记录批发的产品品种、规格、数量、流向等内容。在产品集中交易场所销售自制产品的生产企业应当比照从事产品批发业务的销售企业的规定，履行建立产品销售台账的义务。进货台账和销售台账保存期限不得少于2年。销售者应当向供货商按照产品生产批次索要符合法定条件的检验机构出具的检验报告或者由供货商签字或者盖章的检验报告复印件；不能提供检验报告或者检验报告复印件的产品，不得销售。

违反前款规定的，由工商、药品监督管理部门依据各自职责责令停止销售；不能提供检验报告或者检验报告复印件销售产品的，没收违法所得和违法销售的产品，并处货值金额3倍的罚款；造成严重后果的，由原发证部门吊销许可证照。

第六条　产品集中交易市场的开办企业、产品经营柜台出租企业、产品展销会的举办企业，应当审查入场销售者的经营资格，明确入场销售者的产品安全管理责任，定期对入场销售者的经营环境、条件、内部安全管理制度和经营产品是否符合法定要求进行检查，发现销售不符合法定要求产品或者其他违法行为的，应当及时制止并立即报告所在地工商行政管理部门。

违反前款规定的，由工商行政管理部门处以1000元以上5万元以下的罚款；情节严重的，责令停业整顿；造成严重后果的，吊销营业执照。

第七条　出口产品的生产经营者应当保证其出口产品符合进口国（地区）的标准或者合同要求。法律规定产品必须经过检验方可出口的，应当经符合法律规定的机构检验合格。

出口产品检验人员应当依照法律、行政法规规定和有关标准、程序、方法进行检验，对其出具的检验证单等负责。

出入境检验检疫机构和商务、药品等监督管理部门应当建立出口产品的生产经营者良好记录和不良记录，并予以公布。对有良好记录的出口产品的生产经营者，简化检验检疫手续。

出口产品的生产经营者逃避产品检验或者弄虚作假的，由出入境检验检疫机构和药品监督管理部门依据各自职责，没收违法所得和产品，并处货值金额3倍的罚款；构成犯罪的，依法追究刑事责任。

第八条　进口产品应当符合我国国家技术规范的强制性要求以及我国与出口国（地区）签订的协议规定的检验要求。

质检、药品监督管理部门依据生产经营者的诚信度和质量管理水平以及进口产品风险评估的结果，对进口产品实施分类管理，并对进口产品的收货人实施备案管理。进口产品的收货人应当如实记录进口产品流向。记录保存期限不得少于2年。

质检、药品监督管理部门发现不符合法定要求产品时，可以将不符合法定要求产品的进货人、报检人、代理人列入不良记录名单。进口产品的进货人、销售者弄虚作假的，由质检、药品监督管理部门依据各自职责，没收违法所得和产品，并处货值金额 3 倍的罚款；构成犯罪的，依法追究刑事责任。进口产品的报检人、代理人弄虚作假的，取消报检资格，并处货值金额等值的罚款。

第九条　生产企业发现其生产的产品存在安全隐患，可能对人体健康和生命安全造成损害的，应当向社会公布有关信息，通知销售者停止销售，告知消费者停止使用，主动召回产品，并向有关监督管理部门报告；销售者应当立即停止销售该产品。销售者发现其销售的产品存在安全隐患，可能对人体健康和生命安全造成损害的，应当立即停止销售该产品，通知生产企业或者供货商，并向有关监督管理部门报告。

生产企业和销售者不履行前款规定义务的，由农业、卫生、质检、商务、工商、药品等监督管理部门依据各自职责，责令生产企业召回产品、销售者停止销售，对生产企业并处货值金额 3 倍的罚款，对销售者并处 1000 元以上 5 万元以下的罚款；造成严重后果的，由原发证部门吊销许可证照。

第十条　县级以上地方人民政府应当将产品安全监督管理纳入政府工作考核目标，对本行政区域内的产品安全监督管理负总责，统一领导、协调本行政区域内的监督管理工作，建立健全监督管理协调机制，加强对行政执法的协调、监督；统一领导、指挥产品安全突发事件应对工作，依法组织查处产品安全事故；建立监督管理责任制，对各监督管理部门进行评议、考核。质检、工商和药品等监督管理部门应当在所在地同级人民政府的统一协调下，依法做好产品安全监督管理工作。

县级以上地方人民政府不履行产品安全监督管理的领导、协调职责，本行政区域内一年多次出现产品安全事故、造成严重社会影响的，由监察机关或者任免机关对政府的主要负责人和直接负责的主管人员给予记大过、降级或者撤职的处分。

第十一条　国务院质检、卫生、农业等主管部门在各自职责范围内尽快制定、修改或者起草相关国家标准，加快建立统一管理、协调配套、符合实际、科学合理的产品标准体系。

第十二条　县级以上人民政府及其部门对产品安全实施监督管理，应当按照法定权限和程序履行职责，做到公开、公平、公正。对生产经营者同一违法行为，不得给予 2 次以上罚款的行政处罚；对涉嫌构成犯罪、依法需要追究刑事责任的，应当依照《行政执法机关移送涉嫌犯罪案件的规定》，向公安机关移送。

农业、卫生、质检、商务、工商、药品等监督管理部门应当依据各自职责对生产经营者进行监督检查，并对其遵守强制性标准、法定要求的情况予以记录，由监督检查人员签字后归档。监督检查记录应当作为其直接负责主管人员定期考核的内容。公众有权查阅监督检查记录。

第十三条　生产经营者有下列情形之一的，农业、卫生、质检、商务、工商、药品等监督管理部门应当依据各自职责采取措施，纠正违法行为，防止或者减少危害发生，并依照本规定予以处罚：

（一）依法应当取得许可证照而未取得许可证照从事生产经营活动的；

（二）取得许可证照或者经过认证后，不按照法定条件、要求从事生产经营活动或者生产、销售不符合法定要求产品的；

（三）生产经营者不再符合法定条件、要求继续从事生产经营活动的；

（四）生产者生产产品不按照法律、行政法规的规定和国家强制性标准使用原料、辅料、添加剂、农业投入品的；

（五）销售者没有建立并执行进货检查验收制度，并建立产品进货台账的；

（六）生产企业和销售者发现其生产、销售的产品存在安全隐患，可能对人体健康和生命安全造成损害，不履行本规定的义务的；

（七）生产经营者违反法律、行政法规和本规定的其他有关规定的。

农业、卫生、质检、商务、工商、药品等监督管理部门不履行前款规定职责、造成后果的，由监察机关或者任免机关对其主要负责人、直接负责的主管人员和其他直接责任人员给予记大过或者降级的处分；造成严重后果的，给予其主要负责人、直接负责的主管人员和其他直接责任人员撤职或者开除的处分；其主要负责人、直接负责的主管人员和其他直接责任人员构成渎职罪的，依法追究刑事责任。

违反本规定，滥用职权或者有其他渎职行为的，由监察机关或者任免机关对其主要负责人、直接负责的主管人员和其他直接责任人员给予记过或者记大过的处分；造成严重后果的，给予其主要负责人、直接负责的主管人员和其他直接责任人员降级或者撤职的处分；其主要负责人、直接负责的主管人员和其他直接责任人员构成渎职罪的，依法追究刑事责任。

第十四条　农业、卫生、质检、商务、工商、药品等监督管理部门发现违反本规定的行为，属于其他监督管理部门职责的，应当立即书面通知并移交有权处理的监督管理部门处理。有权处理的部门应当立即处理，不得推诿；因不立即处理或者推诿造成后果的，由监察机关或者任免机关对其主要负责人、直接负责的主管人员和其他直接责任人员给予记大过或者降级的处分。

第十五条　农业、卫生、质检、商务、工商、药品等监督管理部门履行各自产品安全监督管理职责，有下列职权：

（一）进入生产经营场所实施现场检查；

（二）查阅、复制、查封、扣押有关合同、票据、账簿以及其他有关资料；

（三）查封、扣押不符合法定要求的产品，违法使用的原料、辅料、添加剂、农业投入品以及用于违法生产的工具、设备；

（四）查封存在危害人体健康和生命安全重大隐患的生产经营场所。

第十六条　农业、卫生、质检、商务、工商、药品等监督管理部门应当建立生产经营者违法行为记录制度，对违法行为的情况予以记录并公布；对有多次违法行为记录的生产经营者，吊销许可证照。

第十七条　检验检测机构出具虚假检验报告，造成严重后果的，由授予其资质的部门吊销其检验检测资质；构成犯罪的，对直接负责的主管人员和其他直接责任人员依法追究刑事责任。

第十八条　发生产品安全事故或者其他对社会造成严重影响的产品安全事件时，农业、卫生、质检、商务、工商、药品等监督管理部门必须在各自职责范围内及时作出反应，采取措施，控制事态发展，减少损失，依照国务院规定发布信息，做好有关善后工作。

第十九条　任何组织或者个人对违反本规定的行为有权举报。接到举报的部门应当为举报人保密。举报经调查属实的，受理举报的部门应当给予举报人奖励。

农业、卫生、质检、商务、工商、药品等监督管理部门应当公布本单位的电子邮件地址或者举报电话；对接到的举报，应当及时、完整地进行记录并妥善保存。举报的事项属于本部门职责的，应当受理，并依法进行核实、处理、答复；不属于本部门职责的，应当转交有权处理的部门，并告知举报人。

第二十条　本规定自公布之日起施行。

《食品生产许可管理办法》

《食品生产许可管理办法》已于 2019 年 12 月 23 日经国家市场监督管理总局 2019 年第 18 次局务会议审议通过，2020 年 1 月 2 日国家市场监督管理总局令第 24 号公布，自 2020 年 3 月 1 日起施行。

第一章　总　则

第一条　为规范食品、食品添加剂生产许可活动，加强食品生产监督管理，保障食品安全，根据《中华人民共和国行政许可法》《中华人民共和国食品安全法》《中华人民共和国食品安全法实施条例》等法律法规，制定本办法。

第二条　在中华人民共和国境内，从事食品生产活动，应当依法取得食品生产许可。

食品生产许可的申请、受理、审查、决定及其监督检查，适用本办法。

第三条　食品生产许可应当遵循依法、公开、公平、公正、便民、高效的原则。

第四条　食品生产许可实行一企一证原则，即同一个食品生产者从事食品生产活动，应当取得一个食品生产许可证。

第五条　市场监督管理部门按照食品的风险程度，结合食品原料、生产工艺等因素，对食品生产实施分类许可。

第六条　国家市场监督管理总局负责监督指导全国食品生产许可管理工作。

县级以上地方市场监督管理部门负责本行政区域内的食品生产许可监督管理工作。

第七条　省、自治区、直辖市市场监督管理部门可以根据食品类别和食品安全风险状况，确定市、县级市场监督管理部门的食品生产许可管理权限。

保健食品、特殊医学用途配方食品、婴幼儿配方食品、婴幼儿辅助食品、食盐等食品的生产许可，由省、自治区、直辖市市场监督管理部门负责。

第八条　国家市场监督管理总局负责制定食品生产许可审查通则和细则。

省、自治区、直辖市市场监督管理部门可以根据本行政区域食品生产许可审查工作的需要，对地方特色食品制定食品生产许可审查细则，在本行政区域内实施，并向国家市场监督管理总局报告。国家市场监督管理总局制定公布相关食品生产许可审查细则后，地方特色食品生产许可审查细则自行废止。

县级以上地方市场监督管理部门实施食品生产许可审查，应当遵守食品生产许可审查通则和细则。

第九条　县级以上地方市场监督管理部门应当加快信息化建设，推进许可申请、受理、审查、发证、查询等全流程网上办理，并在行政机关的网站上公布生产许可事项，提高办事效率。

第二章　申请与受理

第十条　申请食品生产许可，应当先行取得营业执照等合法主体资格。

企业法人、合伙企业、个人独资企业、个体工商户、农民专业合作组织等，以营业执照载明的主体作为申请人。

第十一条　申请食品生产许可，应当按照以下食品类别提出：粮食加工品，食用油、油脂及其制品，调味品，肉制品，乳制品，饮料，方便食品，饼干，罐头，冷冻饮品，速冻食品，薯类和膨化食品，糖果制品，茶叶及相关制品，酒类，蔬菜制品，水果制品，炒货食品及坚果制品，蛋制品，可可及焙烤咖啡产品，食糖，水产制品，淀粉及淀粉制品，糕点，豆制品，蜂产品，保健食品，特殊医学用途配方食品，婴幼儿配方食品，特殊膳食食品，其他食品等。

国家市场监督管理总局可以根据监督管理工作需要对食品类别进行调整。

第十二条　申请食品生产许可，应当符合下列条件：

（一）具有与生产的食品品种、数量相适应的食品原料处理和食品加工、包装、贮存等场所，保持该场所环境整洁，并与有毒、有害场所以及其他污染源保持规定的距离；

（二）具有与生产的食品品种、数量相适应的生产设备或者设施，有相应的消毒、更衣、盥洗、采光、照明、通风、防腐、防尘、防蝇、防鼠、防虫、洗涤以及处理废水、存放垃圾和废弃物的设备或者设施；保健食品生产工艺有原料提取、纯化等前处理工序的，需要具备与生产的品种、数量相适应的原料前处理设备或者设施；

（三）有专职或者兼职的食品安全专业技术人员、食品安全管理人员和保证食品安全的规章制度；

（四）具有合理的设备布局和工艺流程，防止待加工食品与直接入口食品、原料与成品交叉污染，避免食品接触有毒物、不洁物；

（五）法律、法规规定的其他条件。

第十三条　申请食品生产许可，应当向申请人所在地县级以上地方市场监督管理部门提交下列材料：

（一）食品生产许可申请书；

（二）食品生产设备布局图和食品生产工艺流程图；

（三）食品生产主要设备、设施清单；

（四）专职或者兼职的食品安全专业技术人员、食品安全管理人员信息和食品安全管理制度。

第十四条　申请保健食品、特殊医学用途配方食品、婴幼儿配方食品等特殊食品的生产许可，还应当提交与所生产食品相适应的生产质量管理体系文件以及相关注册和备案文件。

第十五条　从事食品添加剂生产活动，应当依法取得食品添加剂生产许可。

申请食品添加剂生产许可，应当具备与所生产食品添加剂品种相适应的场所、生产设备或者设施、食品安全管理人员、专业技术人员和管理制度。

第十六条　申请食品添加剂生产许可，应当向申请人所在地县级以上地方市场监督管理部门提交下列材料：

（一）食品添加剂生产许可申请书；

（二）食品添加剂生产设备布局图和生产工艺流程图；

（三）食品添加剂生产主要设备、设施清单；

（四）专职或者兼职的食品安全专业技术人员、食品安全管理人员信息和食品安全管理制度。

第十七条　申请人应当如实向市场监督管理部门提交有关材料和反映真实情况，对申请材料的真实性负责，并在申请书等材料上签名或者盖章。

第十八条　申请人申请生产多个类别食品的，由申请人按照省级市场监督管理部门确定的食品生产许可管理权限，自主选择其中一个受理部门提交申请材料。受理部门应当及时告知有相应审批权限的市场监督管理部门，组织联合审查。

第十九条　县级以上地方市场监督管理部门对申请人提出的食品生产许可申请，应当根据下列情况分别作出处理：

（一）申请事项依法不需要取得食品生产许可的，应当即时告知申请人不受理；

（二）申请事项依法不属于市场监督管理部门职权范围的，应当即时作出不予受理的决定，并告知申请人向有关行政机关申请；

（三）申请材料存在可以当场更正的错误的，应当允许申请人当场更正，由申请人在更正处签名或者盖章，注明更正日期；

（四）申请材料不齐全或者不符合法定形式的，应当当场或者在 5 个工作日内一次告知申请人需要补正的全部内容。当场告知的，应当将申请材料退回申请人；在 5 个工作日内告知的，应当收取申请材料并出具收到申请材料的凭据。逾期不告知的，自收到申请材料之日起即为受理；

（五）申请材料齐全、符合法定形式，或者申请人按照要求提交全部补正材料的，应当受理食品生产许可申请。

第二十条　县级以上地方市场监督管理部门对申请人提出的申请决定予以受理的，应当出具受理通知书；决定不予受理的，应当出具不予受理通知书，说明不予受理的理由，并告知申请人依法享有申请行政复议或者提起行政诉讼的权利。

第三章　审查与决定

第二十一条　县级以上地方市场监督管理部门应当对申请人提交的申请材料进行审查。需要对申请材料的实质内容进行核实的，应当进行现场核查。

市场监督管理部门开展食品生产许可现场核查时，应当按照申请材料进行核查。对首次申请许可或者增加食品类别的变更许可的，根据食品生产工艺流程等要求，核查试制食品的检验报告。开展食品添加剂生产许可现场核查时，可以根据食品添加剂品种特点，核查试制食品添加剂的检验报告和复配食品添加剂配方等。试制食品检验可以由生产者自行检验，或者委托有资质的食品检验机构检验。

现场核查应当由食品安全监管人员进行，根据需要可以聘请专业技术人员作为核查人员参加现场核查。核查人员不得少于2人。核查人员应当出示有效证件，填写食品生产许可现场核查表，制作现场核查记录，经申请人核对无误后，由核查人员和申请人在核查表和记录上签名或者盖章。申请人拒绝签名或者盖章的，核查人员应当注明情况。

申请保健食品、特殊医学用途配方食品、婴幼儿配方乳粉生产许可，在产品注册或者产品配方注册时经过现场核查的项目，可以不再重复进行现场核查。

市场监督管理部门可以委托下级市场监督管理部门，对受理的食品生产许可申请进行现场核查。特殊食品生产许可的现场核查原则上不得委托下级市场监督管理部门实施。

核查人员应当自接受现场核查任务之日起5个工作日内，完成对生产场所的现场核查。

第二十二条　除可以当场作出行政许可决定的外，县级以上地方市场监督管理部门应当自受理申请之日起10个工作日内作出是否准予行政许可的决定。因特殊原因需要延长期限的，经本行政机关负责人批准，可以延长5个工作日，并应当将延长期限的理由告知申请人。

第二十三条　县级以上地方市场监督管理部门应当根据申请材料审查和现场核查等情况，对符合条件的，作出准予生产许可的决定，并自作出决定之日起5个工作日内向申请人颁发食品生产许可证；对不符合条件的，应当及时作出不予许可的书面决定并说明理由，同时告知申请人依法享有申请行政复议或者提起行政诉讼的权利。

第二十四条　食品添加剂生产许可申请符合条件的，由申请人所在地县级以上地方市场监督管理部门依法颁发食品生产许可证，并标注食品添加剂。

第二十五条　食品生产许可证发证日期为许可决定作出的日期，有效期为5年。

第二十六条　县级以上地方市场监督管理部门认为食品生产许可申请涉及公共利益的重大事项，需要听证的，应当向社会公告并举行听证。

第二十七条　食品生产许可直接涉及申请人与他人之间重大利益关系的，县级以上地方市场监督管理部门在作出行政许可决定前，应当告知申请人、利害关系人享有要求听证的权利。

申请人、利害关系人在被告知听证权利之日起5个工作日内提出听证申请的，市场监督管理部门应当在20个工作日内组织听证。听证期限不计算在行政许可审查期限之内。

第四章　许可证管理

第二十八条　食品生产许可证分为正本、副本。正本、副本具有同等法律效力。

国家市场监督管理总局负责制定食品生产许可证式样。省、自治区、直辖市市场监督管理部门负责本行政区域食品生产许可证的印制、发放等管理工作。

第二十九条　食品生产许可证应当载明：生产者名称、社会信用代码、法定代表人（负责人）、住所、生产地址、食品类别、许可证编号、有效期、发证机关、发证日期和二维码。

副本还应当载明食品明细。生产保健食品、特殊医学用途配方食品、婴幼儿配方食品的，还应当载明产品或者产品配方的注册号或者备案登记号；接受委托生产保健食品的，还应当载明委托企业名称及住所等相关信息。

第三十条　食品生产许可证编号由 SC（"生产"的汉语拼音字母缩写）和 14 位阿拉伯数字组成。数字从左至右依次为：3 位食品类别编码、2 位省（自治区、直辖市）代码、2 位市（地）代码、2 位县（区）代码、4 位顺序码、1 位校验码。

第三十一条　食品生产者应当妥善保管食品生产许可证，不得伪造、涂改、倒卖、出租、出借、转让。

食品生产者应当在生产场所的显著位置悬挂或者摆放食品生产许可证正本。

第五章　变更、延续与注销

第三十二条　食品生产许可证有效期内，食品生产者名称、现有设备布局和工艺流程、主要生产设备设施、食品类别等事项发生变化，需要变更食品生产许可证载明的许可事项的，食品生产者应当在变化后 10 个工作日内向原发证的市场监督管理部门提出变更申请。

食品生产者的生产场所迁址的，应当重新申请食品生产许可。

食品生产许可证副本载明的同一食品类别内的事项发生变化，食品生产者应当在变化后 10 个工作日内向原发证的市场监督管理部门报告。

食品生产者的生产条件发生变化，不再符合食品生产要求，需要重新办理许可手续的，应当依法办理。

第三十三条　申请变更食品生产许可的，应当提交下列申请材料：

（一）食品生产许可变更申请书；

（二）与变更食品生产许可事项有关的其他材料。

第三十四条　食品生产者需要延续依法取得的食品生产许可的有效期的，应当在该食品生产许可有效期届满 30 个工作日前，向原发证的市场监督管理部门提出申请。

第三十五条　食品生产者申请延续食品生产许可，应当提交下列材料：

（一）食品生产许可延续申请书；

（二）与延续食品生产许可事项有关的其他材料。

保健食品、特殊医学用途配方食品、婴幼儿配方食品的生产企业申请延续食品生产许可的，还应当提供生产质量管理体系运行情况的自查报告。

第三十六条　县级以上地方市场监督管理部门应当根据被许可人的延续申请，在该食品生产许可有效期届满前作出是否准予延续的决定。

第三十七条　县级以上地方市场监督管理部门应当对变更或者延续食品生产许可的申请材料进行审查，并按照本办法第二十一条的规定实施现场核查。

申请人声明生产条件未发生变化的，县级以上地方市场监督管理部门可以不再进行现场核查。

申请人的生产条件及周边环境发生变化，可能影响食品安全的，市场监督管理部门应当就变化情况进行现场核查。

保健食品、特殊医学用途配方食品、婴幼儿配方食品注册或者备案的生产工艺发生变化的，应当先办理注册或者备案变更手续。

第三十八条　市场监督管理部门决定准予变更的，应当向申请人颁发新的食品生产许可证。食品生产许可证编号不变，发证日期为市场监督管理部门作出变更许可决定的日期，有效期与原证书一致。但是，对因迁址等原因而进行全面现场核查的，其换发的食品生产许可证有效期自发证之日起计算。

因食品安全国家标准发生重大变化，国家和省级市场监督管理部门决定组织重新核查而换发的食品生产许可证，其发证日期以重新批准日期为准，有效期自重新发证之日起计算。

第三十九条　市场监督管理部门决定准予延续的，应当向申请人颁发新的食品生产许可证，许可证编号不变，有效期自市场监督管理部门作出延续许可决定之日起计算。

不符合许可条件的，市场监督管理部门应当作出不予延续食品生产许可的书面决定，并说明理由。

第四十条　食品生产者终止食品生产，食品生产许可被撤回、撤销，应当在 20 个工作日内向原发证的市场监督管理部门申请办理注销手续。

食品生产者申请注销食品生产许可的，应当向原发证的市场监督管理部门提交食品生产许可注销申请书。

食品生产许可被注销的，许可证编号不得再次使用。

第四十一条　有下列情形之一，食品生产者未按规定申请办理注销手续的，原发证的市场监督管理部门应当依法办理食品生产许可注销手续，并在网站进行公示：

（一）食品生产许可有效期届满未申请延续的；

（二）食品生产者主体资格依法终止的；

（三）食品生产许可依法被撤回、撤销或者食品生产许可证依法被吊销的；

（四）因不可抗力导致食品生产许可事项无法实施的；

（五）法律法规规定的应当注销食品生产许可的其他情形。

第四十二条　食品生产许可证变更、延续与注销的有关程序参照本办法第二章、第三章的有关规定执行。

第六章　监督检查

第四十三条　县级以上地方市场监督管理部门应当依据法律法规规定的职责，对食品生产者的许可事项进行监督检查。

第四十四条　县级以上地方市场监督管理部门应当建立食品许可管理信息平台，便于公民、法人和其他社会组织查询。

县级以上地方市场监督管理部门应当将食品生产许可颁发、许可事项检查、日常监督检查、许可违法行为查处等情况记入食品生产者食品安全信用档案，并通过国家企业信用信息公示系统向社会公示；对有不良信用记录的食品生产者应当增加监督检查频次。

第四十五条　县级以上地方市场监督管理部门及其工作人员履行食品生产许可管理职责，应当自觉接受食品生产者和社会监督。

接到有关工作人员在食品生产许可管理过程中存在违法行为的举报，市场监督管理部门应当及时进行调查核实。情况属实的，应当立即纠正。

第四十六条　县级以上地方市场监督管理部门应当建立食品生产许可档案管理制度，将办理食品生产许可的有关材料、发证情况及时归档。

第四十七条　国家市场监督管理总局可以定期或者不定期组织对全国食品生产许可工作进行监督检查；省、自治区、直辖市市场监督管理部门可以定期或者不定期组织对本行政区域内的食品生产许可工作进行监督检查。

第四十八条　未经申请人同意，行政机关及其工作人员、参加现场核查的人员不得披露申请人提交的商业秘密、未披露信息或者保密商务信息，法律另有规定或者涉及国家安全、重大社会公共利益的除外。

第七章　法律责任

第四十九条　未取得食品生产许可从事食品生产活动的，由县级以上地方市场监督管理部门依照《中华人民共和国食品安全法》第一百二十二条的规定给予处罚。

食品生产者生产的食品不属于食品生产许可证上载明的食品类别的，视为未取得食品生产许可从事食品生产活动。

第五十条　许可申请人隐瞒真实情况或者提供虚假材料申请食品生产许可的，由县级以上地方市场监督管理部门给予警告。申请人在 1 年内不得再次申请食品生产许可。

第五十一条　被许可人以欺骗、贿赂等不正当手段取得食品生产许可的，由原发证的市场监督管理部门撤销许可，并处 1 万元以上 3 万元以下罚款。被许可人在 3 年内不得再次申请食品生产许可。

第五十二条　违反本办法第三十一条第一款规定，食品生产者伪造、涂改、倒卖、出租、出借、转让食品生产许可证的，由县级以上地方市场监督管理部门责令改正，给予警告，并处 1 万元以下罚款；情节严重的，处 1 万元以上 3 万元以下罚款。

违反本办法第三十一条第二款规定，食品生产者未按规定在生产场所的显著位置悬挂或者摆放食品生产许可证的，由县级以上地方市场监督管理部门责令改正；拒不改正的，给予警告。

第五十三条　违反本办法第三十二条第一款规定，食品生产许可证有效期内，食品生产者名称、现有设备布局和工艺流程、主要生产设备设施等事项发生变化，需要变更食品生产许可证载明的许可事项，未按规定申请变更的，由原发证的市场监督管理部门责令改正，给予警告；拒不改正的，处 1 万元以上 3 万元以下罚款。

违反本办法第三十二条第二款规定，食品生产者的生产场所迁址后未重新申请取得食品生产许可从事食品生产活动的，由县级以上地方市场监督管理部门依照《中华人民共和国食品安全法》第一百二十二条的规定给予处罚。

违反本办法第三十二条第三款、第四十条第一款规定，食品生产许可证副本载明的同一食品类别内的事项发生变化，食品生产者未按规定报告的，食品生产者终止食品生产，食品生产许可被撤回、撤销或者食品生产许可证被吊销，未按规定申请办理注销手续的，由原发证的市场监督管理部门责令改正；拒不改正的，给予警告，并处5000元以下罚款。

第五十四条　食品生产者违反本办法规定，有《中华人民共和国食品安全法实施条例》第七十五条第一款规定的情形的，依法对单位的法定代表人、主要负责人、直接负责的主管人员和其他直接责任人员给予处罚。

被吊销生产许可证的食品生产者及其法定代表人、直接负责的主管人员和其他直接责任人员自处罚决定作出之日起5年内不得申请食品生产经营许可，或者从事食品生产经营管理工作、担任食品生产经营企业食品安全管理人员。

第五十五条　市场监督管理部门对不符合条件的申请人准予许可，或者超越法定职权准予许可的，依照《中华人民共和国食品安全法》第一百四十四条的规定给予处分。

第八章　附　则

第五十六条　取得食品经营许可的餐饮服务提供者在其餐饮服务场所制作加工食品，不需要取得本办法规定的食品生产许可。

第五十七条　食品添加剂的生产许可管理原则、程序、监督检查和法律责任，适用本办法有关食品生产许可的规定。

第五十八条　对食品生产加工小作坊的监督管理，按照省、自治区、直辖市制定的具体管理办法执行。

第五十九条　各省、自治区、直辖市市场监督管理部门可以根据本行政区域实际情况，制定有关食品生产许可管理的具体实施办法。

第六十条　市场监督管理部门制作的食品生产许可电子证书与印制的食品生产许可证书具有同等法律效力。

第六十一条　本办法自2020年3月1日起施行。原国家食品药品监督管理总局2015年8月31日公布，根据2017年11月7日原国家食品药品监督管理总局《关于修改部分规章的决定》修正的《食品生产许可管理办法》同时废止。

《食品经营许可管理办法》

2015年8月31日，国家食品药品监督管理总局令第17号公布《食品经营许可管理办法》。该《办法》分总则，申请与受理，审查与决定，许可证管理，变更、延续、补办与注销，监督检查，法律责任，附则8章56条，自2015年10月1日起施行。2017年11月7日，国家食品药品监督管理总局令第37号通过《国家食品药品监督管理总局关于修改部分规章的决定》，对《办法》进行了修改。

第一章　总　则

第一条　为规范食品经营许可活动，加强食品经营监督管理，保障食品安全，根据《中华人民共和国食品安全法》《中华人民共和国行政许可法》等法律法规，制定本办法。

第二条　在中华人民共和国境内，从事食品销售和餐饮服务活动，应当依法取得食品经营许可。

食品经营许可的申请、受理、审查、决定及其监督检查，适用本办法。

第三条　食品经营许可应当遵循依法、公开、公平、公正、便民、高效的原则。

第四条　食品经营许可实行一地一证原则，即食品经营者在一个经营场所从事食品经营活动，应当取得一个食品经营许可证。

第五条　食品药品监督管理部门按照食品经营主体业态和经营项目的风险程度对食品经营实施分类许可。

第六条　国家食品药品监督管理总局负责监督指导全国食品经营许可管理工作。

县级以上地方食品药品监督管理部门负责本行政区域内的食品经营许可管理工作。

省、自治区、直辖市食品药品监督管理部门可以根据食品类别和食品安全风险状况，确定市、县级食品药品监督管理部门的食品经营许可管理权限。

第七条　国家食品药品监督管理总局负责制定食品经营许可审查通则。

县级以上地方食品药品监督管理部门实施食品经营许可审查，应当遵守食品经营许可审查通则。

第八条　县级以上食品药品监督管理部门应当加快信息化建设，在行政机关的网站上公布经营许可事项，方便申请人采取数据电文等方式提出经营许可申请，提高办事效率。

第二章　申请与受理

第九条　申请食品经营许可，应当先行取得营业执照等合法主体资格。

企业法人、合伙企业、个人独资企业、个体工商户等，以营业执照载明的主体作为申请人。

机关、事业单位、社会团体、民办非企业单位、企业等申办单位食堂，以机关或者事业单位法人登记证、社会团体登记证或者营业执照等载明的主体作为申请人。

第十条　申请食品经营许可，应当按照食品经营主体业态和经营项目分类提出。

食品经营主体业态分为食品销售经营者、餐饮服务经营者、单位食堂。食品经营者申请通过网络经营、建立中央厨房或者从事集体用餐配送的，应当在主体业态后以括号标注。

食品经营项目分为预包装食品销售（含冷藏冷冻食品、不含冷藏冷冻食品）、散装食品销售（含冷藏冷冻食品、不含冷藏冷冻食品）、特殊食品销售（保健食品、特殊医学用途配方食品、婴幼儿配方乳粉、其他婴幼儿配方食品）、其他类食品销售；热食类食品制售、冷食类食品制售、生食类食品制售、糕点类食品制售、自制饮品制售、其他类食品制售等。

列入其他类食品销售和其他类食品制售的具体品种应当报国家食品药品监督管理总局批准后执行,并明确标注。具有热、冷、生、固态、液态等多种情形,难以明确归类的食品,可以按照食品安全风险等级最高的情形进行归类。

国家食品药品监督管理总局可以根据监督管理工作需要对食品经营项目类别进行调整。

第十一条　申请食品经营许可,应当符合下列条件:

(一)具有与经营的食品品种、数量相适应的食品原料处理和食品加工、销售、贮存等场所,保持该场所环境整洁,并与有毒、有害场所以及其他污染源保持规定的距离;

(二)具有与经营的食品品种、数量相适应的经营设备或者设施,有相应的消毒、更衣、盥洗、采光、照明、通风、防腐、防尘、防蝇、防鼠、防虫、洗涤以及处理废水、存放垃圾和废弃物的设备或者设施;

(三)有专职或者兼职的食品安全管理人员和保证食品安全的规章制度;

(四)具有合理的设备布局和工艺流程,防止待加工食品与直接入口食品、原料与成品交叉污染,避免食品接触有毒物、不洁物;

(五)法律、法规规定的其他条件。

第十二条　申请食品经营许可,应当向申请人所在地县级以上地方食品药品监督管理部门提交下列材料:

(一)食品经营许可申请书;

(二)营业执照或者其他主体资格证明文件复印件;

(三)与食品经营相适应的主要设备设施布局、操作流程等文件;

(四)食品安全自查、从业人员健康管理、进货查验记录、食品安全事故处置等保证食品安全的规章制度。

利用自动售货设备从事食品销售的,申请人还应当提交自动售货设备的产品合格证明、具体放置地点,经营者名称、住所、联系方式、食品经营许可证的公示方法等材料。

申请人委托他人办理食品经营许可申请的,代理人应当提交授权委托书以及代理人的身份证明文件。

第十三条　申请人应当如实向食品药品监督管理部门提交有关材料和反映真实情况,对申请材料的真实性负责,并在申请书等材料上签名或者盖章。

第十四条　县级以上地方食品药品监督管理部门对申请人提出的食品经营许可申请,应当根据下列情况分别作出处理:

(一)申请事项依法不需要取得食品经营许可的,应当即时告知申请人不受理。

(二)申请事项依法不属于食品药品监督管理部门职权范围的,应当即时作出不予受理的决定,并告知申请人向有关行政机关申请。

(三)申请材料存在可以当场更正的错误的,应当允许申请人当场更正,由申请人在更正处签名或者盖章,注明更正日期。

（四）申请材料不齐全或者不符合法定形式的，应当当场或者在 5 个工作日内一次告知申请人需要补正的全部内容。当场告知的，应当将申请材料退回申请人；在 5 个工作日内告知的，应当收取申请材料并出具收到申请材料的凭据。逾期不告知的，自收到申请材料之日起即为受理。

（五）申请材料齐全、符合法定形式，或者申请人按照要求提交全部补正材料的，应当受理食品经营许可申请。

第十五条　县级以上地方食品药品监督管理部门对申请人提出的申请决定予以受理的，应当出具受理通知书；决定不予受理的，应当出具不予受理通知书，说明不予受理的理由，并告知申请人依法享有申请行政复议或者提起行政诉讼的权利。

第三章　审查与决定

第十六条　县级以上地方食品药品监督管理部门应当对申请人提交的许可申请材料进行审查。需要对申请材料的实质内容进行核实的，应当进行现场核查。仅申请预包装食品销售（不含冷藏冷冻食品）的，以及食品经营许可变更不改变设施和布局的，可以不进行现场核查。

现场核查应当由符合要求的核查人员进行。核查人员不得少于 2 人。核查人员应当出示有效证件，填写食品经营许可现场核查表，制作现场核查记录，经申请人核对无误后，由核查人员和申请人在核查表和记录上签名或者盖章。申请人拒绝签名或者盖章的，核查人员应当注明情况。

食品药品监督管理部门可以委托下级食品药品监督管理部门，对受理的食品经营许可申请进行现场核查。

核查人员应当自接受现场核查任务之日起 10 个工作日内，完成对经营场所的现场核查。

第十七条　除可以当场作出行政许可决定的外，县级以上地方食品药品监督管理部门应当自受理申请之日起 20 个工作日内作出是否准予行政许可的决定。因特殊原因需要延长期限的，经本行政机关负责人批准，可以延长 10 个工作日，并应当将延长期限的理由告知申请人。

第十八条　县级以上地方食品药品监督管理部门应当根据申请材料审查和现场核查等情况，对符合条件的，作出准予经营许可的决定，并自作出决定之日起 10 个工作日内向申请人颁发食品经营许可证；对不符合条件的，应当及时作出不予许可的书面决定并说明理由，同时告知申请人依法享有申请行政复议或者提起行政诉讼的权利。

第十九条　食品经营许可证发证日期为许可决定作出的日期，有效期为 5 年。

第二十条　县级以上地方食品药品监督管理部门认为食品经营许可申请涉及公共利益的重大事项，需要听证的，应当向社会公告并举行听证。

第二十一条　食品经营许可直接涉及申请人与他人之间重大利益关系的，县级以上地方食品药品监督管理部门在作出行政许可决定前，应当告知申请人、利害关系人享有要求听证的权利。

申请人、利害关系人在被告知听证权利之日起 5 个工作日内提出听证申请的，食品药品监督管理部门应当在 20 个工作日内组织听证。听证期限不计算在行政许可审查期限之内。

第四章 许可证管理

第二十二条 食品经营许可证分为正本、副本。正本、副本具有同等法律效力。

国家食品药品监督管理总局负责制定食品经营许可证正本、副本式样。省、自治区、直辖市食品药品监督管理部门负责本行政区域食品经营许可证的印制、发放等管理工作。

第二十三条 食品经营许可证应当载明：经营者名称、社会信用代码（个体经营者为身份证号码）、法定代表人（负责人）、住所、经营场所、主体业态、经营项目、许可证编号、有效期、日常监督管理机构、日常监督管理人员、投诉举报电话、发证机关、签发人、发证日期和二维码。

在经营场所外设置仓库（包括自有和租赁）的，还应当在副本中载明仓库具体地址。

第二十四条 食品经营许可证编号由 JY（"经营"的汉语拼音字母缩写）和 14 位阿拉伯数字组成。数字从左至右依次为：1 位主体业态代码、2 位省（自治区、直辖市）代码、2 位市（地）代码、2 位县（区）代码、6 位顺序码、1 位校验码。

第二十五条 日常监督管理人员为负责对食品经营活动进行日常监督管理的工作人员。日常监督管理人员发生变化的，可以通过签章的方式在许可证上变更。

第二十六条 食品经营者应当妥善保管食品经营许可证，不得伪造、涂改、倒卖、出租、出借、转让。

食品经营者应当在经营场所的显著位置悬挂或者摆放食品经营许可证正本。

第五章 变更、延续、补办与注销

第二十七条 食品经营许可证载明的许可事项发生变化的，食品经营者应当在变化后 10 个工作日内向原发证的食品药品监督管理部门申请变更经营许可。

经营场所发生变化的，应当重新申请食品经营许可。外设仓库地址发生变化的，食品经营者应当在变化后 10 个工作日内向原发证的食品药品监督管理部门报告。

第二十八条 申请变更食品经营许可的，应当提交下列申请材料：

（一）食品经营许可变更申请书；

（二）食品经营许可证正本、副本；

（三）与变更食品经营许可事项有关的其他材料。

第二十九条 食品经营者需要延续依法取得的食品经营许可的有效期的，应当在该食品经营许可有效期届满 30 个工作日前，向原发证的食品药品监督管理部门提出申请。

第三十条 食品经营者申请延续食品经营许可，应当提交下列材料：

（一）食品经营许可延续申请书；

（二）食品经营许可证正本、副本；

（三）与延续食品经营许可事项有关的其他材料。

第三十一条　县级以上地方食品药品监督管理部门应当根据被许可人的延续申请，在该食品经营许可有效期届满前作出是否准予延续的决定。

第三十二条　县级以上地方食品药品监督管理部门应当对变更或者延续食品经营许可的申请材料进行审查。

申请人声明经营条件未发生变化的，县级以上地方食品药品监督管理部门可以不再进行现场核查。

申请人的经营条件发生变化，可能影响食品安全的，食品药品监督管理部门应当就变化情况进行现场核查。

第三十三条　原发证的食品药品监督管理部门决定准予变更的，应当向申请人颁发新的食品经营许可证。食品经营许可证编号不变，发证日期为食品药品监督管理部门作出变更许可决定的日期，有效期与原证书一致。

第三十四条　原发证的食品药品监督管理部门决定准予延续的，应当向申请人颁发新的食品经营许可证，许可证编号不变，有效期自食品药品监督管理部门作出延续许可决定之日起计算。

不符合许可条件的，原发证的食品药品监督管理部门应当作出不予延续食品经营许可的书面决定，并说明理由。

第三十五条　食品经营许可证遗失、损坏的，应当向原发证的食品药品监督管理部门申请补办，并提交下列材料：

（一）食品经营许可证补办申请书。

（二）食品经营许可证遗失的，申请人应当提交在县级以上地方食品药品监督管理部门网站或者其他县级以上主要媒体上刊登遗失公告的材料；食品经营许可证损坏的，应当提交损坏的食品经营许可证原件。

材料符合要求的，县级以上地方食品药品监督管理部门应当在受理后 20 个工作日内予以补发。

因遗失、损坏补发的食品经营许可证，许可证编号不变，发证日期和有效期与原证书保持一致。

第三十六条　食品经营者终止食品经营，食品经营许可被撤回、撤销或者食品经营许可证被吊销的，应当在 30 个工作日内向原发证的食品药品监督管理部门申请办理注销手续。

食品经营者申请注销食品经营许可的，应当向原发证的食品药品监督管理部门提交下列材料：

（一）食品经营许可注销申请书；

（二）食品经营许可证正本、副本；

（三）与注销食品经营许可有关的其他材料。

第三十七条　有下列情形之一，食品经营者未按规定申请办理注销手续的，原发证的食品药品监督管理部门应当依法办理食品经营许可注销手续：

（一）食品经营许可有效期届满未申请延续的；

（二）食品经营者主体资格依法终止的；

（三）食品经营许可依法被撤回、撤销或者食品经营许可证依法被吊销的；

（四）因不可抗力导致食品经营许可事项无法实施的；

（五）法律法规规定的应当注销食品经营许可的其他情形。

食品经营许可被注销的，许可证编号不得再次使用。

第三十八条　食品经营许可证变更、延续、补办与注销的有关程序参照本办法第二章和第三章的有关规定执行。

第六章　监督检查

第三十九条　县级以上地方食品药品监督管理部门应当依据法律法规规定的职责，对食品经营者的许可事项进行监督检查。

第四十条　县级以上地方食品药品监督管理部门应当建立食品许可管理信息平台，便于公民、法人和其他社会组织查询。

县级以上地方食品药品监督管理部门应当将食品经营许可颁发、许可事项检查、日常监督检查、许可违法行为查处等情况记入食品经营者食品安全信用档案，并依法向社会公布；对有不良信用记录的食品经营者应当增加监督检查频次。

第四十一条　县级以上地方食品药品监督管理部门日常监督管理人员负责所管辖食品经营者许可事项的监督检查，必要时，应当依法对相关食品仓储、物流企业进行检查。

日常监督管理人员应当按照规定的频次对所管辖的食品经营者实施全覆盖检查。

第四十二条　县级以上地方食品药品监督管理部门及其工作人员履行食品经营许可管理职责，应当自觉接受食品经营者和社会监督。

接到有关工作人员在食品经营许可管理过程中存在违法行为的举报，食品药品监督管理部门应当及时进行调查核实。情况属实的，应当立即纠正。

第四十三条　县级以上地方食品药品监督管理部门应当建立食品经营许可档案管理制度，将办理食品经营许可的有关材料、发证情况及时归档。

第四十四条　国家食品药品监督管理总局可以定期或者不定期组织对全国食品经营许可工作进行监督检查；省、自治区、直辖市食品药品监督管理部门可以定期或者不定期组织对本行政区域内的食品经营许可工作进行监督检查。

第七章　法律责任

第四十五条　未取得食品经营许可从事食品经营活动的，由县级以上地方食品药品监督管理部门依照《中华人民共和国食品安全法》第一百二十二条的规定给予处罚。

第四十六条　许可申请人隐瞒真实情况或者提供虚假材料申请食品经营许可的，由县级以上地方食品药品监督管理部门给予警告。申请人在1年内不得再次申请食品经营许可。

第四十七条　被许可人以欺骗、贿赂等不正当手段取得食品经营许可的，由原发证的食品药品监督管理部门撤销许可，并处1万元以上3万元以下罚款。被许可人在3年内不得再次申请食品经营许可。

第四十八条　违反本办法第二十六条第一款规定，食品经营者伪造、涂改、倒卖、出租、出借、转让食品经营许可证的，由县级以上地方食品药品监督管理部门责令改正，给予警告，并处 1 万元以下罚款；情节严重的，处 1 万元以上 3 万元以下罚款。

违反本办法第二十六条第二款规定，食品经营者未按规定在经营场所的显著位置悬挂或者摆放食品经营许可证的，由县级以上地方食品药品监督管理部门责令改正；拒不改正的，给予警告。

第四十九条　违反本办法第二十七条第一款规定，食品经营许可证载明的许可事项发生变化，食品经营者未按规定申请变更经营许可的，由原发证的食品药品监督管理部门责令改正，给予警告；拒不改正的，处 2000 元以上 1 万元以下罚款。

违反本办法第二十七条第二款规定或者第三十六条第一款规定，食品经营者外设仓库地址发生变化，未按规定报告的，或者食品经营者终止食品经营，食品经营许可被撤回、撤销或者食品经营许可证被吊销，未按规定申请办理注销手续的，由原发证的食品药品监督管理部门责令改正；拒不改正的，给予警告，并处 2000 元以下罚款。

第五十条　被吊销经营许可证的食品经营者及其法定代表人、直接负责的主管人员和其他直接责任人员自处罚决定作出之日起 5 年内不得申请食品生产经营许可，或者从事食品生产经营管理工作、担任食品生产经营企业食品安全管理人员。

第五十一条　食品药品监督管理部门对不符合条件的申请人准予许可，或者超越法定职权准予许可的，依照《中华人民共和国食品安全法》第一百四十四条的规定给予处分。

第八章　附　则

第五十二条　本办法下列用语的含义：

（一）单位食堂，指设于机关、事业单位、社会团体、民办非企业单位、企业等，供应内部职工、学生等集中就餐的餐饮服务提供者；

（二）预包装食品，指预先定量包装或者制作在包装材料和容器中的食品，包括预先定量包装以及预先定量制作在包装材料和容器中并且在一定量限范围内具有统一的质量或体积标识的食品；

（三）散装食品，指无预先定量包装，需称重销售的食品，包括无包装和带非定量包装的食品；

（四）热食类食品，指食品原料经粗加工、切配并经过蒸、煮、烹、煎、炒、烤、炸等烹饪工艺制作，在一定热度状态下食用的即食食品，含火锅和烧烤等烹饪方式加工而成的食品等；

（五）冷食类食品，指一般无需再加热，在常温或者低温状态下即可食用的食品，含熟食卤味、生食瓜果蔬菜、腌菜等；

（六）生食类食品，一般特指生食水产品；

（七）糕点类食品，指以粮、糖、油、蛋、奶等为主要原料经焙烤等工艺现场加工而成的食品，含裱花蛋糕等；

（八）自制饮品，指经营者现场制作的各种饮料，含冰淇淋等；

（九）中央厨房，指由餐饮单位建立的，具有独立场所及设施设备，集中完成食品成品或者半成品加工制作并配送的食品经营者；

（十）集体用餐配送单位，指根据服务对象订购要求，集中加工、分送食品但不提供就餐场所的食品经营者；

（十一）其他类食品，指区域性销售食品、民族特色食品、地方特色食品等。

本办法所称的特殊医学用途配方食品，是指国家食品药品监督管理总局按照分类管理原则确定的可以在商场、超市等食品销售场所销售的特殊医学用途配方食品。

第五十三条　对食品摊贩等的监督管理，按照省、自治区、直辖市制定的具体管理办法执行。

第五十四条　食品经营者在本办法施行前已经取得的许可证在有效期内继续有效。

第五十五条　各省、自治区、直辖市食品药品监督管理部门可以根据本行政区域实际情况，制定有关食品经营许可管理的具体实施办法。

第五十六条　食品药品监督管理部门制作的食品经营许可电子证书与印制的食品经营许可证书具有同等法律效力。

第五十七条　本办法自 2015 年 10 月 1 日起施行。

参考文献

［1］杜克生. 食品生物化学［M］. 北京：中国劳动社会保障出版社，2012.

［2］何江红. 烹饪化学［M］. 北京：中国劳动社会保障出版社，2015.

［3］李海英. 饮食营养与卫生［M］. 北京：中国劳动社会保障出版社，2021.

［4］周宏，陈坤浩. 烹饪原料知识［M］. 北京：中国劳动社会保障出版社，2021.

［5］徐思源. 食品分析与检验（第三版）［M］. 北京：中国劳动社会保障出版社，2012.

［6］庄玉伟，李晓丽. 危险化学品安全技术与管理［M］. 郑州：郑州大学出版社，2020.

［7］潘志权. 基础化学［M］. 北京：化学工业出版社，2003.